Lothar
Seiwert

Lieber selbstbestimmt als fremdgesteuert
Abschied vom Zeitmanagement

2. Auflage

ARISTON

AUS GETICKT

Lothar Seiwert

Lieber selbstbestimmt als fremdgesteuert
Abschied vom Zeitmanagement

»Hallo, liebe Leserin, lieber Leser,
ich bin der *Zeit-Weise* und werde
Sie durch dieses Buch führen.
Folgen Sie mir bitte!«

ARISTON

Classic 95
Verlagsgruppe Random House FSC®-DEU-0100
Das für dieses Buch verwendete FSC®-zertifizierte Papier *Classic 95*
liefert Stora Enso, Finnland.

Bibliografische Information der Deutschen Bibliothek

Die Deutsche Bibliothek verzeichnet diese Publikation
in der Deutschen Nationalbibliografie; detaillierte bibliografische Daten
sind im Internet unter http://dnb.ddb.de abrufbar.

2. Auflage

Umschlaggestaltung: Büro Überland, Schober & Höntzsch,
unter Verwendung eines Motivs von Kaspri/shutterstock

Illustrationen: Wolfgang Pfau | www.pfau-design.de
Satz: Christiane Schuster | www.kapazunder.de
Druck und Bindung: GGP Media GmbH, Pößneck
Printed in Germany 2011

ISBN 978-3-424-20058-4

»Deine Zeit ist begrenzt, verschwende sie nicht damit, das Leben eines Anderen zu führen.

Lass nicht zu, dass ein Dogma dich beherrscht – dass also die Ansichten Anderer dein Leben bestimmen.

Lass deine eigene innere Stimme nicht vom Gelärme der Meinungen Anderer übertönen.

Und, was das Wichtigste ist: Hab den Mut, deinem Herzen und deiner Intuition zu folgen.

Irgendwie wissen diese beiden immer schon, wozu du eigentlich werden willst.

Alles andere ist nebensächlich.«

Steve Jobs, Gründer, Visionär und früherer CEO von Apple

Für Andrea

Inhalt

I. Teil

Bürde

Manche Menschen scheinen jedes
Tempo mühelos mitgehen zu können.
Sie bringen permanent Spitzenleistungen,
erreichen immer irgendwie ihre Ziele,
bleiben stets gelassen und behalten immer
den Überblick. Und sie bekommen nie im
Leben einen Burnout.

Wie schaffen die das nur?

Ist das genetisch bedingt? Muss man,
um so zu sein wie diese Menschen, einfach
nur völlig egozentrisch sein? Oder radikal
selbstlos? Angstfrei? Hemmungslos?
Kann man das lernen? Oder sieht das nur
so aus, als ob die alles im Griff hätten,
während in Wahrheit unter der Oberfläche
alle Warnlampen auf Rot stehen?

Überflieger, Glückskinder und Multitasker

I believe that we are fundamentally the same and have the same basic potential.

2:47 a.m. Jun 5th via web

»We are fundamentally the same« – wir bringen alle das gleiche Potenzial mit auf die Welt. Das glaube ich auch. Wer hat das getwittert? Ich schaue nochmal genauer auf mein iPhone: Der Tweet kommt vom Twitterkonto *DalaiLama:*

Name	Dalai Lama
Ort	Dharamsala, India
Web	http://dalailama.com
Biografie	Welcome to the official twitter page of the Office of His Holiness the 14th Dalai Lama.

Obwohl wir gemäß *Seiner Heiligkeit* alle vom ersten Tag an die besten Voraussetzungen haben, ragen trotzdem aus der Masse der Menschen manche heraus, denen offenbar alles gelingt. Fast alles. Was sie auch anpacken, es klappt. Mühelos scheinen sie jedes Tempo mitgehen zu können, auch wenn die Welt um uns herum sich immer schneller dreht wie ein Karussell im Zeitraffer. Mühelos bringen sie Spitzenleistungen. Sie gehören zu den Reichen, zu denen mit den tollen Jobs, zu denen, die immer oben und immer vorne stehen, die sich nie hinten anstellen, die immer einen Ausweg finden, die immer weiterwissen, die alles Neue immer als Erste durchschauen, ständig mehrere Bälle in der Luft halten, in zig Töpfen ihre Kochlöffel haben und alles immer unter einen Hut bekommen. Zumindest sieht es so aus.

Ich meine Menschen wie Richard Branson oder Franz Beckenbauer oder Bill Clinton oder Steve Jobs oder ... den Dalai Lama. Diese Überflieger und Glückskinder üben auf uns alle eine ungeheure Faszination aus. Wie machen die das nur?

Der Buchmarkt ist ein schöner Spiegel für die Themen, die die Menschen bewegen. Bücher wie *Kompass für die Seele* von Jack Canfield oder *Sieben Wege zur Effektivität* von Stephen Covey oder *Rich Dad, Poor Dad* von Robert Kiyosaki oder *Das Power-Prinzip* von Anthony Robbins oder eben *Überflieger* von Malcolm Gladwell sind Weltbestseller. Warum? Weil wir uns alle mehr oder weniger heimlich Erfolg, Reichtum und Glück wünschen – und zwar ohne uns den Buckel krumm schuften zu müssen. Wir wollen das Geheimnis des Erfolgs wissen – und lesen deshalb *The Secret* von Rhonda Byrne. Wir wollen herausfinden, wie es die Leute auf der Sonnenseite des Lebens angestellt haben, sich dorthin zu mogeln. Und von diesen Büchern erhoffen wir uns die Antwort.

Trotz all der Rückschläge: Das Strahlen bleibt.

Vor allem: All diese bedeutenden, erfolgreichen Menschen sehen (oder sahen zu ihren Lebzeiten) immer aus wie das blühende Leben. Während viele sich mit Ringen unter den Augen und fahlem Gesicht aus dem Bett und zur Arbeit quälen, strahlen diese Sonnenkinder um die Wette und sind so robust, dass sie scheinbar nichts umwerfen kann: keine Krebserkrankung, keine Todesfälle in nächster Umgebung, keine Wirtschaftskrisen, Jobverluste, Affären, Niederlagen oder sonst welche schlimmen Ereignisse, die diese Glücklichen genauso treffen wie alle anderen Menschen auch. Trotz all der Rückschläge: Das Strahlen bleibt. Nochmal: Wie machen die das nur? Was machen diese Gewinnertypen anders?

Im Gegensatz zu ihnen verzweifeln viele Menschen vor der Komplexität unserer Umgebung, die immer weiter zunimmt. Die großen Verkaufserfolge von *Simplify your Life*, dem Buch, das ich zusammen mit meinem geschätzten Freund Tiki Küstenmacher veröffentlicht habe, oder von *Ich bin dann mal weg* von Hape

Kerkeling spiegeln unter anderem die große Sehnsucht der Menschen wider, mit dieser Komplexität, Dynamik und Unübersichtlichkeit klarzukommen – oder zumindest abzuhauen, einfach »mal weg« zu sein und seine Ruhe vor all dem wirren Getriebe zu haben.

Burnout ist derzeit die Volkskrankheit schlechthin. Stress wird als Gesundheits- und Wertschöpfungskiller Nummer 1 gesehen, Tendenz weiter steigend. Kein Wunder. Die Realität in vielen Jobs ist furchtbar stressig. Die Informatikerin Gloria Mark hat im Rahmen einer Studie in Kalifornien errechnet, dass Büroarbeiter alle elf Minuten bei ihrer primären Tätigkeit unterbrochen werden: Ein Anruf, eine Frage der Kollegin, ein Anruf, eine dringende Anforderung per E-Mail, ein Anruf, eine SMS, ein Anruf, ein Meeting und so weiter. Dabei dauern diese Unterbrechungen im Durchschnitt länger als 20 Minuten. Im Klartext: Die Unterbrechungen nehmen doppelt so viel Zeit in Anspruch wie die eigentliche Arbeit.

> *Ein Anruf, eine Frage der Kollegin, ein Anruf, eine dringende Anforderung per E-Mail, ein Anruf, eine SMS, ein Anruf, ein Meeting und so weiter.*

Typische Wissensarbeiter in der IT-Branche erhalten nach dieser Studie im Durchschnitt 50 bis 100 E-Mails am Tag (wobei dabei der Datenmüll an Spam- und Werbe-Mails bereits abgezogen ist). Sie verwenden mehr als die Hälfte ihrer kompletten Arbeitszeit darauf, E-Mails zu lesen und zu schreiben. Dabei sind ein Drittel davon für ihre Arbeit nicht relevant.

Das bedeutet nichts anderes, als dass die Leute furchtbar beschäftigt sind, aber am Ende des Tages mit dem Gefühl nach Hause gehen, nichts geschafft zu haben. Das ist Stress!

Können Sie sich vorstellen, dass der Dalai Lama einen Burnout bekommt? Ha! Er würde sich kringeln vor Lachen über diese Frage. Warum sollte er auch gestresst sein? Nur weil von seinem verantwortlichen Denken und Handeln das Schicksal des tibetischen Volkes und der tibetischen Kultur abhängt? Nur weil sein Heimatland von den Chinesen beansprucht, besetzt und dominiert wird? Nur weil er das geistliche und weltliche Oberhaupt eines Volkes von 6 Millionen Menschen ist, deren Recht auf politische, ethnische, kulturelle und religiöse Selbstbestimmung gewaltsam unterdrückt wird? – Na klar, 99 Prozent der Menschen wären in einer solchen Lage *sehr* gestresst. Er nicht. Warum eigentlich nicht?

Das Symbol für Nicht-gestresst-Sein ist für mich der Dalai Lama. Ich habe mich gefragt, woher dieser außergewöhnliche Mensch seine Gelassenheit nimmt – ein weiterer Blick auf sein Twitter-Konto liefert eine heiße Spur:

0	2.260.010
Following	Follower

Das muss ich erklären. Beim Internetdienst *Twitter* veröffentlichen Millionen Menschen kurze Nachrichten von maximal 140 Zeichen Länge, die so genannten Tweets, auf deutsch: Gezwitscher. Wer die Nachrichten eines bestimmten Menschen oder einer Institution so interessant findet, dass er sie quasi abonnieren möchte, trägt sich mit wenigen Klicks in die Liste der so genannten Follower ein, das heißt, er folgt dieser Spur aus Kurznachrichten und bekommt sie aus der Datenflut herausgefiltert, zum Beispiel auf sein Handy geliefert. Normalerweise sind die Twitterer selbst Follower einer gewissen Anzahl von Twitterern und haben ihrerseits wiederum Follower. Ich zum Beispiel habe derzeit knapp 2.000 Follower, während ich selbst 105 Twitterern folge, darunter dem Dalai Lama. Der hawaiianische Unternehmer und Technologie-Guru Guy Kawasaki, um ein anderes Beispiel zu nennen, hat im Moment fast 400.000 Follower und folgt selbst ungefähr 303.000 Twitterern. Und der Dalai Lama, dem über 2 Millionen Menschen auf Twitter folgen? Er folgt niemandem.

> *Können Sie sich vorstellen, dass der Dalai Lama einen Burnout bekommt? Ha! Er würde sich kringeln vor Lachen über diese Frage.*

Das finde ich spannend. Tendzin Gyatsho, wie der 14. Dalai Lama als Mönch heißt, hat es nicht nötig, den Gedanken Anderer im Internet zu folgen! Er folgt nur sich selbst und äußert seine Gedanken, damit andere ihm folgen. Auf der einen Seite ist das ein Ausdruck von geistiger Führerschaft. Auf der anderen Seite ist das Ausdruck von maximaler Selbstbestimmung: Der Dalai Lama behält seinen Geist bei sich und lebt aus sich selbst heraus, in sich ruhend.

Ja, natürlich ist mir klar, dass Seine Heiligkeit nicht selbst die Tasten eines BlackBerrys bedient. Natürlich steckt hinter den Tweets eine Redaktion im indischen Dharamsala, dem Exilort des Dalai Lama. Das ändert aber nichts. Dass er twittert und wie er twittert, hat er selbst entschieden.

Umgekehrt betrachtet kann uns das Twitterkonto *DalaiLama* eine Lehre sein: Können Sie sich vorstellen, dass jemand, der jeden Tag hunderte Äußerungen hunderter anderer Menschen liest, sich also einen Großteil des Tages geistig außerhalb seines eigenen Kopfes aufhält und sich mit dem beschäftigt, was andere umtreibt, dass so jemand aus sich selbst heraus leben kann und mit sich selbst im Reinen ist?

Drei stressige Geschichten

Eines Abends hatte ich einen Vortrag in Düsseldorf. Mein Kalender sagte mir: Du hast zwar morgens noch einen Termin in Salzburg, nämlich einen Vortrag bei Red Bull. Dieser Auftritt war mir sehr wichtig und ließ sich auf keinen Fall verschieben. Und normalerweise hätte ich das auch locker geschafft. Mein Plan war, mit einem Teilnehmer mitzufahren, der ohnehin noch am Mittag mit dem Auto nach München fuhr. Von dort wollte ich dann mit dem Flieger kurz nach Düsseldorf jetten. Keine große Sache für einen wie mich, der ständig unterwegs ist. Das Problem: ein Wintereinbruch mit starkem Schneefall und entsprechendem Verkehrschaos.

Nichts ging mehr auf der Autobahn, alles vereist. Wir haben es nach meinem Vortrag am frühen Nachmittag gerade noch mit dem Auto bis zum Münchner Flughafen geschafft. Kurze Zeit später saß ich im Flugzeug – allerdings flog das Flugzeug nicht, sondern es stand. Auf dem Rollfeld. Insgesamt 5 Stunden lang. Ich bin fünf Stunden lang in dieser Flugzeugkabine auf meinem Sitz gesessen und beinahe wahnsinnig geworden, während die Uhr tickte und Düsseldorf in immer weitere Entfernung zu rücken schien. Ständig wechselte die Situation: Warteliste Platz 2. Dann wieder Platz 14, dann 21. Es ging voran. Dann wieder nicht. Der Flugkapitän hielt uns tapfer auf dem Laufenden, was die Flugkontrolle in Brüssel so bastelte und stoppelte, aber das änderte nichts daran, dass ich immer noch knapp 600 Kilometer Luftlinie von meinem Vortragstermin bei der Mercedes-Benz-Niederlassung in Düsseldorf entfernt war. Was mich beinahe verrückt gemacht hat: Ich konnte nichts machen, ich fühlte mich völlig machtlos und hilflos. Das Einzige, was ich tun konnte, war, verbotenerweise per Handy meiner Assistentin Instruktionen zu geben, so dass wir einen Ersatzreferenten für Daimler organisieren konnten, der für mich einsprang. Das war natür-lich sehr unbefriedigend für mich, ich wollte ja selbst dort auf der Bühne stehen.

Und der Dalai Lama, dem knapp zwei Millionen Menschen auf Twitter folgen? Er folgt niemandem.

Was mich an dieser Situation am meisten stresste, war das Gefühl vollkommener Abhängigkeit. Ich konnte nichts an dieser Situation verändern, hatte keinerlei Alternativen, die Flugkabine war zu, ich konnte nicht raus. Am Ende hob das Flugzeug dann doch noch ab. Und wir haben es hinbekommen, der Ersatzreferent musste nicht einspringen. Von unterwegs gab ich durch: »Ich komme. Gebt den

Gleis 3

Leuten noch ein bisschen was zum Essen und zum Trinken, lasst sie noch ein wenig warten, ich bin gleich da.« Ich kam an, baute schnell die Technik auf und los ging es. Mit nur ein wenig Verspätung. Kaum einer hatte etwas bemerkt.

In einer ähnlichen Situation ging es ebenfalls knapp zu, sogar noch spektakulärer, aber ich war lange nicht so gestresst. Das finde ich interessant. Was war der Unterschied? Bringt mich das auf die Spur, warum manche Menschen furchtbar gestresst sind, während andere spielend zurechtkommen?

Das war so: Ich war von Heidelberg aus auf dem Weg zum Flughafen Frankfurt. Auf allen fünf Spuren bei Darmstadt: totaler Stau. Der Flieger, der mich nach Wien bringen sollte, würde nicht endlos auf mich warten. Ich musste irgendwas tun. Schließlich ist es ziemlich unangenehm, als Redner zu einem Vortrag zu spät zu kommen, wo dann ein paar hundert Menschen auf einen warten müssen. Allerdings ist es nicht nur unangenehm, sondern praktisch ein Waterloo, zu spät zu kommen, wenn Sie mit dem Etikett »Zeitmanagement-Papst« angekündigt werden – das kann ich Ihnen verraten!

Ich sagte mir: Besondere Situationen erfordern besondere Maßnahmen. Wir sind in Deutschland, da zählen durchgezogene Striche auf der Fahrbahn noch was, aber ich scherte trotzdem aus und zog mit kalkuliertem Risiko auf der Standspur am Stau vorbei. Natürlich musste dann irgendein blöder LKW-Fahrer Polizist spielen und die Standspur zufahren, aber ich habe ihn ausgetrickst und kam vorbei. Ständig war ich auf der Hut: Ist irgendwo Polizei? Es ging ja auch nur um 2 oder 3 Kilometer und ich fuhr nicht schnell.

Nichts ging mehr auf der Autobahn, alles vereist.

Aber ich fuhr! Völlig abgehetzt kam ich zum Valet Parking. Hier der Schlüssel. Mein Name ist Seiwert. Schnell durch die Security. Und auf den letzten Drücker war ich drin im Flieger. Natürlich ziemlich abgehetzt. Und mit schlechtem Gewissen. Aber trotzdem einigermaßen fröhlich. Und gar nicht so sehr gestresst. –

Warum? Na klar, ich hatte was tun können. Ich war nicht ausgeliefert, sondern konnte mein Schicksal noch selbst beeinflussen.

Stress scheint also dann besonders groß und belastend zu werden, wenn wir uns von anderen Menschen oder den Umständen beherrscht fühlen, wenn wir unsere Selbstbestimmung geopfert haben. *Fremdbestimmung macht Stress.*

Wenn ich das überprüfe und mir die Situation in Erinnerung rufe, in der meine Selbstbestimmung minimal und das Ausgeliefertsein maximal war, dann kann ich das damit bestätigen. Das war der stressigste Moment meines Lebens. Es wäre beinahe auch der letzte Moment meines Lebens geworden.

Ich schwamm im Indischen Ozean vor Sri Lanka. Das Rausschwimmen war herrlich. Beim Versuch, wieder zurückzuschwimmen, merkte ich schnell: Verdammt, ich komme nicht voran. Ich strampelte und zog meine Arme durch das Wasser, aber der Strand, den ich im Blick hatte, kam einfach nicht näher. Schon merkte ich, wie die Kräfte nachließen. Das konnte doch nicht sein, dachte ich. Ich strengte mich an, so gut es ging, aber ich hatte keine Chance. Es wurde zu einem Albtraum. Ich schluckte Wasser. Sollte es das gewesen sein? Ich war nicht einverstanden. Aber ich konnte nichts tun. Es war die Erfahrung völliger Ohnmacht.

> »Fremdbestimmung macht Stress – Selbstbestimmung ist ein entscheidender Meilenstein auf dem Weg zum Erfolg.«
>
> *Lothar Seiwert*

Irgendwann kam dann der Punkt, an dem ich mir sicher war, es nicht mehr zu schaffen. Mir war klar: Ich würde absaufen. Es war furchtbar. Nicht dass ich am Durchdrehen war. Es war einfach die nackte Verzweiflung. Mir fehlen die Worte, um diese Hilflosigkeit zu beschreiben. Der Stress war so groß, dass mir Kopf und Herz beinahe zersprungen wären – so fühlte es sich an.

Da ich hiervon berichten kann, ist klar: Ich wurde gerettet. Ein Boot kam, ich wurde aus dem Wasser gezogen. Hinterher habe ich erfahren, dass in dieser starken Strömung schon so mancher

Urlauber ums Leben gekommen ist. Seitdem schwimme ich nicht mehr raus aufs Meer.

Das also ist meine Vermutung: Selbstbestimmung, Fremdbestimmung – hierin muss einer der entscheidenden Faktoren liegen, der darüber entscheidet, ob wir gestresst sind und auf den Burnout zusteuern oder nicht. Leben die Überflieger und Glückskinder überwiegend selbstbestimmt oder fremdbestimmt? Und leben die Gestressten und Unzufriedenen, die Sorgenvollen, die Jammerer und die Zaghaften überwiegend *selbstbestimmt oder fremdbestimmt*? Die

Was mich an dieser Situation am meisten stresste, war das Gefühl vollkommener Abhängigkeit.

Antwort scheint auf der Hand zu liegen. Nur: Was ist Ursache und was ist Wirkung? Leben die Erfolgreichen auf der Sonnenseite des Lebens, weil sie selbstbestimmt sind, oder ist es einfach nur leicht, selbstbestimmt zu sein, wenn das Bankkonto gut gefüllt ist? Kommt die Selbstbestimmung also automatisch mit wachsendem Erfolg? Das werde ich herausfinden.

Machen Sie sich klar, was diese These bedeutet: Die komplette Diskussion in der Öffentlichkeit über das Thema Burnout und Stress rankt sich um die Frage, wie wenig Arbeit und wie viel Freizeit wir brauchen, um unsere Work-Life-Balance ins Gleichgewicht zu bekommen. Ob die Arbeitsmenge und -intensität nicht vielleicht so groß sind, dass die Arbeit uns kaputt macht.

Was aber, wenn diese stillschweigende Vorannahme Unsinn wäre? Wenn also die Weniggestressten durchaus riesige Arbeitspensen bewältigen, vielleicht sogar mehr und intensiver als die Gestressten? Wenn es gar nicht Menge und Intensität der Arbeit sind, die Stress verursachen? Wenn der Druck und die Verantwortung, die auf den Menschen lasten, überhaupt nicht entscheidend sind für die Stressbelastung? Wenn diejenigen, deren Welt noch komplexer als die des Durchschnittsbürgers wäre, überhaupt nicht diejenigen sind, die gestresster als der Durchschnitt sind? Sondern wenn es etwas mit dem Grad von Selbstbestimmung zu tun hätte, mit der inneren Haltung, ob wir stresskrank werden oder nicht? – Dann würde die öffentliche Debatte völlig ins Leere laufen.

Das Märchen vom Multitasking und die Floskel vom Fleiß

Der Eine hat's, der Andere nicht. Erinnern Sie sich an zwei deutsche Bundestrainer: Franz Beckenbauer hat es, Berti Vogts hat es nicht. Jeder wird mir zustimmen. Dabei frage ich mich: Was genau hatte Kaiser Franz, was Berti nicht hatte?

In den Spitznamen steckt bereits einiges: Respekt nämlich. Der ist im einen Fall hoch, im anderen Fall niedriger. Einem Kaiser tritt man eben anders gegenüber als einem Berti. Beide waren als Spieler 1974 Weltmeister. Beide waren Spielführer der Nationalmannschaft. Beide wurden mit ihren Bundesligamannschaften jeweils fünfmal Deutscher Meister. Beide waren später Bundestrainer. Franz Beckenbauer wurde mit der von ihm gecoachten Nationalmannschaft 1990 Weltmeister. Berti Vogts wurde mit seinem Team 1996 Europameister. Beide also waren sowohl als Spieler als auch später als Trainer überragend. Weltklasse. Berti Vogts erzielte als Trainer einen Punkteschnitt pro Spiel von knapp 2,2 – ein überragender Wert, der von keinem anderen Bundestrainer erreicht wurde, von keinem Sepp Herberger, von keinem Helmut Schön – auch von keinem Franz Beckenbauer. Warum aber wurde der eine Kaiser, der andere Berti? Wodurch hat sich Franz Beckenbauer den Respekt verdient, den Berti Vogts nie genießen durfte?

Die Antwort liegt nicht in den Ergebnissen – da waren beide top. Sie liegt vielmehr in der Art und Weise, wie diese Erfolge errungen wurden. Berti Vogts ist der Inbegriff des deutschen Fleißes. Mit Verbissenheit und Akribie hat er aus einem mäßigen Talent das Beste herausgeholt. Man nannte ihn den »Terrier«, denn wenn er sich in einen Gegenspieler verbiss, ließ er ihn nicht mehr laufen –

> *Das war der stressigste Moment meines Lebens. Es wäre beinahe auch der letzte Moment meines Lebens geworden.*

bis er den Ball hatte. Unbändige Willenskraft, Disziplin und Ausdauer haben ihn ganz nach oben gebracht. Eine großartige Leistung. Was auf der Strecke blieb: Grandezza. Souveränität. Charisma. Leichtigkeit. Berti Vogts wirkte nie befreit, immer wie ein Getriebener. Immer ernst. Immer irgendwie unsicher. Tiefe Falten haben sich im Laufe der Jahrzehnte in sein Gesicht gegraben. Das ständige Ackern und Wühlen hat Spuren in seiner Physiognomie hinterlassen. Bei seinen Pressekonferenzen als Trainer bei Europa- oder Weltmeisterschaften wirkte er immer wie einer, der sich rechtfertigte, der von den Journalisten gehetzt wurde. Er wirkte schwach. Ungeschickt. Bei allem Fleiß, bei allen Erfolgen. Und das war nicht nur in der deutschen Öffentlichkeit so. Auch in Schottland, wo Vogts von 2002 bis

Leben die Erfolgreichen auf der Sonnenseite des Lebens, weil sie selbstbestimmt sind, oder ist es einfach nur leicht, selbstbestimmt zu sein, wenn das Bankkonto gut gefüllt ist?

2004 Nationaltrainer war, wurde er von Fans und Journalisten gehetzt, geschmäht und belästigt, bis hinein in die Privatsphäre, so dass er sich am Ende zum Rücktritt genötigt sah.

Franz Beckenbauer dagegen wirkte stets wie einer, der absolut alles im Griff hat und Herr der Lage ist. Er ist der Inbegriff der *Souveränität*. Das Wort »souverän« kommt wie so viele Wörter unserer Sprache aus dem Lateinischen und bedeutet »sich darüber befinden«, »überlegen sein«, man könnte auch sagen »über den Dingen schweben«. In der Rechtswissenschaft bezeichnet »Souveränität« die Fähigkeit einer Person zu ausschließlicher Selbstbestimmung. In der Politik ist der Souverän der Ausgangspunkt der Staatsgewalt – sei es ein König oder das wählende Volk, es ist die Institution, die sich im Endeffekt von niemandem etwas vorschreiben lässt, sondern selbst vorschreibt.

Für mich eine Schlüsselszene im Schauspiel des eindrucksvollen Lebens von Franz Beckenbauer ist die Niederlage gegen die DDR in der Vorrunde der Fußballweltmeisterschaft 1974, als Jürgen Sparwasser vom 1. FC Magdeburg am 22. Juni 1974 im Hamburger Volksparkstadion in der 77. Minute den im Zentrum vor dem Strafraum aufprallenden Steilpass mit dem Kopf annahm und geschickt an Horst-Dieter Höttges und Berti Vogts gegen deren Laufrichtung vorbeilegte, um den Konter dann mit einem Heber über den herausstürzenden Sepp Maier unhaltbar abzuschließen. Als so das einzige Aufeinandertreffen der beiden deutschen Auswahlmannschaften aus Ost- und Westdeutschland zu Gunsten der DDR ausging, da dachte jeder im Westen: Die WM ist gelaufen. (West-)Deutschland war zwar als Gruppenzweiter für die Zwischenrunde qualifiziert, aber die Moral schien gebrochen.

Nach allem, was man aus verschiedenen Quellen weiß, war es Franz Beckenbauer, der nach dem Spiel noch in der Kabine das Heft in die Hand nahm. Er soll anschließend Mannschaftsaufstellung und Taktik bestimmt, dabei den Trainer Helmut Schön sanft zur Seite geschoben haben, ohne ihn zu demontieren. In diesem kritischen Moment, als es darauf ankam, stieg er zum Kopf und unumschränkten Anführer der Mannschaft auf. Mit 29 Jahren. Franz Beckenbauer mochte es nicht hinnehmen, dass irgendjemand über ihn bestimmte und ihn möglicherweise in den Misserfolg dirigierte. Das kann einem geborenen Anführer nicht passieren. Dass eine solche Revolution nicht in einen Eklat münden muss, sondern dem hilflosen Trainer ermöglicht wurde, das Gesicht zu wahren, spricht für die menschliche Größe Beckenbauers. Ihm ging es bei seinem Einschreiten nicht um die Außenwirkung, er wollte den Erfolg nicht für sich beanspruchen, er wollte einfach nur gewinnen. Es folgten ein 2:0 gegen Jugoslawien, ein 4:2 gegen Schweden, ein 1:0 gegen Polen und im Finale das berühmte 2:1 gegen die Niederlande – Deutschland war Weltmeister!

Berti Vogts war fleißig. Franz Beckenbauer übernahm Verantwortung. Die urdeutsche Floskel »Ohne Fleiß kein Preis« trifft auf Berti Vogts zu. Auf Franz Beckenbauer gemünzt müsste der Spruch heißen: »Ohne Verantwortung kein Kaiser.« Denn in der

> *Franz Beckenbauer hat es, Berti Vogts hat es nicht.*

Übernahme von Verantwortung zeigte sich die Selbstbestimmung Beckenbauers, auch später, als er die WM 2006 als Funktionär nach Deutschland holte.

Also, was hat ein Franz, was ein Berti nicht hatte? Wie wird man zu einem, dem scheinbar mühelos gelingt, was Anderen Stress macht und sie scheitern lässt? Fleiß, Disziplin, viel Arbeit – das ist offenbar nicht der Punkt.

Wer glaubt, dass Erfolg immer harte Arbeit voraussetzt, der wird zeit seines Lebens hart arbeiten. Wie Berti Vogts. Aber der wird niemals ein Überflieger und Glückskind, ein vom Erfolg Verwöhnter, ein Strahlemann.

Außer der Floskel vom Fleiß gibt es beim Thema Erfolg noch das Märchen vom Multitasking. Viele Leute glauben ganz offensichtlich, man müsse nur möglichst viele verschiedene Dinge gleichzeitig tun können, um effektiver zu sein als die Anderen. Je mehr Bälle man jonglieren und gleichzeitig in der Luft halten kann, desto mehr bekäme man erledigt, desto größer müsse am Ende der Erfolg sein. Heraus kommt dann der Prototyp des modernen Managers, der Börsenkurse, wichtige Verhandlungen, Mitarbeitergespräche, den Hochzeitstag seiner Frau und seinen BlackBerry

Das kann einem geborenen Anführer nicht passieren.

jederzeit parallel im Griff hat, das Ganze am besten auch noch, während man auf dem Laufband im Büro schwitzt, weil man ja zusätzlich zu allem anderen auch noch den eigenen Körper unter Kontrolle behalten muss.

Dabei geht *Multitasking* gar nicht. Gründliche Forschungen haben ergeben, dass die Spezies Homo sapiens eine großartige Leistung vollbringen kann: Sie kann exakt zwei Dinge gleichzeitig tun. Zwei! Nicht sieben!

Beispielsweise haben Etienne Koechlin und Sylvain Charron aus Paris Hirnscans an Probanden durchgeführt, die verschiedene Aufgaben gleichzeitig zu erledigen hatten. Sie haben nicht nur herausgefunden, dass die Kapazität des Gehirns mit zwei gleichzeitig angestrebten unterschiedlichen Handlungszielen maximal ausgeschöpft ist, sondern auch, warum das so ist. Die Antwort ist ganz einfach: Der Mensch hat zwei Gehirnhälften. Muss ein Gehirn zwei Aufgaben gleichzeitig lösen, teilen sich die beiden Hälften die Arbeit. Das haben Koechlin und Charron mit ihren Hirnscans nachweisen können. Sie haben sogar das Areal im Gehirn identifiziert, das die Aufteilung der Denkarbeit organisiert: Im so genannten präfrontalen Cortex, also der Großhirnrinde direkt hinter der Stirn, liegt der

Außer der Floskel vom Fleiß gibt es beim Thema Erfolg noch das Märchen vom Multitasking.

entwicklungsgeschichtlich relativ junge Teil des Gehirns, der es uns immerhin ermöglicht, während eines Telefonats den Bonsai zu trimmen, ohne weder das Gespräch noch das Bäumchen zu verstümmeln. Mehr geht leider nicht.

Alles andere ist Schummelei. Wer glaubt, im Multitaskingmodus zu laufen, arbeitet in Wahrheit die scheinbar parallelen Aufgaben nacheinander ab. Und was noch viel schlimmer ist: Wer sich nicht auf eine Aufgabe voll konzentriert, sondern sich permanent im scheinbaren Multitaskingmodus von allem Möglichen unterbrechen lässt, wer also seine Aufmerksamkeit häufig breit streut und nicht auf eine Sache fokussiert, der schwächt auf Dauer seine Fähigkeit zur Konzentration. Es ist, als ob es einen »Fokusmuskel« gäbe, der erschlafft, wenn er nicht regelmäßig trainiert wird: Die Konzentrationsspannen werden verkürzt, die geistige Ausdauer erlahmt, der Wunsch nach kurzfristigen »Belohnungen«, also nach Erfolgserlebnissen, nimmt zu, die Bereitschaft, auf exzessive Weise sich immer zu viel auf einmal aufzuladen, steigt – die Gefahr der Arbeitssucht nimmt zu, aus dem Multitasker wird ein Workaholic. Und Workaholics sind erwiesenermaßen wenig leistungsfähig, sie kompensieren ihre geringe Effektivität allein über die Dauer der Arbeit, über massiven Zeiteinsatz.

Den Nachweis dieses Phänomens erbrachte der Neurowissenschaftler Gary Small von der University of California. Er wies nach, dass intensives Surfen im Internet die Kommandozentrale im präfrontalen Cortex des Gehirns schwächt. Die permanente Datenflut sorgt für rege Tätigkeit im Gehirn, aber die Kontrolle geht verloren. Die Fähigkeit zu selektiver Aufmerksamkeit, also zur Fähigkeit, langfristige Ziele zu verfolgen, ganz bei sich zu bleiben und bei dem, was man eigentlich will, diese Fähigkeit geht immer mehr verloren, je mehr wir uns mit vielen Dingen gleichzeitig befassen und je länger wir uns nicht auf eine Sache fokussieren.

Man könnte das so zusammenfassen: Immer mehr reaktive Aufmerksamkeit, immer weniger proaktive Aufmerksamkeit – Multitasking und Informationsflut machen fremdbestimmt. Oder andersherum: *Wer sich stets auf eine Sache konzentriert, wird immer selbstbestimmter.*

Interessant an den aktuellen Forschungsergebnissen ist hierbei noch der so genannte *Flynn-Effekt* und was mit ihm derzeit passiert. Der neuseeländische Politologe James R. Flynn stellte bereits vor knapp 30 Jahren fest, dass die Ergebnisse von IQ-Tests weltweit stets anstiegen. Demnach wurde die Menschheit immer schlauer. In den Industrieländern betrug die Zunahme der IQ-Werte pro Jahrzehnt recht konstant 3 IQ-Punkte. Der dänische Psychologe Thomas Teasdale zeigte dann aber, dass der Flynn-Effekt in den Industrieländern in den 1990er-Jahren stagnierte und seit der Jahrtausendwende sogar wieder rückläufig ist.

Sri Lanka 1582 km

Insbesondere die Fähigkeit, neue Informationen schnell zu verarbeiten, nimmt seit einiger Zeit wieder ab. Auf den Punkt gebracht sieht es heute so aus: Die Welt wird komplexer, und das macht uns dümmer.

Deutschlands führender Intelligenzforscher Siegfried Lehrl, Präsident der Gesellschaft für Gehirntraining und Wissenschaftler an der Medizinischen Fakultät der Universität Erlangen, ist der Meinung, dass die Ursache dafür unter anderem darin bestehe, dass die Menschen heute geistig passiver seien als früher, Informationen, die auf sie einprasseln, nicht aktiv selbstständig überdächten, sondern sich berieseln ließen. Das bestätigt aus meiner Sicht: *Wer sich fokussiert, der wird im Fokussieren mit der Zeit immer besser.* Und wer sich zerstreuen lässt, der wird mit der Zeit immer zerstreuter. Nun ist Fokus aber die Voraussetzung für ein selbstbestimmtes Leben.

Was *Fokus* heißt, kann ich erleben, wenn ich Kenneth H. Blanchard treffe. Er ist einer der Menschen, die ich bewundere. In den USA ist dieser Unternehmer und Managementautor ein Star. Ihm bin ich bereits ein paar Mal begegnet, und jedes Mal stelle ich mich in die Schlange, um mir ein Buch von ihm signieren zu lassen. In diesen 30 bis 60 Sekunden, in denen Sie bei ihm stehen und sich kurz mit ihm unterhalten, gibt er Ihnen das Gefühl, der wichtigste Mensch der Welt zu sein. Das ist keine Attitüde, kein So-tun-als-Ob, das ist echte menschliche Wärme und Zuneigung. Wie ein Vater, der seine Kinder und Enkel empfängt. Ich bin jedes Mal völlig fasziniert, wie dieser Mensch nicht nur rational, sondern auch emotional auf den Punkt konzentriert ist. Er tut genau eine Sache: Er schaut Ihnen in die Augen. Dann tut er genau eine Sache: Er hört Ihnen zu. Dann tut er genau eine Sache: Er lacht freundlich und reagiert aufrichtig auf das, was Sie gesagt haben. Dann tut er genau eine Sache: Er schreibt einen treffenden

... aus dem Multitasker wird ein Workaholic. Und Workaholics sind erwiesenermaßen wenig leistungsfähig.

Spruch auf die Titelseite des Buches und schreibt seinen Namen darunter. Dann tut er genau eine Sache: Er bedankt sich aus ganzem Herzen bei Ihnen. Und wenn Sie sich verabschiedet haben, wendet er seine hundertprozentige Aufmerksamkeit dem Menschen zu, der hinter Ihnen in der Schlange steht. Was für eine Präsenz! Was für eine Gegenwärtigkeit! Seine Ausstrahlung ist von solcher Kraft, man kann sich dem nicht entziehen.

Blanchard ist die Ruhe selbst, er hat definitiv keinen Stress. Und er hat weltweit enormen Einfluss. Seine *One-Minute-Manager*-Bücher hat er weltweit 7 Millionen Mal verkauft, sie wurden in über 20 Sprachen übersetzt und öffnen Millionen von Lesern die Augen über ihr eigenes Führungsverhalten. Eines seiner Erfolgsrezepte: Tue eine Sache. Aber die richtig. Von wegen Multitasking!

Übrigens: Franz Beckenbauer wurde in einem Interview der Wochenzeitung *Die Zeit* einmal gefragt, ob er denn nie ins Internet schaue. Seine Antwort: »Ich brauche das nicht. Sehen Sie, mein Assistent schaut andauernd in seinen BlackBerry, um E-Mails zu lesen. Wir waren in Moskau und in Abu Dhabi, aber er hat fast gar nichts gesehen. Vom Flughafen bis in die Innenstadt schaut er pausenlos auf sein Gerät, Nachrichten checken. Ich schaue zur selben Zeit aufs Meer hinaus, entspanne mich, meine Gedanken fließen. Was bitte schön ist wichtiger?«

> *Die Welt wird komplexer, und das macht uns dümmer.*

Die Elf der Eigensinnigen

Ein Kennzeichen der Menschen, die deutlich mehr leisten als Andere, ohne dabei gestresst und angespannt zu wirken, scheint also die Fähigkeit zu sein, selbst zu bestimmen, was gut und richtig für sie ist. Sie scheinen sich auf das Wesentliche konzentrieren zu können und robust zu sein gegenüber Ablenkungen jeder Art. Eine Führernatur lässt sich nicht so leicht vom Weg abbringen, ob es der Weg zum Endspiel ist oder der Weg zum momentanen Gesprächsziel. Die Sonnenkinder des Lebens bleiben ganz bei sich.

Sie scheint auszuzeichnen, dass sie in jeder Situation Verantwortung für ihr eigenes Geschick übernehmen. Und sie werden nie im Leben einen Burnout bekommen. Für wen gilt das?

Mir fallen in diesem Zusammenhang elf Leute ein, eine komplette Fußballmannschaft: Drei der Spieler habe ich schon genannt: Den Dalai Lama, Franz Beckenbauer und Ken Blanchard. Die anderen Positionen: Bill Clinton, Anthony Robbins, Jack Welch, Steve Jobs, Ronald Reagan, Uli Hoeneß, Richard Branson, Helmut Schmidt. Das ist natürlich eine wilde Mischung; ich will erklären, was diese außerordentlichen Erfolgsmenschen jeweils auszeichnet und was sie gemeinsam haben.

Der Dalai Lama steht für: *In-sich-Ruhen*. Franz Beckenbauer: *Souveränität*, Ken Blanchard: *Fokus*. So weit war ich schon.

Bill Clinton? Bei einer Sonderveranstaltung des Alpensymposiums in Zürich durfte ich direkt vor ihm sprechen, ich war sozusagen seine Vorgruppe. Danach, beim Get-together im kleineren Kreis, hatte ich die Gelegenheit, kurz mit ihm zu sprechen. Ich ging also auf ihn zu, wurde ihm vorgestellt – und war so beeindruckt, dass ich kurz gar keine Luft bekam.

Was für eine Präsenz!

Was für eine Ausstrahlung! Clinton war ganz ruhig, leise, freundlich, völlig ohne Allüren. Wir unterhielten uns einen Moment, ich drückte ihm eines meiner Bücher in die Hand, er guckte erstaunt. Mit großer Lässigkeit parlierte er und stand dabei dermaßen im Zentrum der Aufmerksamkeit jedes einzelnen Menschen im Raum, dass die Luft um ihn herum zu brennen schien. Ein geborener Leader, eine Führernatur mit unglaublichem Charisma. Ein Alphatier mit natürlicher Autorität. Und was bedeutet Autorität? Dass sich Andere freiwillig in ihrem Denken und Handeln nach dieser Person richten. Und nicht umgekehrt. Autorität ohne Selbstbestimmung ist nicht möglich.

Also, Bill Clinton: *Charisma*.

Anthony Robbins? Ich war dreimal bei ihm, dem derzeit wohl bekanntesten Erfolgstrainer und -autor der USA. Bei einem für seine Verhältnisse kleinen, beinahe schon intimen Seminar mit nur 100 Teilnehmern bot ich ihm an, das Vorwort für sein zweites deutsches Buch zu schreiben, was wir dann auch so gemacht haben. Beim letzten Mal, als wir uns gesehen haben, war es nur ein flüchtiges Abklatschen. Aber am beeindruckendsten für mich war der Seminartag auf Hawaii am 11. September 2001. Das Seminar hieß *Life Mastery*, es war der dritte Tag.

Gegenüber New York ist Hawaii vier Stunden in der Zeit zurück. Ich war schon früh auf, denn ich hatte bei einem Fitnesscoach eine Session gebucht. Plötzlich hörte ich im Radio: »America at War!« Ich hörte gar nicht richtig hin, vielleicht war ich noch nicht ganz wach, ich ging zurück ins Hotel. Alle guckten komisch. Mir wurde klar: Hier stimmt was nicht. Dann sah ich auf meinem Zimmer ins

> *Autorität ohne Selbstbestimmung ist nicht möglich.*

TV: Die Szenen, die jeder kennt. Die brennenden Türme des World Trade Center. Ich dachte nur: Mein Gott! War so fassungslos wie jeder andere. Um 10 Uhr ging ich wie 2.000 andere Teilnehmer auch völlig gedämpft und niedergeschlagen, verstört, gleichzeitig alarmiert hinüber in den Seminarraum. Die Halle wurde geschlossen, und was ich dann erlebte, werde ich nie vergessen.

Die Stimmung war schlimm. Viele weinten ununterbrochen. Fast jeder hatte Verwandte oder Bekannte in New York City, jeder war direkt oder über Ecken persönlich betroffen. Tony kam. Nach etwa anderthalb Stunden Verspätung ging es los. Und Tony holte uns aus der Watte, mit der wir uns unbewusst abgedämpft hatten. Es war real! Hier waren 2.000 Leute in Hawaii, am Boden zerstört. Die Emotionen kamen hoch. Bestürzt. Wütend. Entsetzt. Traurig. Verzweifelt. Voller Angst. Die volle Palette. Nach kurzer Zeit war auch klar: Wir konnten von der Insel nicht weg. Der komplette Luftraum war gesperrt. Wir spürten alle unmittelbar: Jetzt ist Krieg. Und wir sind mittendrin. So ist das also!

In dieser Situation die Seminarführung zu übernehmen, die Verantwortung zu tragen, die völlig entgleisten Emotionen von 2.000 Menschen aufzufangen, ihnen am Ende wieder Mut zu geben, ihnen zu helfen, gerade jetzt das umzusetzen, was wir in den zwei Tagen zuvor gelernt hatten – das war eine der größten Führungsleistungen, die ich in meinem Leben bislang erlebt habe.

Was Tony machte, war unerhört. Mit Erlaubnis eines Teilnehmers spielte er die Aufnahme der Voicemail von dessen Verlobter vor – aus einem der Flugzeuge, das auf New York zustürzte: Wir sind entführt! Ich liebe dich! Gleich geht alles zu Ende! Dann Schreie. Tumult. Die Verbindung reißt ab ... Sie hören das gemeinsam mit 2.000 geschockten Menschen. Da sind Sie fertig!

Und in dieser Situation macht er dann eine Intervention, den Versuch, den Anderen zu verstehen. Das Grundthema: *Glaubenssysteme*. Es liegt an uns selbst, mit welchen Glaubenssätzen wir aus der Situation herausgehen. Er holt zwei Menschen auf die Bühne. Einen Juden und einen Araber. Auf diese riesige Bühne. Am einen Ende steht der Eine, der Andere ganz auf der anderen Seite. Die beiden schauen sich feindlich an. Am liebsten würden sie sich an die Gurgel gehen.

Bestürzt. Wütend. Entsetzt. Traurig. Verzweifelt. Voller Angst.

Ich stelle bei mir selbst unermessliche Wut fest. Der Saal kocht. Durch diese Stellvertreterkonfrontation auf der Bühne kommen als Erstes bei allen die Aggressionen hoch. Heftig!

Tony beginnt, mit den beiden über Glauben zu sprechen. Er spricht über die Werte, die allen Religionen gemeinsam sind: Toleranz, Liebe und so weiter. Er holt Beistand ein von uns paar Deutschen: Hitler, Nazi-Deutschland, sagt, seid ihr alle so? Nein? Und Baader-Meinhof, die Terroristen der Rote-Armee-Fraktion? Seid ihr Deutschen alle so? Bist du so? Nein? Nur wenige Extremisten? Ist das, was da in New York passiert, repräsentativ? Ist das, was in Palästina passiert, repräsentativ? Für alle Moslems? Für alle Juden? Für alle Christen?

Und so webt Tony langsam und vorsichtig ein Band des Verständnisses und der Gemeinsamkeit zwischen allen im Saal, auch zwischen den beiden Kontrahenten auf der Bühne. Einen ganzen Tag arbeitet er an den Glaubenssystemen.

Am nächsten Tag holte er die beiden nochmal auf die Bühne – da standen sie dann ganz nahe beieinander. Und gemeinsam haben wir dann für den Weltfrieden gebetet. Da haben wir alle geweint. Das mag kitschig klingen. Aber bedenken Sie die Situation! Und als wir dann aus Hawaii abreisten, waren wir voller Zuversicht und Mut, der Schock und die Verzweiflung waren vertrieben.

Tony Robbins ist für mich ein Leitstern in Sachen Geistesgegenwart und mentaler Stärke. Er ist für mich einer, der über den Dingen steht. Selbst wenn »Dinge« der Einsturz des World Trade Centers mit über 3.000 Toten oder ein Kriegsausbruch sind. Und das mit damals nur 41 Jahren! Er hält die Fäden in der Hand, lässt sich die Agenda nicht von den Weltereignissen diktieren, bewahrt geistig und emotional den Überblick und hat die Fähigkeit, die unterschiedlichsten Weltsichten der unterschiedlichsten Menschen zu verstehen und mit ihnen zu kommunizieren – eine der wichtigsten Eigenschaften des FlexFlow-Prinzips, dem ich weiter hinten im Buch noch ein ganzes Kapitel gewidmet habe (siehe S. 190).

Also, Anthony Robbins: *Geistesgegenwart.*

Am liebsten würden sie sich an die Gurgel gehen.

Jack Welch? Für mich der beste Manager aller Zeiten und Vorbild in Sachen *Konsequenz.* Seine Maxime war: Wo wir mit unserem Unternehmen nicht Nummer 1 oder 2 im Markt sind – oder es demnächst werden: Bereich verkaufen oder dichtmachen. Oder: Es gibt drei Mitarbeiterkategorien: A, B und C. Von C-Mitarbeitern musst du dich trennen. Und er trennte sich von ihnen. Mit dieser Konsequenz machte er in den 20 Jahren an der Spitze von General Electric aus einem Jahresumsatz von 27 Milliarden US-Dollar 130 Milliarden und aus einem Jahresgewinn von 1,8 Milliarden US-Dollar 12,7 Milliarden.

Dreimal durfte ich ihm begegnen. Genauso wie Bill Clinton ist er auf liebenswerte Weise freundlich und in keinster Weise arrogant. Dieser »Neutronen-Jack«, wie er genannt wurde, weil er als Chef von General Electric so knallhart und konsequent seine Linie durchzog, lächelte mich an, war gelassen und völlig unaufgeregt – er war der Star des Abends, das war ihm klar –, er hatte eine völlig offene Körpersprache, keinerlei Imponiergehabe, redete mit allen Anwesenden auf Augenhöhe und war ganz präsent. Ein wunderbares Beispiel dafür, dass Konsequenz und Unfreundlichkeit zwei Paar Stiefel sind.

Also, Jack Welch: *Konsequenz*.

Steve Jobs? Ihm bin ich leider noch nicht persönlich begegnet. Er ist offenbar genauso konsequent wie Jack Welch. Und er kann nach allen Berichten, die es so gibt, recht herrisch und sehr unbequem sein. Aber faszinierend ist für mich, wie er mehrfach aus dem Nichts so unglaubliche, wunderbare und schöne Dinge entwickelt hat. Wie er immer wieder aufsteht, wenn er Rückschläge erleidet, ob er nun im Alter von 30 Jahren aus seiner eigenen Firma gemobbt wird, ob er eine Krebserkrankung niederkämpfen muss oder ob er sich einer Lebertransplantation unterzieht: Er kommt zurück. Wie er gnadenlos seinen Kopf durchsetzt und jeden Produktentwurf zurück in die Überarbeitung schickt, der ihm nicht simpel genug oder nicht schön genug ist. Wie er dem Markt immer eine Nasenlänge voraus ist und nicht die Dinge tut, die man vom ihm erwartet. Ganze Märkte schauen wie gebannt auf den nächsten Schachzug aus Cupertino in Kalifornien.

Also, Steve Jobs: *Eigensinnigkeit*.

Ein wunderbares Beispiel dafür, dass Konsequenz und Unfreundlichkeit zwei Paar Stiefel sind.

Ronald Reagan? Ein amerikanischer Präsident, der bei seiner zweiten Amtszeit von 49 der 50 Bundesstaaten wiedergewählt wird. Was für eine Leistung! Besonders beeindruckt hat mich die

Konsequenz und Eigensinnigkeit, mit der er sich zu Beginn seiner Amtszeit Autorität verschafft hat. Vielleicht erinnern Sie sich an den Fluglotsenstreik: 13.000 der 17.000 gewerkschaftlich organisierten Fluglotsen streikten in den USA 1981 für höhere Gehälter und geringere Arbeitszeiten. Reagan war gerade einmal ein halbes Jahr im Amt und hatte das Attentat eines Geistesgestörten überlebt. Die Gewerkschaft war siegessicher, denn durch den Streik konnten die Fluggesellschaften den Flugverkehr nur mit einer Kapazität von 70 Prozent fahren, und die durch die lange Rezession unter Präsident Carter angeschlagene Wirtschaft würde einen längeren Streik nur schwer verkraften. Eine klare Erpressungsstrategie also, und dabei hatten die vom Staat beschäftigten Fluglotsen bei Amtsantritt einen Eid geleistet, nicht zu streiken. Die Gewerkschafter wähnten sich auf der sicheren Seite, hatten sie

Ganze Märkte schauen wie gebannt auf den nächsten Schachzug aus Cupertino in Kalifornien.

doch Reagans Präsidentschaftswahlkampf unterstützt. Aber da hatten sie die Rechung ohne den Wirt gemacht.

Reagan schlug einen Pflock ein: »Niemand hat nirgendwo und zu keiner Zeit das Recht, gegen die öffentliche Sicherheit zu streiken!« In Cowboy-Manier setzte er den Streikenden ein Ultimatum

von 48 Stunden, um an die Arbeit zurückzukehren. 48 Stunden später waren die meisten Fluglotsen der USA fristlos gefeuert. Die Reagan-Administration überbrückte den Fluglotsenengpass innerhalb kürzester Zeit, zum Teil mit Militärpersonal und mit jedem, der irgendwie für den Job qualifiziert war. Schnellausbil-

dungsprogramme wurden aus dem Boden gestampft. Der Flugverkehr wurde umgehend wieder in Gang gebracht, die Sicherheit gewährleistet und kein einziger Unfall ereignete sich. Die ganze Welt, einschließlich der damals noch feindlichen Sowjetunion, konnte sehen: Don't mess with Ronald Reagan!

Nach und nach richtete sich der angeschlagene Stolz der Nation wieder an ihm auf. Er gilt nicht umsonst bei den Amerikanern als einer der besten Präsidenten der USA. Bei seiner Beerdigung 2004 wurde das über alle politischen Lager hinweg deutlich. Er hatte die Fähigkeit, die Menschen zu berühren und ihnen aus dem Herzen zu sprechen.

Bekannt ist Reagan auch dafür gewesen, dass er sich nicht totgearbeitet hat. Er arbeitete »from nine to five« und hat nie Akten gelesen. Dafür hatte er sich die richtigen Leute geholt. Er hatte die Fähigkeit, sich auf das Wesentlichste seines Jobs zu konzentrieren: Kommunikation. Sich verkaufen. Dabei strahlte er immer größte Souveränität und Gelassenheit aus, wirkte immer relaxt.

Also, Ronald Reagan: *Autorität*.

Uli Hoeneß? Der wirkt nicht immer relaxt. Eher bisweilen aggressiv. Ich habe den langjährigen Manager und heutigen Präsidenten des größten deutschen Fußballclubs FC Bayern München trotzdem in diese merkwürdige Elf aufgenommen, weil er ein mir furchtbar sympathisches, leidenschaftliches Kampfschwein ist, ein Stier vor dem roten Tuch, einer, der alles gibt für seinen geliebten FC Bayern. Ein Selberdenker von allergrößter Loyalität und Liebenswürdigkeit. Könnten Sie sich vorstellen, dass Uli Hoeneß für einen lukrativen Vertrag zum Hamburger SV gewechselt wäre? Unvorstellbar! Bei all der Leidenschaft und all der Lautsprecherei – er wirtschaftete stets grundsolide, erzielte immer positive Ergebnisse, sportlich wie wirtschaftlich, machte aus dem FC Bayern einen der profitabelsten und gesündesten Fußballvereine weltweit. Bei aller Weißbier-

Don't mess with Ronald Reagan!

34

Festzelt-Rhetorik ist er stets seinen Überzeugungen treu geblieben, und bei all den Wutausbrüchen ist er vom Herzinfarkt so weit entfernt wie das Trainingsgelände in der Säbener Straße von Gelsenkirchen – weil er nie ein Getriebener ist und stets sein Ding macht.

Also, Uli Hoeneß: *Leidenschaft*.

Richard Branson? Was für ein Sonnenkind des Lebens! Kauft sich im Alter von 28 Jahren zu Beginn seiner Karriere Necker Island, ein Fleckchen Paradies, einen Teil der Britischen Jungferninseln in der Karibik, einfach weil er sich in die Insel verliebt hat – und geht dabei gegen jede Vernunft hart an seine finanziellen Möglichkeiten. Einfach nur großartig, so was. Sir Richard ist ein Strahlemann, sieht toll aus, konzentriert sich voll auf das Eine, was er gerade macht. Dabei hat er großartige Visionen, er denkt in ganz anderen Dimensionen und Zeithorizonten als jeder gewöhnliche Geschäftsmann. Ein Plattenlabel gründen? Eine Fluggesellschaft? Ein Weltraumtouristikunternehmen? Warum nicht! Branson denkt größer als alle Anderen. Und er lässt sich von Rückschlägen nicht entmutigen. Legasthenie, Schulabgang ohne Abschluss, Gefängnisstrafe mit 21 Jahren, mehrere wirtschaftliche Fehlschläge. Das steckte er einfach weg. Dabei versprüht er eine Begeisterung und einen Tatendrang, die einfach nur mitreißend sind. Er hat die große Fähigkeit, Andere für sich zu gewinnen. Sir Richard macht, was er will, und es gelingt ihm am Ende alles! Was für ein Original!

Also, Richard Branson: *Begeisterung*.

> *... weil er ein mir furchtbar sympathisches, leidenschaftliches Kampfschwein ist ...*

Helmut Schmidt? Auch ein Original. Aber natürlich völlig anders. Auch er denkt in anderen Dimensionen und Zeithorizonten. Er hat insbesondere einen wirtschaftlichen, historischen und politischen Überblick, wie ihn kein deutscher Spitzenpolitiker nach ihm je hatte. Souverän gelassen, über allem stehend. Kaum einer hat so glasklare, durchdachte Standpunkte. Die stellte er auch isoliert gegen die eigene Partei, wenn er davon überzeugt war. Dabei war ihm stets nur eines Richtschnur: das Wohl des Landes. Nie Egoismus, nie Wählerstimmen, nie Parteiräson. Unbequem, ein Weiser. Ein unbestritten wesensfester, integrer Politiker. Gegen Schmidt sehen die Politiker heute eher wie Schießbudenfiguren aus, wie Marionetten, wie Lachnummern.

> *Branson denkt größer als alle Anderen.*

Ich habe Schmidt einmal live auf der Bühne erlebt, und zwar beim World Business Forum: Im Vertrag stand, dass er rauchen darf! Ein Helmut Schmidt lässt sich von niemandem vorschreiben, ob er rauchen darf oder nicht. Wem das nicht passt, der muss auf ihn verzichten. Was trinkt er? Cola. Mit auf der Bühne waren der ehemalige US-Außenminister Henry Kissinger und als Moderator ein Journalist. Bei der ersten Frage, die Helmut Schmidt wohl nicht so passte, unterbrach er den Moderator und sagte sinngemäß: »Ich brauche hier doch keinen Moderator, um mit meinem alten Freund Kissinger über Politik zu sprechen!« Dann war der arme Journalist abgemeldet und die beiden alten Haudegen amüsierten sich prächtig auf allerhöchstem Niveau.

Henry Kissinger soll einmal gesagt haben, er hoffe, vor Schmidt zu sterben, denn er wolle in keiner Welt leben, in der es keinen Helmut Schmidt gebe. Dem ist nichts hinzuzufügen.

Also, Helmut Schmidt: *Weitblick.*

So weit die *Mannschaftsaufstellung.* Warum habe ich Ihnen meine Eindrücke und Meinungen von elf berühmten Menschen erzählt? Was haben alle diese großen Persönlichkeiten gemeinsam? Jedenfalls mehr oder weniger. Sie haben Autorität, Charisma, Ausstrahlung. Sie haben Enormes geleistet, echte Ergebnisse gebracht, die Welt verändert.

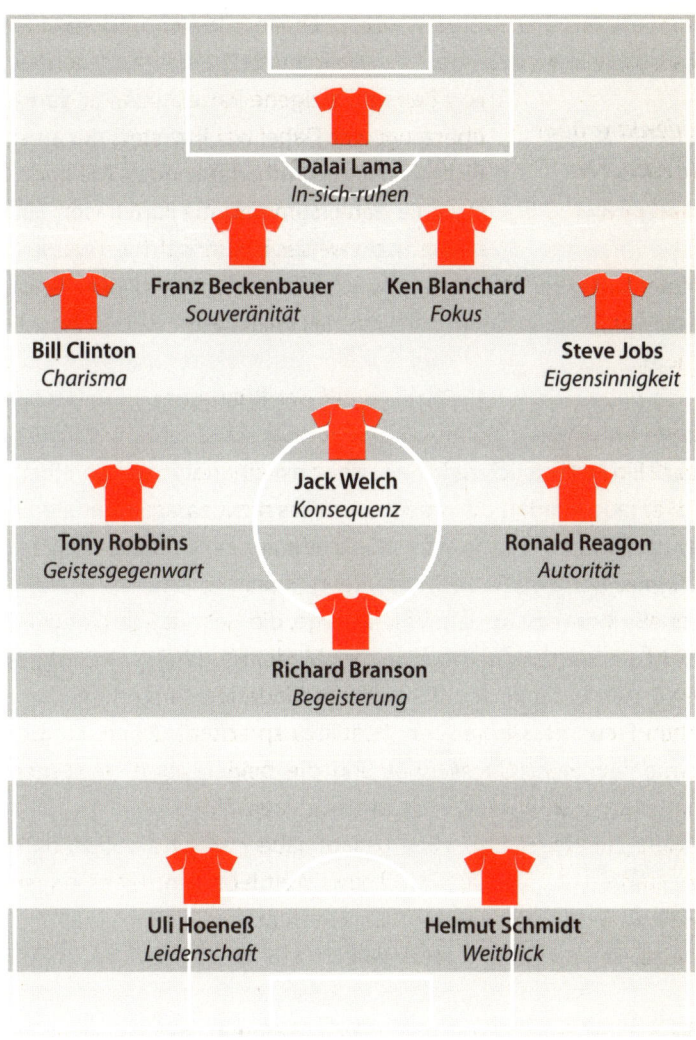

Es sind visionäre Menschen mit Weitblick, »Großblick«, sie reißen Grenzen nieder im Kopf und auch real. Sie sind geistesgegenwärtig, präsent, leidenschaftlich bis zur Besessenheit. Konsequenz, Strenge bis zur diktatorischen Geste. Gut organisiert. Entspannt, nicht gestresst.

Sie alle hatten nicht nur Glückssträhnen, sondern mussten herbe Niederlagen, Attentate, Vertreibung, Krebserkrankungen, Pleiten, Rauswürfe, Fehlschläge, Konflikte, Amtsenthebungsverfahren, heftigen Gegenwind und was weiß ich noch alles überstehen. Das hielt sie am Ende nicht zurück. Druck und Stress gab es für sie also genug. Trotzdem brennen solche Kaliber ganz offensichtlich nicht aus.

Gegen Schmidt sehen die Politiker heute eher wie Schießbudenfiguren aus, wie Marionetten, wie Lachnummern.

Hm, was davon passt wie zusammen? Ist ein Mensch mit Visionen weniger gestresst als einer ohne? Oder gibt es etwas, das sowohl Visionen als auch Gelassenheit nach sich zieht? Wie bekommen wir da Struktur rein?

Während ich mir das anschaue, fällt mir noch eine weitere Eigenschaft ein, die alle gemeinsam haben: Sie haben keinen Chef. Sie *sind* der Chef. Niemand sagt ihnen, was zu tun ist. Sie sagen Anderen, was zu tun ist.

Mir fällt noch mehr auf: Ich habe Ihnen nur Männer aufgezählt! Dass sie heute alle über 50 oder bereits gestorben sind, liegt einfach daran, dass ich selber über 50 bin – und die Menschen, zu denen ich aufschaue, sind ganz natürlicherweise gleich alt oder älter als ich. Zwar haben die meisten von ihnen ihre außerordentlichen Qualitäten schon in jungen Jahren gezeigt, aber man erkennt solch große Lebensleistungen ja immer erst in der zweiten Hälfte des Lebens: Was hatte Steve Jobs beispielsweise mit 21 Jahren schon

Sie haben keinen Chef. Sie sind der Chef.

groß geleistet? Er hatte mit zwei Kumpels eine Firma gegründet. Das ist keine Heldentat.

Nun ja, und dass sie alle Männer sind ... bitte sehen Sie mir nach, dass ich als Mann mir eben Männer zum Vorbild nehme. Ich fände es auch reichlich unsouverän, in diese Elf eine Quotenfrau einzubauen – zumal das emanzipierte Frauen eher beschämen als aufwerten würde. Aber das heißt nicht, dass ich nicht auch Frauen bewundern würde. Mir fällt da sofort eine äußerst selbstbestimmte Sportlerin ein, vor der ich den Hut ziehe.

Sie ist einen unglaublich geradlinigen Weg bis an die Weltspitze ihres Sports gegangen. Das hat sie vor allem mit Unmengen Fleiß und Selbstdisziplin geschafft. Ihr Vater hat sie dabei, nach allem, was man weiß, ziemlich geknechtet und bevormundet. Sie wurde von seinem Ehrgeiz regelrecht zum Erfolg getrieben. Eine Wahl, die sie hätte treffen können, wäre ab einem bestimmten Alter die gewesen, den Sport Sport sein zu lassen, den Vater Vater sein zu lassen, sich sang- und klanglos von der öffentlichen Bühne mit all dem Zirkus zu verabschieden und sich einen neuen Weg zu suchen. Kolleginnen von ihr haben das so gemacht. Sie dagegen emanzipierte sich von ihrem Vater und blieb trotzdem bei ihrem Sport – sie wurde danach sogar noch erfolgreicher. Diese spezielle Lebensleistung, diese Entwicklung des eigenen Willens und der Unabhängigkeit vom väterlichen Streben, dieses Maß an Persönlichkeit finde ich höchst bewundernswert. Eine Antihaltung ist nämlich immer auch eine Form der Abhängigkeit. Wahre Unabhängigkeit lässt sich weder vereinnahmen noch zum Gegenteil verleiten.

Eine Antihaltung ist nämlich immer auch eine Form der Abhängigkeit.

Ihre Erfolgsstory reicht aber noch weiter, nämlich bis ins private Glück hinein: Sie machte über Jahrzehnte immer nur mit sportlichen Höchstleistungen Schlagzeilen, nie mit Klatsch und Tratsch und Skandalen. Sie heiratete ihren Traummann, der genauso berühmt war wie sie, und zog in seine Heimat wie eine Prinzessin bei einer Märchenhochzeit ins Königreich des Prinzen. Hier lebt sie nun als glückliche Ehefrau und Mutter, und noch immer gibt es keine Skandälchen über sie zu berichten.

Meine Bewunderung gilt – natürlich, Sie haben es erraten: **Steffi Graf**. Ich denke immer mal wieder an sie, wenn ich in meiner Heimatstadt Heidelberg über den Neckar schaue auf das Domizil, wo sie einmal gewohnt hat.

Steffi Graf zeichnet außer ihrer Attraktivität und ihrer Souveränität, mit der sie sich in der Öffentlichkeit bewegt, ihre ungeheure positive Sturheit aus, dieses Durchhaltevermögen. Ein Boris Becker oder ein Lothar Matthäus schrien rum und pöbelten, machten sich lächerlich und leisteten sich Skandalgeschichten, die von der Regenbogenpresse ausgeschlachtet wurden. Frau Graf aber hat immer Haltung, ihre Würde und ihren Stil bewahrt, egal ob sie auf einer Erfolgswelle oder durch ein Wellental schwamm. Ein Burnout wie beim Fußballprofi Sebastian Deisler oder gestresstes Schläger-durch-die-Gegend-Gewerfe wie bei Boris Becker ist bei ihrer wahren inneren Größe und ihrem hohen Grad an Selbstbestimmung undenkbar.

Eine der Eingangsfragen war: Leben die Erfolgreichen auf der Sonnenseite des Lebens, weil sie selbstbestimmt sind, oder ist es einfach nur leicht, selbstbestimmt zu sein, wenn der Erfolg bereits da ist? – Die Antwort habe ich auf den letzten Seiten mitgeliefert: Richard Branson kaufte Necker Island, *bevor* er als Unternehmer ein Weltstar und steinreich wurde. Ronald Reagan legte sich mit den Fluglotsen an, *bevor* er einer der anerkanntesten Präsidenten der USA war. Franz Beckenbauer übernahm in der Kabine das Kommando, *bevor* er Weltmeister und »der Kaiser« war. Steve Jobs machte schon sein Ding, *bevor* Apple das wertvollste Technologieunternehmen der Welt war. *Selbstbestimmung* ist also nicht die Folge von Erfolg, sondern eine der Ursachen für Erfolg. Und was genauso wichtig ist: Selbstbestimmung ist das Gegenmittel gegen Stress. Ein notwendiges Gegenmittel. Aber auch ein hinreichendes Gegenmittel?

Selbstbestimmung ist das Gegenmittel gegen Stress.

ESSENZEN

✔ Manche Menschen leisten mehr als Andere – ohne Stress.

✔ Abhängigkeit und Machtlosigkeit machen Stress.

✔ Fleiß und Disziplin schützen nicht vor Burnout.

✔ Multitasker gibt es nicht.

✔ Workaholics leisten wenig.

✔ Fokus ist die Voraussetzung für ein selbstbestimmtes Leben.

✔ Gegen Stress hilft: Selbstbestimmung.

Du musst eine Vision haben! Bestelle das doch beim Universum! Du musst dir hohe und höchste Ziele setzen, dann kommt der Rest von selbst! Visualisiere! Affirmationen beten! Das entwickelt sich alles …

Wirklich?

Solange ich nur wunschstark, aber handlungsschwach bleibe, so lange bleibe ich auch frustriert und unglücklich. Das Gemeine an den Wunschtraumversprechen und sonstigen »Secrets«: Wenn es nicht klappt, bin ich automatisch immer selbst schuld. Denn am Wunschprinzip kann es ja nicht liegen. Oder doch?

Wunschtraumgesellschaft mbH

Die Kabinenchefin holte tief Luft, strich sich die strenge Frisur zurecht, setzte ihr Profilächeln auf und zog energisch den Vorhang zurück. Der Flugkapitän hatte gerade sein knappes »Ready for Flight«-Kommando durchgegeben, sie nickte den Flugbegleiterinnen zu, die jetzt die Aufgabe hatten, durch die Reihen zu gehen und zu prüfen, ob jeder Fluggast angeschnallt und das Handgepäck ordentlich verstaut war. Sie selbst nahm sich die erste Klasse vor.

Sie hatte in all den Jahren schon öfter Politiker, Schauspieler, Chefs bekannter Firmen oder Fernsehmoderatoren als Gäste auf dem Transatlantikflug begrüßt. Aber heute hatte sogar sie Herzklopfen. Denn einer der berühmtesten Männer der Welt war in ihren Flieger gestiegen. Er nannte sich selbst »den Größten«. Und angesichts dessen, was er bereits geleistet hatte, traute sich mittlerweile niemand mehr, dem zu widersprechen. Alle Gegner, die ihn noch 1964 als »den größten Maulhelden« geschmäht hatten, schickte

> **»Superman braucht keinen Sicherheitsgurt.«**

er einen nach dem anderen auf die Bretter. Er schien unbezwingbar zu sein: Cassius Marcellus Clay Jr., der sich *Muhammad Ali* nannte, seit er Weltmeister war. Der größte Boxer aller Zeiten. Einer der herausragenden Athleten des 20. Jahrhunderts. Eine lebende Legende.

Ali war so schnell auf den Beinen und so beweglich in der Hüfte, dass er kaum je Kopftreffer abbekam. Er prahlte mit seinem blendenden Aussehen und dass er »nach so vielen Kämpfen immer noch hübsch wie ein Mädchen sei«. Und tatsächlich, als die Kabinenchefin sich seinem Sitz näherte, strahlte Ali sie mit weißen Zähnen an und sah überhaupt nicht aus wie ein Boxer, sondern eher wie ein Popstar.

Aber immerhin saß er jetzt. Zuvor war er ständig in Aktion gewesen, flirtete mit den Flugbegleiterinnen, ließ sich mit Passagieren für Erinnerungsfotos ablichten, schüttelte dem Kapitän die Hand – und dabei trug er eine so selbstverständliche Selbstsicherheit zur Schau, dass es beinahe wehtat. Ist dieser Mann wirklich unbesiegbar?, fragte sie sich.

Sie trat neben seinen Sitz, in dem er breitbeinig herumlümmelte. Freundlich, aber bestimmt bat sie ihn, er möge seinen Sicherheitsgurt schließen.

»Superman braucht keinen Sicherheitsgurt«, grinste Ali sie an.

»Superman braucht auch kein Flugzeug«, erwiderte sie.

Ali lachte laut. Und schloss den Gurt.

Wo ist die Auftragsbestätigung?

Natürlich ist Ali nicht Superman gewesen. Aber so etwas Ähnliches, da wird mir jeder zustimmen, der sich ein wenig mit ihm befasst hat. Er war zu seinen besten Zeiten so selbstsicher, dass er nicht im Traum daran dachte, dass ihm jemals etwas passieren könnte. Deshalb glaube ich auch, dass an der geschilderten Anekdote etwas Wahres dran ist. Er war es nun mal gewohnt, sich auf seinen starken Körper, seine unglaubliche Reaktionsschnelligkeit und seine Beweglichkeit zu verlassen und damit gesund und siegreich zu bleiben. Der Gedanke, sich anzuschnallen, hatte für einen wie ihn bestimmt keine oberste Priorität.

Macht Wünschen Stress? Oder macht es ganz im Gegenteil entspannt?

Ob das nun klug ist oder nicht: Sich in extremer Weise NICHT auf andere Menschen oder auf technische Hilfsmittel, sondern nur auf sich selbst zu verlassen, ist das nun ein Kennzeichen besonders erfolgreicher Menschen? Ist der selbstbestimmte Schmied des eigenen Glücks gleichzeitig immer auch ignorant gegenüber den Einflüssen der Außenwelt, ob positiv oder negativ?

Und: Wenn Fremdbestimmung Stress macht, wie ich es im vorangegangenen Kapitel ausgeführt habe, könnte es dann nicht auch sein, dass die Gegenrichtung von Fremdbestimmung, nämlich »Fremdverlass«, ebenfalls Stress macht? Diese Haltung, freiwillig die Macht über das eigene Schicksal aus der Hand zu geben, indem man sich auf Andere verlässt, sein Fortkommen anderen anvertraut, sich bei der Erfüllung der eigenen Wünsche an Gott, die Vorsehung oder an das Universum wendet und fleißig betet, fleht und wünscht.

Aber wie ist das mit den *Wünschen*? Sind sie Voraussetzungen für den Erfolg, wie manche meinen, oder verhindern sie geradezu den Erfolg? Macht Wünschen Stress? Oder macht es ganz im Gegenteil entspannt? Dem will ich auf den Grund gehen.

Eine gehörige Lehre in Sachen *Wunsch und Erfüllung* wurde mir zuteil, als ich, noch bevor ich mich als Trainer und Redner selbstständig gemacht hatte, bei einer Unternehmens- und Personalberatung angestellt war. Die Firma hatte zwei Chefs:

- Der Eine war ein charismatischer und wortgewandter, leutseliger und kreativer Typ. Mehr ein Bruder *Leichtfuß*, aber eine Verkaufskanone.

- Der Andere war ein kühler Kaufmann mit all den erwartbaren typischen Eigenschaften: diszipliniert, regel-, buchstaben- und zahlenfixiert. Knochentrocken, ein Charme wie ein *Kassenwart*, aber er hielt Mark und Pfennig beisammen.

Es kommt nicht häufig vor, dass sich diese beiden Eigenschaften in einem Unternehmen so deutlich in einzelnen Personen manifestieren, aber grundsätzlich braucht jedes Unternehmen reichlich von beidem, um langfristig überleben zu können: heiß und kalt, rot und blau, extrovertiert und introvertiert. Von beiden Chefs habe ich viel gelernt. Aber das weiß ich erst heute.

Wenn ich mit Leichtfuß auf Kundenterminen unterwegs war, hatten wir inspirierende Gespräche – die langen Autofahrten gingen wie im Flug vorbei. Wir besuchten die Kunden und führten auch dort tolle Gespräche, so dass am Ende eines jeden Termins alle Beteiligten freudig lächelnd und mit einem guten Gefühl das Besprechungszimmer verließen. Es machte Spaß.

Und ist ein Handschlag unter Männern heute etwa nichts mehr wert?

Jedes Mal, wenn wir noch aufgeheizt vom Termin zurück in die Firma kamen, war die erste Frage von Kassenwart schon vom Tonfall her wie eine kalte Dusche: »Und?«

Das sollte eigentlich heißen: »Na, liebe Kollegen, ich hoffe, ihr hattet einen erfolgreichen Tag. Wie ist es denn gelaufen?« – Während Leichtfuß sich rasch in sein Büro verzog, erzählte ich dann also Kassenwart von den fabelhaften Gesprächen, den viel versprechenden Möglichkeiten und dem guten Gefühl, das ich nach dem Termin hatte.

Er erwiderte: »Fein. Und wo ist die Auftragsbestätigung?«

Nun, eigentlich hatten wir alles: aufgeschlossene, sympathische Kunden, großartige, spannende Kundengespräche und das wunderbare Hochgefühl, an diesem Tag erfolgreich gewesen zu sein. Nur, na ja, eines fehlte tatsächlich – die detaillierte schriftliche Auftragsbestätigung. Die würden wir noch bekommen. Irgendwann.

Der verächtliche Blick von Kassenwart, seine trockene Art, das »Gespräch« zu beenden, das trottelige Gefühl, mit dem ich im Flur zurückblieb, all das nervte. Denn eigentlich lief es doch gut. Und ist ein Handschlag unter Männern heute etwa nichts mehr wert?

Mein Verhältnis zu Kassenwart blieb unterkühlt, und meine Haltung gegenüber ihm changierte zwischen genervter Verärgerung und überheblicher Verachtung. Als ich das Unternehmen verließ, hatte ich ihn auch ganz schnell aus meinem Kopf verdrängt, denn jetzt war vor allem das wichtig, was ich von Leichtfuß gelernt hatte.

Einer meiner ersten »eigenen« Aufträge war, bei einem großen Automobilzulieferer ein Seminar zum Thema Zeitmanagement zu halten. Der Weiterbildungsleiter der Firma hatte die Veranstaltung bei mir gebucht, und über ihm stand sein Geschäftsführer.

Der war ein autoritärer, herrischer Mensch, der von morgens früh bis abends spät in der Firma war und auch am Wochenende seine Zeit dort verbrachte. Der Vorteil: Er ersetzte einen Wachhund. Der Nachteil: Keine Entscheidung konnte ohne seine persönliche Zustimmung gefällt werden; er wollte über alles informiert sein und hielt sich für unersetzlich. Sein Kontrollwahn ging sogar so weit, dass er sich eine Leitung von seinem Sekretariat in den Seminarraum hatte legen lassen. Am Ende der Leitung im Seminarraum hing eine große rote Warnleuchte, die blinken sollte, sobald im Sekretariat eine Entscheidung getroffen werden musste, die nur der Chef treffen durfte. Er hatte die Leuchte extra für das Seminar einrichten lassen, weil ich mir ausgebeten hatte, dass während des Seminars keine Telefone im Raum sein durften.

Und tatsächlich: Andauernd blinkte es, der Chef sprang auf und rannte wie ein aufgescheuchtes Huhn hinaus. Jede dieser Aktionen war für die Teilnehmer Anlass zur Heiterkeit, obwohl ich den Eindruck hatte, dass die Mitarbeiter des Betriebes ansonsten nicht viel zu lachen hatten. Es war einfach grotesk.

Gerade als der Chef mal wieder draußen war, machte ich mich mit den Seminarteilnehmern daran, mithilfe eines Zeitplanbuches von Time/system das Gelernte umzusetzen. Nach über zwei Stunden kam der Geschäftsführer wieder herein. Und sah, wie seine Leute mit den Time/system-Büchern hantierten.

Plötzlich wurde dieser Mann zum Rumpelstilzchen: Er habe das so nicht genehmigt! Man habe ihn nicht informiert! Das sei nicht abgesprochen gewesen! – Ich war richtig in der Bredouille: Auf der einen Seite konnte ich den Teilnehmern die Bücher nicht mehr wegnehmen und sie zurückgeben oder anderweitig verwenden, weil sie ja schon benutzt waren. Zum anderen war genau diese Unterrichtseinheit zwar abgesprochen – aber tatsächlich nur mit dem Weiterbildungsleiter. Nicht mit dem Geschäftsführer. Und dummerweise hatte ich etwas Entscheidendes versäumt: Wo war die Auftragsbestätigung?

> *Der Vorteil: Er ersetzte einen Wachhund.*

47

Mein innerer Kassenwart beschwerte sich beinahe lauter als der Napoleon vor mir: Wo ist die Auftragsbestätigung, du Dussel? Zu allem Unglück war der Geschäftsführer nicht nur ein harter Hund, sondern auch Jurist – eine Kombination, mit der man sich nicht gerne anlegt. Mittlerweile machte er vor versammelter Mannschaft seinen Weiterbildungsleiter herunter: Die Zeitplanbücher würden ihm von seinem Lohn abgezogen werden! Dann nahm er mich aufs Korn.

Am Ende blieb mir nichts anderes übrig, als die Zeitplanbücher selbst zu bezahlen, nicht zuletzt deshalb, weil mir der Weiterbildungsleiter leidtat, der auch in Zukunft unter diesem Mann würde arbeiten müssen. Und ich war ja auch nicht schuldlos an dem Theater. Ich fand es jedenfalls nicht fair, dass jemand Anderes außer mir die Bücher bezahlen sollte. Und biss in den sauren Apfel.

Mir fiel es anfangs schwer, mir das einzugestehen, aber ich war als junger Trainer bei aller Versiertheit und Selbstsicherheit keineswegs selbstbestimmt unterwegs gewesen, jedenfalls nicht im entscheidenden Punkt. Indem ich die rechtliche Absicherung meines Auftrags, die uns unser teuer erkämpfter Staat mit seinem riesigen Apparat aus Staatsgewalt, Gesetzen und Gerichten hierzulande gewährt, einfach in den Wind schoss, konnte ich mich auf den Grundsatz *pacta sunt servanda* – »Verträge müssen eingehalten werden« – nicht berufen.

Wo ist die Auftrags-bestätigung, du Dussel?

Was ich damit eigentlich getan hatte: Ich hatte meine Macht unwissentlich aus der Hand gegeben. Freiwillig und ohne Not. Und im reinen Vertrauen darauf, dass der Andere diese Macht nicht gegen mich gebrauchen würde! Am Ende meines ersten eigenen Auftrages ergab sich folgende Rechnung: Umsatz minus Kosten minus Lehrgeld gleich null Mark. Trotzdem war dieses Desaster auf einer anderen Ebene ein Gewinn für mich gewesen: Ich hatte meine Meinung über Kassenwart geändert!

Der hätte sich sicher gefreut, weil er am Ende doch Recht behalten hatte. Heute steht in meiner Vorstellung Kassenwart Schulter an Schulter mit Leichtfuß, meine verärgerte Überheblichkeit ist Anerkennung gewichen. Seitdem beharre ich immer und ausnahmslos auf einer detaillierten und schriftlichen Auftragsbestätigung, egal wie gut der Kontakt ist, den ich aufgebaut habe, egal wie inspirierend die Gespräche, egal wie gut der Ruf meines Geschäftspartners und egal wie groß mein Vertrauen in ihn.

Denn *Vertrauen* hat damit überhaupt nichts zu tun. Jemandem zu vertrauen bedeutet nicht, dass ich mich ihm gegenüber ohnmächtig machen muss. Wenn ich darauf vertraue, dass mir der Andere nichts Böses will, muss ich mich trotzdem nicht demonstrativ vor ihn an den Rand des Abgrunds stellen, nur eine Armlänge von ihm entfernt. Warum verlange ich von dem Anderen, dass er mir beweist, dass ich mich nicht in ihm getäuscht habe? Und bin ich bereit, für nichts und wieder nichts einen hohen Preis zu bezahlen, WENN ich mich getäuscht habe?

> *Ich hatte meine Macht unwissentlich aus der Hand gegeben. Freiwillig und ohne Not.*

Nein, ich muss keine Situation herstellen, in der der Andere die Möglichkeit hätte, mein Leben negativ zu beeinflussen, nur um ihm zu zeigen, dass mein Vertrauen in ihn groß ist. Machtlosigkeit und Vertrauen sind nicht die beiden Medaillenseiten, eher schon Machtlosigkeit und Stress. Und wer will sich schon freiwillig Stress machen? Ein arabisches Sprichwort sagt: »Der kluge Mann vertraut auf Allah, aber bindet sein Kamel an.«

Die Fehler der Anderen

Die Bereicherung durch diese Weisheit hat mir seitdem vor allem eines in Massen gespart: *Stress*. Während die einen immer wieder in Schwierigkeiten kommen und mit Herzrasen hinter dem verdienten Lohn ihrer Mühen her kämpfen, gehöre ich meistens zu denen, die gelassen die Früchte ihrer Arbeit ernten, weil vorher alles sauber geregelt war. Es ist eine unglaubliche Erleichterung, alles Wichtige schriftlich und juristisch wasserdicht zu haben. Bei

Verträgen genau hinzuschauen, das habe ich gelernt, und ich glaube, dass genau das eine typische Angewohnheit aller erfolgreichen Geschäftsleute ist.

Der entscheidende Punkt ist das *Vorher*. Um hinterher in den Genuss einer zweifelsfreien und damit stressfreien Situation zu kommen, muss ich vorher aktiv werden. Vorher aktiv, das heißt auch *proaktiv*. Mit einer proaktiven Herangehensweise kann ich mir nicht nur die Unberechenbarkeit und bisweilen Bösartigkeit anderer Menschen vom Leib halten, sondern auch ihre Fehler.

Doch es gibt noch viele andere Quellen von Stress und Hektik, und nicht alle kann ich vorher vertraglich ausschließen. Das Prinzip, vorab die Eventualitäten abzusichern, ist einerseits sinnvoll. Aber wie universell ist andererseits seine Anwendbarkeit? Wo sind die Grenzen? Ist das nicht wahnsinnig aufwändig, ständig vorher alles abzusichern? Ist es nicht energiesparender, ab und zu mal einen Ausrutscher in Kauf zu nehmen und ansonsten fünfe gerade sein zu lassen? Und wogegen bin ich sowieso machtlos? Oder anders formuliert: Ist diese stressvermeidende Kamelanbinderei nicht selbst wahnsinnig stressig?

Der kluge Mann vertraut auf Allah, aber bindet sein Kamel an.

Ja, Kamele anbinden kostet auch Energie. Und vor allem flüchtende Kamele einfangen! Einmal stand ich am Flugsteig und wollte zu einem Seminar nach Wien fliegen. Doch es wurde mir mitgeteilt, die Maschine sei überbucht und ich stünde mit meinem Economy-Ticket bestenfalls am Ende der Warteliste. Na ja, das kommt vor. Nur: Das kann ich leider trotzdem nicht akzeptieren, nicht ich! Und schon gar nicht auf dem Weg zu einem Seminar. Aber was tun?

Und wie soll man sich gegen so was vorher wappnen? – Unmöglich. Oft genug kommt es vor, dass das Boarding des Fliegers Viertelstunde um Viertelstunde verschoben wird. Nach einer Weile scheint sich abzuzeichnen, dass auch in den nächsten drei Stunden nicht mit dem Abflug zu rechnen sein wird. Diese ganze Situation sieht oberflächlich betrachtet so aus, als wäre man am Ende seiner Handlungsoptionen angelangt. Aber Zuspätkommen ist für mich keine Option.

Was in solchen Fällen überhaupt nichts nützt, ist herumzubellen. Denn jeder weiß, dass bellende Hunde nicht beißen. Ich muss also, wenn es eng wird, in der Lage und willens sein, zu beißen. Wissen Sie, woran man Hunde erkennt, die beißen werden? Genau, sie bellen nicht. Sie knurren.

Also habe ich sofort den Dienstverantwortlichen ausfindig gemacht, um ihn anzuknurren. Oder anders gesagt: ihn zu bedrohen. Nicht das Bodenpersonal, die adretten Damen, die weder Macht noch Einfluss hinter ihrem routinierten Lächeln haben. Doch auch beim Chef war es nicht einfach. Im Notfall hilft es mir ungemein, dass es mir nicht wichtig ist, wie sympathisch ich dann wirke. Ich setzte alle Hebel ein, und es war auch nicht unbedingt die feine Art, das gebe ich zu. Aber um den Stress in Grenzen zu halten, musste ich an dieser Stelle Stress machen, erst mal alles versucht haben, damit ich das abhaken und den nächsten Punkt auf der Notfall-Liste anpacken konnte.

Das Knurren beim Bodenchef hat mir zwar einen finanziellen Teilerfolg gebracht, aber mich noch nicht pünktlich nach Wien befördert. Was war als Nächstes zu tun? Zu TUN, nicht zu warten, zu lamentieren und zu verzweifeln! Wie bleibe ich handlungsfähig? Ich sah zu, dass ich schnellstens zum Hauptbahnhof kam, um wenigstens dort den nächsten Zug zu erwischen. Da ich, aus Erfahrung klug, immer am Abend vorher anreise, hatte ich noch genügend Puffer, um es trotzdem rechtzeitig zu schaffen. Und ich schaffte es auch diesmal.

War das anstrengend? Ja. Hatte ich Stress? Ja. War ich jederzeit Herr der Lage? Kaum. War die ganze Aktion entspannt, souverän, sympathisch? Ich gebe zu, das war es nicht. Ich war in dieser Situation aus Sicht des Bodenchefs mit Sicherheit eine ausgesprochen unangenehme Variante des Königs Kunde, um es gelinde zu

> *Aber Zuspätkommen ist für mich keine Option.*

sagen, mir ist das völlig klar, und darauf bin ich auch keineswegs stolz.

Aber wenn ich den Stress vermieden hätte, wenn ich mich entspannt und voller Gottvertrauen der Situation ergeben hätte, wenn ich gegenüber den Angestellten der Fluggesellschaft nett, freundlich und zurückhaltend geblieben wäre, wenn ich mir lediglich mit geschlossenen Augen gewünscht hätte, dass der Himmel mir möglichst bald ein Wunder schicken würde, das mich nach Wien befördert, dann wäre ich nun mal nicht rechtzeitig bei meinem Termin gewesen! Jawohl, ich will Ihnen überhaupt nicht vorspielen, dass das Leben der Selbstbestimmten easy going ist. Die Kunst ist mal wieder das *Sowohl-als-Auch*: Wenn es hart auf hart kommt und die eigenen Prioritäten betroffen sind, müssen Sie eben auch mal Stress machen können. Dann erkaufen Sie sich damit umso nachhaltiger die Möglichkeit, ansonsten nett und umgänglich und entspannt zu sein.

War die ganze Aktion entspannt, souverän, sympathisch? Ich gebe zu, das war es nicht.

REGIE

Assistenten
Nebeneingang
Statisten UG 1

Der entscheidende Punkt: Hätte ich den momentanen Stress vermieden, dann wäre der Stress letztendlich noch viel größer geworden und er hätte noch viel länger angehalten. Manchmal muss man *jetzt* Stress machen, um später Stress zu vermeiden.

Das scheint aber keine weit verbreitete Haltung zu sein. Ich bin in solchen Situationen oft der Einzige, der sich wehrt und sich nicht mit der Situation abfindet. Entweder es ist keinem so wichtig wie mir oder ich bin irgendwie anders gepolt als die Anderen. Manchmal denke ich, es gibt *drei Sorten von Menschen*:

- Der erste Typ sorgt dafür, dass etwas passiert. Das sind die *Protagonisten*.

- Der zweite Typ wartet ab, bis etwas passiert. Das sind die *Nebenrollen*.

- Der dritte Typ wundert sich, dass tatsächlich etwas passiert ist. Das sind die *Statisten*.

Ich habe mich entschieden, so oft ich kann zum ersten Typ zu gehören. Das klappt nicht immer, aber ich versuche wenigstens immer, dafür zu sorgen, dass etwas passiert. Die Hauptrolle in meinem Leben zu besetzen. Dazu braucht es zwingend eine zupackende und vorausschauende Einstellung. Diese Haltung nenne ich *proaktiv*. Sie macht es für mich aufs Ganze gesehen angenehmer und stressfreier. Oder anders gesagt: Ich bin davon überzeugt, dass seltener, kurzer, heftiger Stress zur Vermeidung von langanhaltendem zähen, lähmenden Stress ein grandios gutes Geschäft ist. Und zwar nicht nur für mich, sondern auch für alle Anderen um mich herum. Beispielsweise im geschilderten Fall für meine Seminarteilnehmer.

> *Manchmal muss man jetzt Stress machen, um später Stress zu vermeiden.*

Meine erste Präferenz ist, dass mein Seminar, mein Vortrag, mein Interview optimal abläuft. Die Sicherheit, vorher alles dafür getan zu haben, finde ich auf lange Sicht entspannend. Und dafür stehe ich gerne früher auf. Dafür reise ich gerne am Vortag an. Dafür bin ich gerne eine, besser zwei Stunden früher vor Ort, um alles zu überprüfen. So kann ich meine Zeit selbstbestimmt und selbstverantwortlich nutzen. Ich muss mich nicht auf Ausreden Anderer verlassen, geschweige denn mir selbst irgendwelche ausdenken. Ich bin dann nicht auf die Fehlerfreiheit und den guten Willen der Anderen angewiesen.

Was aber nicht heißt, dass ich mich über die Fehlerfreiheit und den guten Willen der Anderen nicht freue!

Wenn ich der Protagonist in meinem Leben bin, dann ist auch meine höchste *Proaktivität* gefragt, und zwar in jeder Hinsicht. Das bedeutet natürlich nicht, übervorsichtig und paranoid zu handeln, sondern angemessen. Dann, wenn die Situation den Aufwand lohnt. Kein Mensch, auch ich nicht, macht sich drei Stunden vor Filmbeginn auf den Weg ins Kino und hält ständig per Handy Kontakt zu einem Taxifahrer, für den Fall, dass die Straßenbahn ausfällt. Und es gibt selbstverständlich Situationen, in denen einfach gar nichts geht: der gefürchtete Januarmorgen, an dem das Blitzeis kommt, an dem die Reifen meines Autos durchdrehen, an dem kein Taxi fährt, keine Bahn und an dem kein Flugzeug abhebt. Da hilft kein Bellen, Knurren, Beißen, Zähnefletschen, kein Plan B oder C. Aber so etwas kommt fast nie vor. Niemand ist allmächtig, aber meine Grundhaltung bleibt: *Ich sorge selbst dafür.* Wer sonst?!

Seltener kurzer, heftiger Stress zur Vermeidung von langanhaltendem zähen, lähmenden Stress ist ein grandios gutes Geschäft.

Und dann sehe ich beispielsweise meinem jungen Kollegen auf Vortragsreise zu, der am Rande des Nervenzusammenbruchs verzweifelt und mit hochrotem Kopf unter dem Tisch kniet, auf dem der Beamer steht, und versucht, einen Computerstecker in eine Computerbuchse zu zwingen, die sich dagegen heftig zu wehren scheint. Ein Anderer steht daneben und schüttelt ratlos den Kopf, weil er nicht fassen kann, dass der Veranstalter nicht an Verlängerungskabel für seinen Laptop gedacht hat. Einem Dritten fehlt der Adapter, der die Tonübertragung seines Computers mit den Lautsprechern im Saal garantieren soll. Scheinbar endlos lange muss der Hausmeister gesucht werden, der, als er eintrifft, fachkundig feststellt, was alle bereits wissen: »Da fehlt ein Adapter.« Der Hausmeister schickt seinen Assistenten los, um das fehlende Teil zu organisieren. Das dauert. Das kostet Nerven. Das gibt anderen Menschen die Macht. Das degradiert einen zur Nebenrolle, wenn nicht gar zum Statisten.

Je mehr Technik wir verwenden, desto mehr Fehlerquellen entstehen bei der Nutzung. An der Nutzung sind selbstverständlich immer Menschen beteiligt, und je mehr es sind, desto stärker potenzieren sich Anzahl und Qualität der Fehler. Am Ende dauert es sehr lange, bis man die Sache doch wieder ins Laufen bekommt. All das kostet wertvolle Zeit, es erzeugt Stress.

Dabei liegt die Lösung viel näher, als man denkt. Man braucht kein Seminar, kein kluges Handbuch oder eine ausgefeilte Planung – der gesunde Menschenverstand reicht eigentlich vollkommen aus, wenn er sich mit einer proaktiven Haltung paart. Ich tue das, was kaum einer meiner Kollegen tut: Ich informiere mich routinemäßig vorher und frage den Veranstalter, mit welchen Kabeln und mit welchen Steckern ich es zu tun haben werde. Wenn es nicht glasklar ist, bitte ich darum, ein Foto davon zu machen, damit ich mir vorher schon den richtigen Adapter beschaffen kann. So ein Adapter kostet wenig, wiegt nicht viel

Da hilft kein Bellen, Knurren, Beißen, Zähnefletschen, kein Plan B oder C.

und sorgt dafür, dass ich meine Arbeit fehlerfrei und stressfrei erledigen kann. Ich habe immer eine ganze Sammlung von Adaptern dabei. Wenn ich bemerke, dass der XGA-Adapter meines MacBooks wackelig ist, dann nehme ich außerdem noch ein Ersatzteil mit, um nicht während eines Seminars damit aufgehalten zu werden.

Sollte nicht der Veranstalter eigentlich die Adapter vorrätig haben? – Ja, natürlich. Für die Technik bezahle ich ja auch.

Sollte ich mich deshalb darauf verlassen, dass der Veranstalter die Adapter vorrätig hat? – Nie im Leben!

Solange ich auf meine Arbeit Einfluss habe, will ich nicht darauf warten, dass andere Fehler machen oder fehlerfrei bleiben. Denn wenn anderer Leute Fehler Einfluss auf meine Arbeit haben, erzeugt das für alle Beteiligten und vor allem für mich Stress. Und den will ich vermeiden. Mir ist wichtig, immer sofort etwas zu unternehmen, wenn Probleme auftauchen können. Deshalb denke ich vorher alles vom Ende her durch. Ich habe immer ein Ersatzkamel dabei, und auch immer einen Ersatzstrick. Dafür muss man kein Perfektionist sein, auch nicht kleinlich oder erbsenzählerisch, nur professionell.

Finden Sie, ich klinge wie ein *Kontrollfreak*? Ich habe mich das selbst schon gefragt. Ich glaube aber nicht, dass das zwanghafte Bedürfnis, alles unter Kontrolle zu haben, etwas mit der beschriebenen proaktiven Haltung zu tun hat. Denn der Kontrollzwang fürchtet den Verlust der Kontrolle. Die Angst, nicht alles persönlich im Griff zu haben, beherrscht des Kontrollfreaks Denken und Handeln, die Angst bestimmt ihn. Er ist ebenso wenig selbstbestimmt wie der lässige Dilettant, der darauf hofft, das alles irgendwie schon gut gehen wird. Ersterer macht sich zum Sklaven seiner Angst, Zweiterer wird früher oder später zum Sklaven der Launen wildfremder Menschen.

> *Ich habe immer ein Ersatzkamel dabei, und auch immer einen Ersatzstrick.*

Wer *proaktiv* und *selbstbestimmt* handelt, wird nicht von Angst getrieben, sondern vom Wunsch geleitet, optimale Ergebnisse sicherstellen zu können und gut vorbereitet zu sein. Der glaubt zwar deshalb noch lange nicht, dass er gegen alle Eventualitäten abgesichert ist, das wäre naiv. Wenn aber doch einmal etwas Unvorhergesehenes passiert, dann hat man so wenigstens das Gefühl, alles getan zu haben. Das reduziert den Stress selbst dann,

wenn einmal etwas schiefgeht. Natürlich ist es anstrengend, immer an alles zu denken oder sofort heftig aktiv zu werden, wenn es nötig ist. Und natürlich wirken Sie dann auf Andere wie ein anstrengender Mensch. Aber Sie glauben gar nicht, wie entspannend es ist, wenn Sie den Vortrag ausgeruht und pünktlich beginnen, die Präsentation auf dem Laptop starten, und alles funktioniert wie am Schnürchen ...

Wünsche schießen keine Tore

In dem Jahr, da ich dies schreibe, bin ich gewählter Präsident der **German Speakers Association (GSA)**, der zweitgrößten Vereinigung professioneller Redner der Welt. Zu diesem Amt gehört es, regelmäßig nicht nur mit meinen Freunden und Kollegen, die ich schon seit Jahren kenne, sondern auch mit etlichen hundert anderen Trainern, Speakern, Coachs und Beratern zu sprechen. Dabei geht es immer wieder auch um den Aufstieg, die Karriere, den Erfolg im Markt. Da höre ich viele dutzend Male im Jahr den Satz: Ich sollte eigentlich mal ein Buch schreiben!

Wie wahr! Diesen Wunsch finde ich sehr sinnvoll. Für mich war das Bücherschreiben einer der Schlüssel zum nachhaltigen Erfolg als Trainer und Redner. Nur: Die meisten bleiben bei diesem »ich sollte mal eigentlich« stecken. Denn wenn ich ein halbes Jahr später frage: »Und, bei welchem Verlag erscheint dein Buch und wann ist es zu kaufen?« – dann höre ich nur so etwas Ähnliches wie: »Verlag habe ich noch nicht ... Ist noch nicht so weit ... Ich hatte noch keine Zeit ...«

Das ist der Punkt: Die meisten bleiben im Wunschmodus stecken. Selbst die, die es geschafft haben, tatsächlich ein Buch zu schreiben, einen Verlag zu finden und den Titel auf den Markt zu bringen, fallen dann oft wieder sofort ins chronische Wünschen zurück. Sie hoffen, dass es ein Bestseller werden wird, sie wünschen es sich so sehr, und nach ein paar Monaten passiert – nichts.

Eines meiner ersten Bücher hieß *Das 1x1 des Zeitmanagement*. Es war zwar in einem richtigen Verlag erschienen und hatte folglich eine ISBN, es war aber kein gewichtiges Werk, auf das die Welt gewartet hatte. Es war einfach nur ein weiteres 6,80 DM teures broschiertes Büchlein. Ich machte mir nichts vor, mein Buch würde sich nicht von alleine verkaufen. Kein Buch verkauft sich von alleine. Natürlich hoffte ich wie jeder Autor, dass der Verlag das Buch gut vermarkten würde. Verließ ich mich darauf?

Natürlich nicht. So sehr ich den Verlag schätzte, so klar war mir auch, dass ich selbst viel besser in der Lage sein würde, Leser für mein Buch zu finden, als der Verlag. Heute ist mir klar, dass das für jedes Sachbuch und für jeden Verlag und für jeden Autor gilt. Und das meine ich keineswegs abschätzig gegenüber den Verlagen. Ich habe lediglich gelernt: Wenn ein Verlag den Erfolg eines Buches nicht versucht zu verhindern, dann hat man bereits einen guten Verlag. Und wenn ein Verlag sogar etwas beiträgt zum Erfolg eines Buches, dann kann ein Autor sich glücklich schätzen. Nur verlassen kann er sich weder auf das Eine noch auf das Andere, und da spreche ich aus Erfahrung.

> *Ich sollte eigentlich mal ein Buch schreiben!*

Also akquirierte ich über meine geschäftlichen Kontakte einen Finanzdienstleister, der mein Buch attraktiv und preiswert genug fand, um es an seine Kunden weiterzugeben. Damit hatte ich auf einen Schlag schon mal 10.000 Exemplare verkauft, bevor das Buch überhaupt erschienen war. Deutlich mehr als der Verlag ursprünglich drucken wollte. Mir war auch klar, dass ich beim ersten Schritt nicht auf den Profit schielen durfte, sondern dass das Buch eine Grenzkosten-Kalkulation haben musste, die sich am Nutzen der Zielgruppe und nicht am Honorar des Autors orientierte. Ich habe kaum etwas verdient – etwa 2 Pfennige pro Exemplar. Aber mein vorrangiges Ziel hatte ich erreicht: Multiplikation.

Im zweiten Schritt knüpfte ich Kontakte zur Zeitschrift *Managementwissen*, mit der ich vereinbarte, das Büchlein als Werbeartikel zur Lesergewinnung einzusetzen: Zum Abo gab es mein Buch gratis dazu. Diese Aktion und einige weitere liefen so gut, dass ich nach einer Weile alles in allem beinahe 200.000 Bücher in Umlauf gebracht hatte. Ich – nicht der Verlag. Und das in meiner ureigensten Domäne und Zielgruppe: im Management. Die Folge davon war: Ich war in null Komma nichts der meistverkaufte Autor des Verlages, der davon völlig überrascht war.

Ich erinnere mich auch noch gut, wie mein erstes »richtiges« Buch erschienen ist: *Mehr Zeit für das Wesentliche*. Es war im Herbst 1984 zur Buchmesse. Ich war stolz wie Oskar, nicht nur, weil ich es geschafft hatte, sondern auch, weil ich wusste, dass ich damit einen wichtigen Ratgeber produziert hatte, ein richtiges Werk. Weil ich im deutschsprachigen Raum damals bereits klar der führende Experte und bekannteste Autor im Themenfeld Zeitmanagement war, war der Erfolg des Buches vorprogrammiert. Das freute den Verlag, und das freute auch mich. Mein Wunsch war nun, den nächsten Schritt zu machen und für dieses Buch endlich auch Übersetzungen in fremde Sprachen zu bekommen, denn ich wollte unbedingt auch in anderen Ländern mehr Vorträge halten.

Das Naheliegende wäre nun aber erst mal gewesen, am Stand des Verlages möglichst viele Bücher zu signieren und mich in meinem Stolz zu aalen. Dann würde ich so lange auf und ab stolzieren, bis ein ausländischer Verlagsvertreter auf mich aufmerksam würde, der mich oder den Verlag anbetteln würde, eine Lizenz meines Buches für sein Land zu kaufen. Das wäre märchenhaft gewesen.

In Wirklichkeit gibt es allerdings viel mehr Märchenbücher als Buchmärchen, deshalb war mein Plan für diese Buchmesse, selbst ausländische Lizenznehmer zu gewinnen.

Ja, natürlich, das ist eigentlich Aufgabe des Verlages, nicht zuletzt ist das Vermarkten von Lizenzen auch Teil des Verlagsvertrags. Der für Lizenzen Zuständige im Verlag ist auf den Buch-

messen der Welt ja auch zu diesem Zwecke aktiv, vor allem auf der größten Buchmesse der Welt, eben in Frankfurt. Aber ob der Verlag wirklich eine Lizenz verkauft, darauf habe ich als Autor keinen Einfluss. Und wenn ich keinen Einfluss nehme, darf ich mich hinterher nicht beschweren, wenn nichts passiert. Also mache ich so etwas selbst.

Zuallererst kam mir Holland in den Sinn. Das klingt auf den ersten Blick nicht unbedingt naheliegend, für mich allerdings sehr wohl. Der Grund für meine Affinität zu Holland war, dass ich in der ehemaligen holländischen Kolonie Indonesien geboren worden bin und meine Eltern auch Holländisch sprachen.

Ich ging also zum nächstbesten Buchmessestand, an dem Holländisch gesprochen wurde, und mischte mich dort in die Gespräche ein. Plötzlich kamen zwei Herren auf mich zu, die einen holländischen Buchklub betrieben. Ich sagte, völlig vergessend, dass ich eigentlich gerade Gast an einem fremden Stand war: »Setzen Sie sich doch, meine Herren, und fühlen Sie sich wie zu Hause – lassen Sie uns über meine holländische Lizenzausgabe sprechen.«

Die beiden Holländer hatten wiederum gute Kontakte zum amerikanischen Verlag Dow Jones-Irwin. Doch bis dann mein Buch in Amerika erschien, bedurfte es noch einiges an Geduld und Hartnäckigkeit. Anderthalb Jahre lang hatte ich den Verlagsverantwortlichen mindestens einmal im Monat angerufen, habe immer wieder nachgefasst, immer wieder Marketingkonzepte gemacht, immer wieder Kontakte geknüpft und bin dann sogar nach Los Angeles geflogen, um im Verlagshauptquartier zu antichambrieren, intervenieren, akquirieren – und am Ende hat es dann geklappt.

Ich war in null Komma nichts der meistverkaufte Autor des Verlages, der davon völlig überrascht war.

Weitere anderthalb Jahre später, als der Verleger und dessen Geschäftsführer geschäftlich in Deutschland waren, habe ich die beiden in die »Ente vom Lehel« in Wiesbaden eingeladen, ins teuerste Restaurant der Stadt. Ich staunte, als diese Herren zu dem großartigen Menü bei jedem Gang immer nur amerikanischen Whisky tranken. Am Ende waren alle glücklich und zufrieden, mit einem angenehmen Gefühl in Bauch und Kopf, so dass die amerikanische Lizenz in trockenen Tüchern war. Und wenn ein Autor erst einmal eine englischsprachige Ausgabe auf dem Markt hat, kommen andere Länder viel schneller nach.

Über 80 Prozent aller Übersetzungen meiner Bücher habe ich selber akquiriert. Jahr für Jahr besuchte ich die Buchmesse, lief mir tagelang die Hacken ab, pendelte zwischen Halle 3 und 8 graste Stand um Stand ab, als einer der wenigen Autoren unter all den Verlagsleuten, und sichtete die Kataloge der ausländischen Verlage, die irgendwie mit Businessthemen zu tun hatten. Obwohl die ausländischen Verlage natürlich eher ihre eigenen Lizenzen verkaufen wollten, als eine deutsche einzukaufen, kamen dennoch zwei bis drei Länder pro Jahr dazu: Slowenien, Finnland, Schweden, Korea, Polen, Ungarn, Japan und so weiter. Immer habe ich hinterhertelefoniert, habe fleißig korrespondiert und bin hartnäckig drangeblieben, wie der Manndecker im Fußball, der den Stürmer in der Pause bis in die Kabine verfolgt.

Nur mit dieser Einstellung kann man zum Erfolg kommen, nicht mit Hoffen, nicht mit Wünschen und nicht mit der guten Fee.

Wenn ich das so erzähle, höre ich oft zwei Fragen: Ist das nicht unglaublich aufwändig? Und: Steht denn das Autorenhonorar überhaupt in einem Verhältnis zu diesem Aufwand?

Die Antwort auf die erste Frage: Ja, es ist unglaublich aufwändig. Die Antwort auf die zweite Frage: Das ist die falsche Frage. Wer für das Autorenhonorar schreibt, sollte es besser gleich ganz lassen. Denn sonst lohnt es sich nicht einmal, sich ans Manuskript zu setzen. Mit einem einzigen Vortrag lässt sich locker mehr verdienen!

Wie der Manndecker im Fußball, der den Stürmer in der Pause bis in die Kabine verfolgt.

Um das Honorar geht es aber beim Bücherschreiben doch überhaupt nicht! Ein Buch ist ein Marketinginstrument, das einzige Marketinginstrument, für das es sogar ein kleines Honorar gibt. Alle anderen Marketinginstrumente kosten nur. Und wer hat behauptet, dass das Autorenhonorar den Autorenaufwand übersteigen müsse? Um in die Lage zu kommen, mit einem einzigen Vortrag mehr zu verdienen als mit einem ganzen Buch, brauche ich – das Buch! *Marketing* also. Und Marketing ist dafür da, einen Markt zu erschließen, damit es überhaupt ein Spielfeld gibt, auf dem man Erfolg haben kann. Und Erfolg bekommt man nicht, man muss ihn machen: Wer für seine Erfolge nicht selbst sorgt, hat sie nicht verdient.

Auch bei all meinen späteren Büchern habe ich die meisten selbst verkauft: entweder durch Kontakte als Weitergaben, bei Vorträgen oder als Zusatznutzen für Seminarteilnehmer. Es ist wichtig, seine Titel in verschiedenen Ausführungen und Medien bereitzuhalten, um zum Beispiel in der Lage zu sein, bei einem Vortrag mit 500 Teilnehmern jedem das angemessene Exemplar als Geschenk mitgeben zu können. Es gibt Bücher für den Buchhandel, Bücher für Seminare, elektronische Bücher für den BlackBerry oder das iPad oder eben eine A5-Broschüre für eine Zeitschrift. Schön, wenn Sie alle Teilmärkte bedienen können. Aber das können Sie nicht deshalb, weil der Verlag so viele verschiedene Ausgaben veranlasst hat. Denn das tun die Verlage nicht. Das muss der Autor schon selbst initiieren.

Kein Autor kann sich darauf verlassen, dass der Verlag einen zum Bestsellerautor macht. Heute muss man sich viel mehr als früher darum kümmern, auf dem Markt bemerkt zu werden: Es braucht glaubwürdige Blogs, ansprechende Facebook-Seiten, interessante Videotestimonials, regelmäßige Newsletter, Amazon-Autorenseiten. Kurz gesagt, man muss auf der Klaviatur des Internets alle Tasten kennen. Und dann gibt es Pressemitteilungen, Hintergrundgespräche mit Journalisten, Interviews, Redaktionsreisen, Talkshows, Radio-Features, Vorabdrucke. Und dann gibt es Büchertische bei Kongressen und Firmenveranstaltungen, Vorträge zum Buch,

> *Wer für seine Erfolge nicht selbst sorgt, hat sie nicht verdient.*

Lesereisen. Dann gibt es Besprechungen und Rezensionen, Leser-stimmen, Versand von Multiplikatoren-Exemplaren, signierte Bü-cher. Und so weiter.

Wer ein Buch nicht nur veröffentlichen, sondern auch ordentlich verkaufen will, der muss es machen wie beim Fußball: Niemand stürmt die Bestsellerlisten, indem er einfach nur ein Buch schreibt. Genauso gewinnt niemand die Bundesliga, indem er einfach nur elf Mann aufs Spielfeld schickt. Die Summe aller Teile macht einen Meister: die Scouting-Abteilung, die Jugend-arbeit, die medizinische Abteilung, die Ver-

Wünsche verkaufen keine Bücher.

marktung von Bandenwerbung, die Pflege des Rasens, der Sicher-heitsdienst im Stadion, der Kartenvorverkauf, der Platzwart, das Trainingszentrum, die Organisation des Trainingslagers, das Trai-ner-Team, der Dolmetscher für die ausländischen Stars, die pro-fessionelle Verhandlung von Spielerverträgen, die Akquise von Sponsoren, das Merchandising von Fan-Artikeln, die Fan-Betreuer und vieles, vieles mehr. Der Aufwand hinter jedem einzelnen ge-schossenen Tor ist immens. Man könnte mit Fug und Recht be-haupten, dass jedes einzelne Tor, das ein Bundesliga-Klub in einer Saison erzielt, Millionen gekostet hat. Wer das weiß, kann viel-leicht verstehen, was in Uli Hoeneß vorgeht, wenn er in der Alli-anz-Arena auf der Tribüne sitzt und zusieht, wie sein 30-Millionen-Einkauf Mario Gomez vor dem Tor den Ball verstolpert.

Aber jedes Tor ist eben auch wieder Millionen wert, und auch Gomez hat seinen Kaufpreis schon längst wieder eingespielt. Wenn dann das Spiel läuft, muss man nur immer wieder »Chan-cen kreieren«, wie die Trainer sagen. Eine Fußballmannschaft braucht statistisch gesehen im Schnitt zwischen drei und sechs Großchancen, um ein Tor zu erzielen. Der Wunsch, ein Tor zu er-zielen, ist der Anlass, um in die Offensive zu gehen – und einen unglaublichen Aufwand zu betreiben. Aber Wünsche schießen keine Tore. Wünsche verkaufen keine Bücher.

Also: Erst wünschen – das ist in Ordnung. Und dann: Investieren! Dranbleiben! Draufhalten!

Wunschstark und willensschwach

Warum erzähle ich Ihnen das alles? Damit Sie auch ein Buch schreiben? Damit Sie anerkennen, wie viel ich für meine Bücher getan habe? Nein, und ich will ja auch nicht, dass Sie einen Fußballverein gründen. Mir geht es darum, dem Wünschen das Tun entgegenzusetzen, weil das *Wünschen als Lebensbewältigungs-Strategie* derzeit unglaublich groß in Mode ist. Ich sehe es in Kontinuität mit dem Prinzip des »Positiven Denkens«, das durch den irischstämmigen Autor Joseph Murphy mit seinem Bestseller *Die Macht Ihres Unterbewusstseins* seit den 1960er-Jahren in der ganzen Welt bekannt gemacht wurde.

Wenn ich als Krümelchen im Universum ja doch nichts ausrichten kann, dann kann ich es auch gleich lassen.

Sein Buch hat mittlerweile 65 Auflagen erlebt und ist immer noch ein Renner. Bücher wie *The Secret,* in dem Rhonda Byrne die Aussagen aus dem gleichnamigen Film über das »Gesetz der Anziehung« erläutert, oder *Bestellungen beim Universum,* in dem die jüngst an Krebs verstorbene deutsche Autorin Bärbel Mohr eine Anleitung liefert, wie man sich die Erfüllung der eigenen Wünsche sozusagen »herbeidenken« kann, werden in schier unglaublichen Auflagen verkauft. Das ist ein Phänomen unserer Zeit, das ich mir nur so erklären kann, dass die zwingende Verbindung zwischen den eigenen Taten und dem, was daraus folgt – also dem »Erfolg« –, bei vielen Menschen nicht mehr im Bewusstsein verankert ist.

Oder anders gesagt: *Der Glaube an die eigene Wirksamkeit*, der die Grundlage eines jeden individualistischen Weltbilds ist, scheint bei vielen Menschen heute erschüttert zu sein. Die Menschen fühlen sich, warum auch immer, ohnmächtig und ausgeliefert. Die Macht, überhaupt irgendetwas zu bewirken, wird von den Menschen dann überpersonal verortet: Beim »System«, beim »Kollektiv«, beim »Staat«, bei »Gott« oder eben beim »Universum«. Die einzige Verbindung zwischen dem Ego und diesem »Über-Ich« sind in diesem Weltbild dann Gebete oder gebetsartige Affirmationen, von denen das Ego hofft, dass sie die überpersonale Instanz beschwichtigen oder irgendwie beeinflussen könnten.

Klar ist: Wenn ich als Krümelchen im Universum ja doch nichts ausrichten kann, dann kann ich es auch gleich lassen, dann brauche ich erst gar nicht aktiv werden. Dann kann ich mich auf das Wünschen, Beten, Visualisieren beschränken und darauf hoffen, dass das Universum mit mir irgendwie verträglich umspringen wird. Das ist eine wunderbare Ausrede zur Untätigkeit. Die Wahrheit ist aber, dass derjenige, der seinen Traumpartner noch nicht gefunden hat, in die Welt hinaus muss, um ihn zu finden. Derjenige, der nicht so viel Geld hat, wie er sich wünscht, muss die Ärmel hochkrempeln und seine Stärken in wertvollen Nutzen für andere verwandeln. Wer noch nicht in der friedlichen Welt lebt, die er sich wünscht, muss losziehen und Frieden schaffen.

Was aber passiert mit den Menschen, die auf das Wünschen, Hoffen und Sich-Einreden vertrauen, dann aber mit ansehen müssen, wie sich nichts in ihrem Leben zum Besseren wendet? Das Perfide und Zerstörerische an dem passiven, post-individualistischen Weltbild der Wunscherfüllung ist meiner Ansicht nach, dass positive Auswirkungen dem »Universum« oder einem seiner Vertreter zugesprochen werden, aber negative Auswirkungen oder nicht eintreffende Wünsche der eigenen Person angelastet werden. Ich nenne das den *Scientology-Effekt*, der dafür sorgt, dass sich der Irrglaube selbst erhält und verfestigt: Wenn du nach einem Jahr intensiven Wünschens immer noch kein Stückchen reicher geworden bist, dann hast du dir das nicht richtig gewünscht! Dann ist noch irgendwas in deinem Kopf nicht richtig! Dein Unterbewusstsein blockiert dich! Du musst dich noch weiterentwickeln! Dein Geist ist noch nicht bereit für mehr Geld! Also brauchst du die Wunscherfüllungs-Strategie umso dringender! – Das Ego wird also immer als defizitär erlebt. Nicht das Potenzial der eigenen

Stärken wird aktiviert, um künftig die eigene Welt zu gestalten, sondern das Defizit der eigenen persönlichen Schwächen ist schuld an der Misere der Gegenwart.

Indem die Verantwortung für das Gute dem Universum oder dem System oder dem Gott oder dem Guru zugesprochen wird und gleichzeitig die Verantwortung für das Schlechte uns bösen, kleinen, dummen Menschlein zugesprochen wird, entsteht eine *Abwärtsspirale der Untätigkeit.* Die Menschen werden fügsam, man kann sie besser ausnutzen, und ihr Selbstwertgefühl wird immer kleiner.

Mit Methoden, Programmen oder Systemen, die auf Wunscherfüllungsversprechen fußen, kann man schwache Menschen einfangen, dafür sorgen, dass sie schwach bleiben, man kann sie hervorragend melken und ausnutzen. Menschen, die wunschstark, aber handlungsschwach bleiben, die bleiben auch frustriert und unglücklich.

Unser Bildungssystem funktioniert in gewisser Weise nach diesem Prinzip, denn es verspricht uns, dass unsere Kinder einmal einen guten Job haben werden, wenn sie nur brav sind und alles lernen, was ihnen in der Schule verabreicht wird. Dabei schert es die bildungspolitischen Gremien nicht, dass den Schülern noch nicht einmal flächendeckend vernünftig Lesen und Schreiben beigebracht wird, denn unsere Schulen wissen oft gar nicht, wie das Schreibenlernen geht. Das Ergebnis ist ein sich selbst verstärkender Prozess: Kinder, die die Rechtschreibung nicht beherrschen, brauchen offenbar Unterricht.

Dass Kinder mit viel Freude korrekt schreiben lernen können, wenn man ihnen statt einer auditiven Lernstrategie auf spielerische Weise eine visuelle Lernstrategie beibringt, wenn man die Kinder also lernen lässt, wie die Wörter *aussehen,* anstatt ihnen beizubringen, wie sich die Wörter *anhören,* wenn man sie erkennen lässt, dass man das Deutsche anders spricht, als man es schreibt, und ihnen genügend Zeit lässt, die Regeln der Orthografie parallel zur Entwicklung ihres Gehirns nach und nach zu verinnerlichen, anstatt sie ihnen viel zu früh anzudressieren, das könnte man durchaus wissen. Bei meiner geschätzten Kollegin Vera F. Birkenbihl können Sie es beispielsweise nachlesen.

Unsere Kinder lernen noch immer wie zu humboldtschen Zeiten, obwohl wir es besser wüssten. Weil sie nicht »gehirngerecht« lernen dürfen, sind die Ergebnisse schlecht, und weil die Ergebnisse schlecht sind, bekommen die Schüler schlechte Noten, und weil sie schlechte Noten haben, üben Eltern und Lehrer Druck auf die Kinder aus und zwingen sie zum Weitermachen. Die Lust am Lernen fördert das ebenso wenig wie den Lernerfolg.

Das Versprechen des Staates, dass die Kinder einmal einen guten Job haben werden, wenn sie nur die Schule gut hinter sich bringen, wird offensichtlich nicht eingelöst, denn einige der erfolgreichsten Menschen sind Schulabbrecher oder schwache Schüler gewesen. Andreas Panayiotou beispielsweise ist erfolgreicher Unternehmer und gehört zu den reichsten Menschen Großbritanniens. Er hat aber nie lesen gelernt! Und umgekehrt: knapp 200.000 deutsche Akademiker sind arbeitslos, trotz Abi und Studienabschluss.

Aber das Bildungssystem ist nur ein Beispiel für die Wunschtraumgesellschaft. Wünschen statt Handeln ist auch die Devise bei der Altersversorgung oder bei der Personalentwicklung, im Gesundheitssystem wie in der Arbeitsmarktpolitik: Überall schwache Untertanen mit geringem Selbstwertgefühl, die brav dem System folgen, das sie mit großen Versprechen abhängig macht – aber nicht zum Erfolg führt. Überall große Wünsche, aber kleine Taten.

Um zu verstehen, was das auf der individuellen Ebene bedeutet, ist es hilfreich, sich *vier Grundtypen* von Menschen vorzustellen, die einen gemeinsamen Wunsch haben, sagen wir: einen Marathon zu laufen, weil das ja derzeit auch so eine Mode ist.

- **Typ 1: *Hanswurst*.**
  Willensschwach und wunschschwach.

- **Typ 2: *Hans GuckindieLuft*.**
  Willensschwach und wunschstark.

- **Typ 3: *Hansdampf-in-allen-Gassen*.**
  Willensstark und wunschschwach.

- **Typ 4: *Hans im Glück*.**
  Willensstark und wunschstark.

Hanswurst erzählt seinen Kollegen in der Raucherpause, dass er unbedingt mal wieder laufen sollte, das sei ja gesund. Und er setze so langsam Speck an. Und das sei ja nicht so gut. Sein Kollege erzählt ihm von dem Stadtmarathon, der jeden Herbst stattfindet.

Er könne sich das ja als Ziel nehmen und darauf trainieren, dann habe er einen Antrieb, es wirklich umzusetzen.

»Ja, da hast du Recht«, sagt *Hanswurst* mit hängenden Schultern und ernster Miene, während er die Kippe im Aschenbecher ausdrückt, »das sollte ich wohl wirklich machen ...«

Als er einige Wochen später bei einer anderen Raucherpause gefragt wird, was denn nun mit seinem Vorhaben sei, wieder zu laufen, zuckt er nur die Schultern und sagt: »Stimmt, das wäre wirklich gut, das sollte ich jetzt wirklich mal endlich machen ...«

Zu diesem Stadtmarathon hat sich sein Kollege *Hans Guckindie-Luft* bereits angemeldet. Es ist derzeit sein größter Wunsch, die 42 Kilometer zum ersten Mal zu schaffen. Er hatte schon immer Freude am Laufen und hat in den vergangenen Jahren immer mal wieder angefangen zu joggen. Aber er hat eben auch wenig Zeit. Und sein Job fordert ihn voll. Und der innere Schweinehund ist bei ihm ein Rottweiler.

Trotzdem, durch die Ankündigung des Stadtmarathons hat er jetzt ein konkretes Ziel. Er stellt sich vor, wie toll es sein wird, durchs Ziel zu laufen und sich ganz erschöpft, aber glücklich feiern zu lassen. Neue Laufschuhe hat er sich schon gekauft, und zwar vom Feinsten. Und gestern war er auch schon joggen. Nur heute morgen kam er nicht aus den Federn, das Wetter war aber auch mies.

Ob er einen Trainingsplan habe oder sich einer Trainingsgruppe angeschlossen habe, wird er von seinem Bruder gefragt.

> *Der innere Schweine-hund ist bei ihm ein Rottweiler.*

»Nein, eigentlich nicht«, sagt *Hans Guckin-dieLuft*, »aber das brauch ich auch nicht, du, ich schaff das schon!«

Sein Bruder, der ihn ja schon ein paar Jahrzehnte kennt, grinst nur süffisant und nimmt ihn nicht weiter ernst. Das Einzige, was er bedauert, ist die Enttäuschung seines Bruders, wenn der Marathon stattfindet – ohne ihn! Wenn er doch nur etwas von seinem Chef *Hansdampf-in-allen-Gassen* hätte!

Der steht nämlich unter Dauerstrom. Der hat einen Personal Trainer engagiert und investiert mächtig Zeit und Geld in seine Fitness. Wenn der was macht, dann macht er es richtig. Nur, was macht er denn eigentlich für einen Sport? – »Egal«, sagt er, »ist doch einerlei, mein Personal Trainer macht mir immer Vorschläge, wir probieren das dann aus.«

Hans im Glück ist der Einzige der vier, der tatsächlich am Tag des Stadtmarathons ins Ziel kommen wird.

Ob er ein Ziel habe, auf das er hinarbeite? Ob er vielleicht mal bei dem Stadtmarathon mitlaufen wolle? Das würde ihm bestimmt Spaß machen ... »Ja, könnte ich natürlich machen. Aber Firlefanz, habe keine Zeit für so was. Sport muss seinen Zweck erfüllen. Auf der Loveparade, dem Karnevalsumzug oder dem blöden Marathon sollen sich Andere zum Affen machen! Sport ist nicht dazu da, Spaß zu machen.«

Hans im Glück ist der Einzige der vier, der tatsächlich am Tag des Stadtmarathons ins Ziel kommen wird. Er kann sich einerseits das Ziel vorstellen: Ankommen. Und er wünscht sich sehr, dieses Ziel zu erreichen. Andererseits bringt er den Willen auf, ein halbes Jahr lang jeden Tag auf den Lauf zu trainieren, er besorgt sich vorher detaillierte Trainingspläne, achtet auf seine Ernährung, lässt sich orthopädische Einlagen für seine Laufschuhe machen, geht regelmäßig zum medizinischen Check und schließt sich einer Gruppe von Läufern an, die etwas besser sind als er und bereits Erfahrung mit der Marathondistanz haben.

Mit anderen Worten: *Hans im Glück* ist derjenige, der an seine Selbstwirksamkeit glaubt und sich darum zielgerichtet proaktiv vorbereitet. Er kann die Wahrscheinlichkeit auf einen Erfolg – als Folge seines eigenen Tuns – dramatisch steigern, und wenn nicht ein Unfall oder ein sonstiger Zufall dazwischenkommt, wird er es schaffen.

Die *proaktive Grundhaltung* ist also nicht nur eine berufliche Erfolgsstrategie, sie gilt für alle Arten von Chancen oder Gelegenheiten. Beispielsweise auch für die Chance auf Gesundheit oder die Gelegenheit, außergewöhnliche Dinge zu erleben. Sie ist eine Lebenshaltung.

Aber machen wir uns nichts vor: Sie ist auch die aufwändigste Grundhaltung der skizzierten vier. Gefordert ist dann nämlich nicht nur das Durchhaltevermögen, also die schiere Hartnäckigkeit, sondern auch die Fantasie und Geisteskraft, die notwendig sind, sich ein Ziel zu setzen, den Erfolg vorauszusehen, seinem Handeln also einen Sinn zu geben.

»Sinn muss gefunden werden«

Als der berühmte Psychiater Viktor Frankl 1930 neben seinem Studium eine Jugendberatungsstelle in Wien organisierte, startete er eine Sonderaktion an den Schulen – mit verblüffendem Erfolg: Erstmals seit Jahren brachte sich kein Schüler nach der Zeugnisausgabe um. Suizid-Prävention war sein Steckenpferd. Und er war sehr erfolgreich. Irgendwie schaffte er es, seine unerschütterliche positive Weltanschauung wirken zu lassen. Irgendwie zeigte er den Mutlosen, Verzweifelten und zum Aufgeben Bereiten, wie sie aus ihrer Situation heraus einen neuen Sinn entdecken konnten.

Frankl spricht von *Sinnfindung*. Seiner Meinung nach ist der Sinn immer schon da. In einer konkreten Situation muss jeder Mensch für sich eine Wertentscheidung treffen. Aus einem universalen Wert wie Liebe, Familie oder Gesundheit wird durch die individuelle Entscheidung dann ein individueller, persönlicher Sinn, der an die jeweilige Situation gebunden ist. So ergibt die Situation für den Menschen einen Sinn, und dieser Sinn lässt sich durch die individuelle Entscheidung finden, egal wie schlimm die Situation ist.

Nur: Entscheiden muss man sich schon selbst. Oder anders ausgedrückt: Wer die Entscheidung Anderen überlässt, wer also die

> »Entscheidungen muss man schon selbst treffen. Wer das Entscheiden Anderen überlässt, wird seinen persönlichen Sinn nicht finden.«
>
> *Lothar Seiwert*

Macht über das eigene Leben abgibt, der kann auch seinen persönlichen Sinn nicht finden. Das Leben gibt uns nicht den Sinn. Das Leben sagt uns nicht, was wir tun sollen. Noch drastischer gesagt: Wenn mein Weltbild ein fremdbestimmtes ist, eines, bei dem ich außer Wünschen und Beten nichts ausrichten kann, weil Andere mein Schicksal »besorgen«, dann finde ich keinen Sinn im Leben. »Wer ein Warum zu leben hat, erträgt fast jedes Wie«, hat Frankl gesagt. Aber wer kein Warum hat ...

Irgendwie scheint Frankl die Gabe gehabt zu haben, Menschen von der Fremdbestimmung zur Selbstbestimmung zu führen – und damit weg vom Suizid.

Nach seiner Promotion arbeitete er als frischgebackener Arzt am Wiener psychiatrischen Krankenhaus »Am Steinhof«. Seine Abteilung hieß »der Selbstmörderinnenpavillon«. Hier behandelte er rund 12.000 schwer depressive Patienten und Patientinnen und half Menschen in scheinbar ausweglosen Situationen, am Leben zu bleiben.

Dass er selbst in eine solche ausweglose Situation kommen würde, konnte er nicht ahnen. Im September 1942 wurde er von den Nazis deportiert, denn er war Jude. Zusammen mit seiner Frau und seinen Eltern wurde er ins Ghetto Theresienstadt gesteckt. Sein Vater starb im Ghetto. Seine Mutter wurde in der Gaskammer von Auschwitz ermordet. Seine Frau starb im KZ Bergen-Belsen. Viktor Frankl blieb am Leben. Nach dem KZ Theresienstadt kam er auch noch in die KZs Auschwitz und Dachau, wo er am 27. April 1945 von den Amerikanern befreit wurde.

Das Leben sagt uns nicht, was wir tun sollen.

Unmittelbar nach dieser schrecklichsten aller Erfahrungen, dem Mord an seiner gesamten Familie und dem Holocaust, bestand Viktor Frankl auf der Position, dass nur die Versöhnung einen Erfolg versprechenden Ausweg aus den Gräueln des Krieges und des Holocaust weisen könnte. Viktor Frankl ist nach dem Krieg in Österreich geblieben und beschrieb seine Eindrücke und Erfahrungen in den Konzentrationslagern in seinem Buch ... *trotzdem Ja zum Leben sagen – Ein Psychologe erlebt das Konzentrationslager*. Das Buch wurde in 26 Sprachen übersetzt, und es wurde allein in den USA 9 Millionen Mal verkauft. Nach Meinung der US-Kongressbibliothek gilt es als eines der zehn einflussreichsten Bücher Amerikas.

Frankl beschrieb in seinem Buch nicht nur die psychologischen Mechanismen unter den Häftlingen im Konzentrationslager. Er schrieb auch von seiner Erfahrung, dass es trotz der unmenschlichsten Umstände möglich ist, einen *Sinn im Leben* zu finden. Er beschrieb, dass diejenigen Häftlinge die größte Chance hatten zu überleben, die die Aussicht hatten, dass jemand nach ihrer Befreiung auf sie warten würde. Und obwohl seine ganze Familie tot war, hatte er einen Antrieb weiterzuleben: Frankl hatte die Vorstellung, an der Universität Vorlesungen über die Auswirkungen des KZs auf die Psyche halten zu können. Auf ihn warteten sozusagen seine Studenten der Zukunft, und das gab ihm die Kraft durchzuhalten.

Unter extremsten Bedingungen, unter permanent lebensbedrohlicher, Menschen verachtender und ausbeuterischer Fremdbestimmung ist es Viktor Frankl trotzdem gelungen, *selbstbestimmt* zu denken und zu handeln. Einen seiner Sätze habe ich immer in Gedanken bei mir:

»Es kommt nie und nimmer darauf an, was wir vom Leben zu erwarten haben. Vielmehr darauf, was das Leben von uns erwartet.«

Sinn also ist das Ergebnis einer selbstbestimmten, proaktiven Lebenseinstellung. Das Wünschen spielt dabei keine Rolle! Der Sinn wird von den Menschen, die ihn finden, als Pflicht empfunden, sie können gar nicht anders, als ihn zu erfüllen, völlig unabhängig von ihren Wünschen. Nun ist es aber so, dass Sinn auch das beste Heil- und Präventionsmittel gegen Stress ist. Der klinische Psychologe Dr. Ulrich Giesekus ist laut einem Interview mit der christlichen Zeitschrift *idea* der Meinung, dass, wer Stress als Krankheit vorbeugen will, in erster Linie »eine Beziehung zwischen der Arbeit und dem eigenen Lebenssinn herstellen« muss.

Auf der einen Seite steht die Frage: »Wofür lebe ich eigentlich?« Auf der anderen Seite steht die Frage: »Was tue ich hier, auf der Arbeit, überhaupt tagtäglich?« Beide Antworten müssen eine Einheit ergeben und zusammenpassen. *Gegen Stress hilft Sinn.*

Wenn Sie jetzt beides zusammennehmen, erstens mit Frankl die Folgerung, dass eine selbstbestimmte, proaktive Grundeinstellung den Weg eröffnet, den Sinn im eigenen Leben zu finden, und zweitens die Folgerung, dass das Erkennen von Sinn in der eigenen Arbeit die Versicherung gegen Stresskrankheiten ist, dann ist das zunächst mal ein schöner Beleg für meine These, *dass Stress nicht von der Arbeit, sondern von der Fremdbestimmung kommt.*

> *Das Wünschen spielt dabei keine Rolle!*

Aber darüber hinaus ist es auch ein treffender Beleg dafür, dass mit Wünschen dem Stress nicht beizukommen ist! Ganz im Gegenteil: Das Wünschen bringt uns in die Verfassung, darauf zu warten, was das Leben für uns bereithält. Die Hoffnung, dass es etwas Gutes sein möge, hält uns aber genauso in der Passivität wie die Angst, dass es etwas Schlechtes sein könnte. So oder so wartet der Wünscher auf das Leben und kann so seinem Leben keinen Sinn geben, denn das würde eine aktive Grundhaltung erfordern, die dem Leben etwas Sinnvolles hinzufügen will.

Die Psychologen sagen aber nun: *Ohne Sinn bedeutet Arbeit Stress!* Wenn ich also eingangs gefragt habe, ob die Wunschgesellschaft Stress vermeidet oder Stress produziert, habe ich jetzt eine klare Antwort: *Wünschen ohne Tun macht Stress.*

Ohne Taten kann ein Wunsch zum mahnenden Finger werden, der in der Wunde des schlechten Gewissens rührt und uns täglich aufzeigt, wie unwirksam und klein und schwach und abhängig wir sind. Wie ein Auto, das sich im Morast festgefahren hat, gräbst du dich dann immer tiefer rein, je mehr Gas du gibst, je heftiger du dir eine Veränderung wünschst. Du wartest, dass dich endlich jemand rettet. Und wenn dann noch der Chef Druck macht ...

Aber natürlich meine ich damit jetzt nicht, dass Sie aufhören sollen, sich etwas zu *wünschen*! All die Techniken des Visualisierens und der Affirmationen sind ja wunderbar, um sich auf ein Ziel hin zu fokussieren und mental auszurichten. Und es schadet auch sicher nicht. Es schadet jedenfalls dann nicht, wenn zumindest einige der Wünsche ihren Weg aus den Wolken auf die Erde finden und von Ihnen im Hier und Jetzt in Taten verwandelt werden.

> *So oder so wartet der Wünscher auf das Leben.*

Dann kann ein Wunsch ein Leitstern werden, der Sie zu einem effektiven Leben führt, weitab von Erschöpfungszuständen und Burnout-Stufen.

ESSENZEN

✔ Wer freiwillig Anderen die Macht über sich gibt, macht sich Stress.

✔ Vertrauen ist dann gut, wenn eine proaktive Haltung hinzukommt.

✔ Wer langfristig Stress vermeiden will, muss in der Lage sein, kurzfristig Stress machen zu können.

✔ Das Gefühl, alles Mögliche getan zu haben, reduziert den Stress selbst dann, wenn mal was schiefgeht.

✔ Wer für seine Erfolge nicht sorgt, hat sie nicht verdient.

✔ Der Glaube an die eigene Wirksamkeit ist Voraussetzung für ein selbstbestimmtes Leben.

✔ Wer andere über sich entscheiden lässt, findet keinen Sinn im Leben.

✔ Ohne Sinn ist Arbeit Stress.

✔ Ohne Tun ergibt Wünschen keinen Sinn.

Getting Things Done, Time/system, BlackBerry, iPhone, To-Do-Listen, Tages-Wochen-Jahresplan, Eisenhower-Matrix und so weiter – noch nie gab es so viele Tools und Ratschläge zum Thema Selbstorganisation wie heute. Und noch nie war die Unzufriedenheit mit der Selbstorganisation so groß wie heute. – Macht Zeitmanagement etwa unglücklich?

Es ist eine Hase-und-Igel-Jagd: Immer höhere Anforderungen, immer mehr Selbstorganisation, dann noch mehr Anforderungen, dann noch mehr Tools und Methoden, die Arbeit in den Griff zu bekommen.

Wann ist es jemals genug?

Woran liegt es, dass manche perfekt mit ihrem Zeitmanagement klarkommen und Andere es einfach nicht auf die Reihe bekommen? Was ist das für eine merkwürdige Gesellschaft, deren Individuen allergrößte Mühe haben, sich klarzumachen, was sie als Nächstes tun sollten?

Ticke ich noch richtig?

Sue vergöttert ihren Arzt. Sie muss ihn regelmäßig im städtischen Krankenhaus zu Routineuntersuchungen aufsuchen, denn seit ihrer Jugend tickt ihr Herz nicht mehr richtig. Damals, als kleines Mädchen, hatte sie ein rheumatisches Fieber als Folge einer Streptokokken-Infektion. Dass ihr Immunsystem die Bakterien zunächst mit einem heftigen Fieber bekämpft hatte, war eine gesunde Reaktion. Dass ihr Immunsystem dann aber so überreagiert hatte, dass sich durch den rheumatischen Schub unter anderem ihre Herzmuskulatur entzündet hatte, war weniger gesund – ihr blieb als bleibende Erinnerung für den Rest ihres Lebens eine Verengung der Herzklappe zwischen dem rechten Vorhof und der rechten Herzkammer. Eine solche Verengung erschwert den Blutfluss zwischen Vorhof und Kammer, das Blut staut sich zurück in die Venen.

Und Sue starb noch am selben Abend.

Das ist an sich nicht so schlimm, die Auswirkungen für Sue waren lange Zeit gar nicht spürbar. Später dann häuften sich Völlegefühl im Magen und ein unangenehmer Druck im Oberbauch. Sichtbares Zeichen waren ihre prallen Halsvenen, und in letzter Zeit neigt sie auch immer stärker zu Flüssigkeitsansammlungen im Gewebe, also Schwellungen.

Aber das sind alles keine wirklichen Beeinträchtigungen. Sie war ja nie Sportlerin oder sonst wie auf eine hohe körperliche Leistungsfähigkeit angewiesen, so dass ihr Herzfehler eigentlich nicht viel mehr als ein Souvenir aus der Kindheit ist, wenn auch nicht gerade ein angenehmes.

Die Sache hat sogar einen angenehmen Nebeneffekt: Sie kann regelmäßig Dr. G. treffen! Sie ist ja nun ein wenig alt für solche Schwärmereien. Aber Dr. G., ihr Arzt, sieht einfach umwerfend aus. Und er ist so ein großer, stattlicher Mann. Wenn er mit seinen

Assistentinnen spricht, ist er sehr streng, aber Sue gegenüber ist er immer ausgesprochen freundlich, er nimmt sich Zeit für sie und strahlt Ruhe aus, ja, gütig ist er, das ist das richtige Wort, gütig. Und wenn er ihre Leber abtastet, ob sich vielleicht eine Vergrößerung als Folge des Venenstaus herausgebildet hat, schließt sie die Augen und genießt den sanften Druck seiner kühlen, starken, sauberen Hände.

Aber heute läuft es anders als sonst. Dr. G. wirkt ein wenig gereizt, er hat nur wenig Zeit für Sue. Er hat ein paar andere Ärzte oder vielleicht angehende Ärzte im Schlepptau. Dr. G. tritt kurz an die Liege, auf die sich Sue wie immer schon mal hingelegt hat, nimmt ihre Krankenakte in die Hand, schaut ihr ganz kurz in die Augen, blickt dann zur Seite, legt ihre Akte wieder weg und stellt sie den anderen Personen im Raum mit knappen Worten vor: »Hier ein Fall von T. S.«

Dann geht er auch schon weiter. Er komme gleich wieder, murmelt er noch. Aber er kommt nicht. Sue hat Herzrasen. T. S.! Nach kurzer Zeit richtet sie sich auf, sie kann nicht mehr sitzen, ihre Halsschlagader pocht, ihr ist schwindelig. Ein Assistenzarzt kommt herein und bemerkt ihre auffällige Blässe und den abwesenden Gesichtsausdruck. Er kümmert sich um sie, stabilisiert sie, hängt ihr eine Infusion an. Aber ihr Zustand verschlechtert sich weiter. Der Assistenzarzt weist Sue, die ja eigentlich nur für eine ambulante Untersuchung gekommen ist, stationär ein.

Kurze Zeit später bemüht sich ein Team von Ärzten, ihren weiter absackenden Allgemeinzustand aufzufangen und herauszufinden, was los ist. Die Diagnosen laufen ins Leere. Sie ist kaum noch ansprechbar. Der Assistenzarzt befragt sie eindringlich: Was sie gegessen habe, was heute Mittag passiert sei, was sie fühle, ob sie Schmerzen habe. Sue sagt: »T. S.«

»Was?«

»Dr. G. hat gesagt, dass ich T. S. bin.«

»Aber ja, das sind Sie. Natürlich, ich habe das auch gelesen. T. S. Sie haben eine T. S.«, sagt der Assistenzarzt. Er versteht nicht.

Sue beginnt leise zu weinen.

Der Assistenzarzt verzieht das Gesicht. Was ist nur los? »Sue! Hören Sie. Wissen Sie denn, was T. S. bedeutet?«

Sue wimmert leise und nickt.

»Was bedeutet es denn?«, fragt er.

Sue schüttelt den Kopf und kneift die Augen zu. »Endstadium«, flüstert sie. »Terminale Situation.«

»Was? Aber nein! Wieso das denn? Nein, Sie haben eine Trikuspidalklappenstenose. T. S. Herzklappenverengung. Es ist alles in Ordnung. Hören Sie!«

Aber nichts war mehr in Ordnung. Dr. G. hatte das Todesurteil gesprochen. Terminale Situation. Endzustand. Vorbei. Aus. Und Sue starb noch am selben Abend.

Nocebo?

Manchmal ist es nicht so klar, was *Ursache* und was *Wirkung* ist. Was wie ein Ergebnis aussieht, nämlich zum Beispiel eine Diagnose, eigentlich das Resultat einer Untersuchung, kann seinerseits die Ursache für eine Wirkung sein, die zunächst wie eine Ursache aussah, nämlich zum Beispiel ein schlechter Gesundheitszustand. Bei Sue hat die Diagnose »Endstadium« wie ein Voodoo-Fluch die Verschlechterung ihres Befindens ausgelöst. Auch wenn Sue das völlig falsch verstanden hatte, die Prophezeiung des kurz bevorstehenden Todes löste genau das aus: ihren Tod. Die Wirksamkeit dieses Effekts wurde noch gesteigert durch das innige, wenn auch einseitige Verhältnis, das sie zu Dr. G. im Lauf der Jahre aufgebaut hatte. Sie glaubte ihrem Arzt.

Sue starb an einem *Nocebo*. Das ist so ungefähr das Gegenteil eines Placebos. Aus dem Lateinischen übersetzt bedeutet Placebo: »Ich werde gefallen.« Und das davon abgeleitete Nocebo meint: »Ich werde schaden.« In beiden Fällen tritt die erwartete Wirkung ein, obwohl die medizinische Maßnahme eigentlich keinerlei messbaren direkten Effekt haben dürfte, denn es fehlt ja komplett der Wirkstoff. Bei einem Placebo verbessert sich der gesundheitliche Zustand des Patienten in vielen Fällen, bei einem Nocebo verschlechtert er sich in vielen Fällen, und zwar alleine durch die Macht der Gedanken, aufgrund der Erwartungshaltung des Patienten.

Ja, was haben meine Bemühungen denn genutzt?

An diesen Placebo- beziehungsweise *Nocebo-Effekt* muss ich derzeit häufig denken, wenn ich über mein ureigenes Expertenfeld nachdenke. Als der so genannte Zeitmanagement-Papst stehe ich fassungslos vor den Statistiken, die mir zeigen, wie explosionsartig die Zahl der Stresskrankheiten und Burnout-Diagnosen in den letzten Jahren in die Höhe schießt. Die statistischen Kurven steigen exponentiell an. Mittlerweile drohen ernste Produktivitätsverluste für die Wirtschaft, weil in den Industrieländern immer mehr Menschen ihre Leistungsfähigkeit verlieren oder komplett ausfallen, mit Schlafstörungen, Angstzuständen, Kopf- und Rückenschmerzen, Depressionen und diversen Ausprägungen von psychisch-seelischen Belastungs-Syndromen.

In Anfällen von Eitelkeit frage ich mich dann: Ja, was haben meine Bemühungen denn genutzt? Fast 30 Jahre lang toure ich durch die Lande und erzähle hunderttausenden von Menschen, wie sie mit Stress, Komplexität und den steigenden Anforderungen besser zurechtkommen, Millionen Menschen lesen meine Bücher und sehen mich im Fernsehen, und ich versuche, Stresskompetenz zu vermitteln, wo es nur geht. Und das Ergebnis? *Immer mehr Stresskranke!* Immer weniger Menschen sind offenbar den Anforderungen des modernen Lebens, insbesondere der Arbeitswelt, gewachsen, immer mehr Menschen »steigen aus« aus dem Hamsterrad, wenn auch auf schreckliche, unfreiwillige Weise, nämlich mit dem Krankenschein in der Hand. War denn alles umsonst?

Ich bin ja auch nicht der Einzige. Bücher und Seminare zu Zeitmanagement und Selbstmanagement sind die großen Dauerbrenner in der Weiterbildungsbranche. So wie ich profitieren viele Autoren und Referenten von dem riesigen Bedarf nach Tipps und Handlungsanleitungen für effektivere To-Do-Listen, sauber geführte Kalender, clevere Ablagesysteme, aufgeräumte Schreibtische, Tages-Wochen-Jahrespläne, Eisenhower-Matrix, Getting Things Done und so weiter und so fort. Es vergeht kein Jahr, in dem nicht mindestens eines der neuen Bücher aus diesem Themenfeld die Bestsellerlisten stürmt. Der Bedarf ist riesig. Und der Effekt? – Schrecklich!

Nun, ich glaube nicht, dass Zeitmanagement ein Nocebo ist. So einfach ist es sicher nicht. Die Tools, die meine Zunft anbietet, funktionieren wirklich, ich wende ja alles selbst an und ich kenne zig Menschen, die ihren beruflichen wie privaten Alltag mit diversen Zeitmanagement-Instrumenten effektiv und nachhaltig organisieren. Ich stehe voll hinter den Tipps und Ratschlägen aus meinen Büchern. Und doch treffe ich immer wieder auf Menschen, die sich einerseits wieder und wieder mit Selbstorganisation beschäftigen und andererseits

> *Es liegt auch nicht daran, dass die Methoden nicht funktionieren würden. Aber woran liegt es dann?*

trotzdem immer wieder in desorganisierte, chaotische Zustände zurückfallen, in ihren E-Mails ertrinken, zwischen Papierstapeln im Büro untergehen, Termine verbaseln und sich ständig mit irgendwelchen nebensächlichen Aufgaben beschäftigen, während das Wesentliche in ihrem Leben zu kurz kommt. Das Schlimmste: *Die Menschen haben so viel Stress, dass sie krank werden.*

Es liegt nicht daran, dass die Menschen nicht informiert wären. Es liegt auch nicht daran, dass die Methoden nicht funktionieren würden. Aber woran liegt es dann?

Warum fragen mich Leute am Ende eines Zeitmanagement-Seminars, wie sie endlich herausfinden können, was in ihrem Leben Priorität hat und was nicht? Was *das Wesentliche* in ihrem Leben ist und was nicht? Warum wissen sie es nicht einfach? Warum schaffen es die einen scheinbar mühelos, ihren Alltag zu strukturieren, während die anderen daran grandios scheitern? Warum nutzen die einen souverän Zeit- und Selbstmanagement-Tools, während die Anderen ratlos davorstehen?

Damit liege ich natürlich völlig quer zum wissenschaftlichen Mainstream.

Und wenn Zeitmanagement auch ganz offensichtlich nicht schadet – nützt es denn etwas?

So wie bei Sue gibt es auch bei den Stresskranken und Burnout-Patienten keine direkte *Ursache* für die Symptome. Es gibt keine Vergiftung, keine körperliche Überbeanspruchung, keine physischen Schäden. Es spielt sich alles auf der geistig-seelischen Ebene ab. Die Einen bekommen einen Burnout, die Anderen nicht, obwohl sich die äußeren Faktoren nicht unterscheiden. Muss dann die Ursache nicht IN den Menschen liegen?

Wenn ich dann sehe, dass beim Nocebo-Effekt die Erwartungshaltung der Menschen die Macht hat, Krankheitssymptome auszulösen, könnte es dann nicht sein, dass auch beim Thema Stress etwas mit der Erwartungshaltung vieler Menschen nicht stimmt?

Genau das ist meine Vermutung. Damit liege ich natürlich völlig quer zum wissenschaftlichen Mainstream. Die Fachwelt ist sich sicher, dass **Burnout die Folge von Stress im Job** ist. Der Schuldige ist damit identifiziert, Klappe zu, Schluss, aus. Professor Dr. med. Wolfgang Senf aus Essen beispielsweise ist Präsident des Kongresses für Psychosomatische Medizin und Psychotherapie. Man kann doch mit gutem Grund meinen, dass sich so ein Experte ein differenziertes Urteil angeeignet hat. Er sagt, dass es vor allem die arbeitsorganisatorischen Rahmenbedingungen sind, die zu chronischer Erschöpfung führen, nicht die individuellen Gründe. »Wachsende Belastung im Job« führe immer häufiger zu »psychischen Verletzungen psychisch gesunder Menschen«, wird Professor Senf im Newsletter *PsychologieNachrichten* zitiert.

Die Stoßrichtung dieser Äußerungen ist klar: Die bösen Arbeitgeber verheizen die armen Arbeitnehmer. »Gut zu sein wird gewissermaßen zum Risiko: Wenn Sie Ihre Arbeit gut machen, bekommen Sie einfach noch ein Projekt dazu!«, so Professor Senf.

Ich habe mich gefragt, ob das sein kann. Ist es wirklich so einfach? Sind die Menschen, die unter chronischem Stress leiden, einfach nur *Opfer*? Ich bin bei solch einfachen Täter-Opfer-Szenarien immer skeptisch. Und tatsächlich: Bei nochmaligem Lesen finde ich in der Äußerung von Professor Senf meinen alten Verdacht erhärtet: »... bekommen Sie einfach noch ein Projekt dazu.« – Wer, bitte, entscheidet denn hier über die Belastung des gestressten Mitarbeiters? Doch wohl ganz offensichtlich »der Chef«, »der Vorgesetzte«, also eine Instanz, die die Macht hat zu bestimmen, dass der Mitarbeiter mehr arbeiten muss, als für ihn gesund ist. Jedenfalls entscheidet das in den Augen dieser Experten nicht der Arbeitnehmer selbst.

Es sind immer »Beschäftigte«, die in den immer wieder zitierten Studien befragt werden, Angestellte, die einen Vorgesetzten haben, Lehrer, die einen vorgegebenen Stundenplan und einen vorgegebenen Lehrplan haben, Angestellte im Gesundheitswesen, die Dienstpläne haben, die Andere für sie aufstellen, Facharbeiter wie IT-Spezialisten, die nicht darüber bestimmen können, in wie vielen Projekten bei wie vielen Kunden sie arbeiten müssen. Beschäftigte werden be-schäftigt, sie schaffen nicht selbst.

> *Ich bin bei solch einfachen Täter-Opfer-Szenarien immer skeptisch.*

Ganz offensichtlich werden in den Studien, die zur Begründung der Diagnose »Burnout durch Ausbeutung« herangezogen werden, niemals Unternehmer, Vorstände, Geschäftsführer, Direktoren oder Präsidenten befragt. Der *Grad an Selbstbestimmung* spielt in den Studien keine Rolle, sondern Überstunden, Krankheitstage und andere Faktoren. Was aber ist mit den Menschen, die freiwillig und mit Freude Überstunden machen, ja, die überhaupt nicht unterscheiden zwischen Arbeitsstunden und »Lebensstunden«, weil für diese Menschen die Trennung von Leben und Arbeit keinen Sinn macht, weil nämlich für diese Menschen Arbeit zum Leben gehört?

Ich bin sicher, wenn man diese Menschen, die über ihr Arbeitspensum selbst bestimmen, als separate Gruppe in einer Studie nach Stresskrankheiten befragen würde, dann würden wir eine Überraschung erleben: Produktivität und Arbeitsbelastung über dem Durchschnitt und Stresskrankheiten unter dem Durchschnitt, vielleicht sogar beides in erheblichem Maße.

Damit will ich keineswegs sagen, dass nun alle Menschen Unternehmer werden sollen oder dass die Lösung für die Burnout-Problematik darin liegen könnte, dass sich jeder selbstständig macht. Das wäre naiv. Und schon gar nicht will ich sagen, dass die abhängig Beschäftigten selber schuld seien, wenn sie einen Burnout bekommen! Da würden Sie mich falsch verstehen. Ich will vielmehr darauf hinaus, dass der entscheidende Faktor möglicherweise NICHT die Arbeitsbelastung ist, sondern die *innere Einstellung* der Menschen zur Arbeit. Und dass eventuell NICHT die fehlenden Fähigkeiten oder ungenügende Tools der Selbstorganisation an dem Stress und der Überforderung so vieler Menschen schuld sind, sondern möglicherweise die innere Einstellung zu To-Dos und Prioritäten. Dass vielleicht NICHT die Anforderungen von außen, sondern die Erwartungen im Innern der Menschen die Ursache für die Stresskrise unserer Gesellschaft sind.

Könnte das sein? Wenn ja, dann wäre die Argumentation der meisten Vertreter der These »Burnout kommt vom Job« von einer ähnlichen Logik bestimmt wie folgende Argumentation für die These »Tiefes Wasser tötet Menschen«: Stellen Sie sich vor, eine Expertengruppe stieße auf den Befund, dass die Zahl der durch Ertrinken ums Leben gekommenen Menschen rasant steigen würde. Es würden Studien durchgeführt, die belegten, dass fast alle der Ertrunkenen in einer Wassertiefe von mehr als 1,60 Meter ums Leben gekommen sind. Daraus folgerte die Expertenwelt ganz ohne Zweifel, dass das tiefe Wasser schuld sei und dass alle Wassertiefen von mehr als 1,60 Meter abgeschafft werden müssten, um die Menschen zu retten, weil sonst irgendwann die Menschheit komplett ertrinken würde. Dass aber fast alle Ertrunkenen Nichtschwimmer wären und lediglich die Zahl der Nichtschwimmer in der Bevölkerung rasant zugenommen hätte, würde in den Studien einfach nicht untersucht. Der Schluss, dass die Ursache für die vielen Ertrunkenen das tiefe Wasser sei, wäre in diesem fiktiven Beispiel zu kurz gesprungen. In Wahrheit müsste daran gearbeitet werden, dass wieder mehr Kinder Schwimmkurse besuchen.

Genauso könnte es sich herausstellen, dass die Argumentation »Burnout kommt vom Job« zu kurz gesprungen ist, denn Stress und Arbeitsbelastung sind in der Wirtschaft einfach da, so wie das tiefe Wasser. Wenn es aber so ist, dass immer mehr Menschen aufgrund ihrer *inneren Einstellung* mit den Anforderungen ihres Jobs nicht umgehen können, so wie Nichtschwimmer in tiefem Wasser verloren sind, dann wäre nicht die Arbeitsbelastung das Problem, sondern die zu hohe Zahl der Menschen, deren innere Einstellung und Erwartungen nicht zur Realität in Wirtschaft und Gesellschaft passen.

Dass vielleicht NICHT die Anforderungen von außen, sondern die Erwartungen im Innern der Menschen die Ursache für die Stresskrise unserer Gesellschaft sind.

Genauso verhielte es sich dann mit der *Wirksamkeit von Zeitmanagement.* Wenn zwingende Voraussetzung für das Funktionieren von Zeitmanagement die Fähigkeit wäre, Entscheidungen über Prioritäten zu treffen, dann würde Zeitmanagement bei allen Menschen, die nicht in der Lage sind, Entscheidungen über Prioritäten zu treffen, schlichtweg nichts helfen. Wenn nun die Zahl der Menschen, die über diese Fähigkeit nicht verfügen, sehr hoch wäre, dann würde Zeitmanagement auf den ersten Blick

wirkungslos aussehen. Aber der Schluss »Zeitmanagement funktioniert nicht« wäre zu kurz gesprungen, denn so wie Schwimmer in tiefem Wasser kein Problem haben und Menschen mit der entsprechenden inneren Erwartungshaltung keinen Dauerstress haben, so kommen ja auch Menschen, die kein Problem mit Prioritäten haben, mit Zeitmanagement-Methoden wunderbar zurecht.

So wie Sue ihrem Dr. G. glaubte, dass ihr Tod kurz bevorstand, glauben wir den Experten, die behaupten, am Burnout seien die bösen Chefs schuld. Aber vielleicht ist das nur ein kolossales Missverständnis, so wie bei Sue. Wir dürfen den Experten nicht glauben, nur weil sie einen Professorentitel haben. Wir müssen selber denken und die aufgestellten Behauptungen mit unseren Erfahrungen abgleichen. Sue hat das Kürzel »T. S.« falsch interpretiert, wir interpretieren vielleicht die Ursache für Burnout nicht richtig. Und möglicherweise haben wir auch noch nicht so richtig verstanden, *warum* Zeitmanagement beim Vermeiden von Stress funktioniert oder nicht funktioniert.

Also: Was ist nun richtig? Tickt die Uhr zu schnell oder ticken wir selbst nicht mehr richtig? Ist das Wasser zu tief oder sind die Schwimmkurse zu schlecht besucht? Ist Zeitmanagement wirkungslos oder die Fähigkeit, Prioritäten zu setzen, unterentwickelt? Kommt Burnout vom Job oder liegt es an der inneren Einstellung und den Erwartungen der Menschen? Und wenn Letzteres stimmt: Was genau stimmt dann nicht damit? Inwiefern ticken wir nicht mehr richtig?

First Things First!

Es sind beileibe nicht nur die Angestellten in den unteren Etagen der Hierarchiepyramiden, die Stress haben. Und ich glaube, dass die Mechanismen, die zu »*Chefstress*« führen, eng verwandt sind mit denen, die zu »Arbeitnehmerstress« führen.

Einmal hatte ich einen Gesprächstermin mit einem stellvertretenden Vorstandsvorsitzenden in einer Konzernzentrale in einer großen deutschen Stadt mit Flughafen und Bundesligaverein. Er war jung, der Jüngste auf diesem Posten in 130 Jahren Firmengeschichte. Sein Büro war eindrucksvoll, bei richtig eingestellter Klimaanlage hätte man Drachen steigen lassen können. Auf dem monumentalen Schreibtisch stand ein Silberrahmen. Ich beugte mich vor und schaute auf das Foto: eine ausgesprochen hübsche junge Frau und zwei nette Jungs. Heile Welt. Oberflächlich betrachtet hatte ich es mit einem absoluten Überflieger zu tun. Besser hätte in einem Spielfilm kein Regisseur Glück und Erfolg innerhalb von einer Minute vermitteln können.

Und doch hatte mich der Mann um ein vertrauliches Gespräch gebeten.

Jetzt schaute er mich an mit einem Anflug von Misstrauen und ein wenig überspielter Peinlichkeit. Ich eröffnete mit Smalltalk. Wir kamen rasch auf seinen prallen Terminkalender, was aus seiner Sicht naheliegend war und passend schien. Montag: London. Dienstag: hier. Mittwoch: Wien. Halb im Scherz sagte ich, er könne, wenn er schon in Wien sei, dem Tor zu Osteuropa, dort dann auch noch gleich zwei Firmen in Ungarn und der Slowakei aufmachen.

Er: »Machen wir schon. Ich bin der Geschäftsführer.«

Ich: »Aha.«

Er: »Donnerstag: Budapest. Freitag: Prag.«

Ich, mit Blick auf das Familienfoto: »Und am Wochenende zu Hause? Bei Ihrer Familie?«

Er schüttelte den Kopf: »New York. Downtown. Kongress. Ich spreche die Keynote.«

»Oh. Verstehe.« Das beeindruckte mich nun gar nicht, im Gegenteil. Erfolg auf Kosten der Familie und auf Kosten der eigenen Gesundheit finde ich nicht bewundernswert. Um an ihn ranzukommen, begann ich nun langsam, ihn zu provozieren. Ich stellte mich an das riesige Fenster, von wo aus man einen herrlichen Blick auf das Gebäude hatte, in dem in dieser Stadt die kulturellen Highlights stattfinden, und sagte: »Wow. Mein Gott, da haben Sie ja nie Parkplatzprobleme, Sie müssen nur über die

So wie Sue ihrem Dr. G. glaubte, dass ihr Tod kurz bevorstand, glauben wir den Experten, die behaupten, am Burnout seien die bösen Chefs schuld.

Straße gehen und können mit Ihrer Frau im Foyer Hof halten. Grandios!«

Er: »Da war ich schon ewig nicht mehr.«

Jetzt begann er mir ein wenig auf den Wecker zu fallen. Er wollte sich doch wohl nicht in die Opferrolle abgleiten lassen, oder? Ich stichelte: »Mit wem geht Ihre Frau denn dann in die Oper? Mit dem Reitlehrer? Yogalehrer? Golflehrer? Ich meine, was ist da so üblich heute?«

»New York. Downtown. Kongress. Ich spreche die Keynote.«

Kurz blitzte es in seinen Augen, aber dann war das Feuer schon wieder erloschen, er blickte vor sich auf den Schreibtisch und nickte. Es war ja klar, was ich mit den Provokationen wollte. Er war ja ein schlaues Kerlchen. Also holte er Luft und erzählte.

Er erzählte, dass er vor Kurzem auf einem Klassentreffen gewesen sei. Er hatte sich gefreut auf die vielen Wiedersehen und war plötzlich vor einer Klassenkameradin gestanden, die ihm damals vor gut 20 Jahren gehörig Schmetterlinge in den Bauch gezaubert hatte. Statt einer Begrüßung hatte sie ihn scharf angesehen und gesagt: »Mensch, bist du aber fett geworden. Machst du denn keinen Sport mehr?«

Das hatte gesessen. Weil sie Recht hatte. Er hatte schon lange keine Zeit mehr für Sport. Den Rest des Abends hatte sie sich mit Anderen unterhalten. Im Gegensatz zu ihm war sie in den Jahren seit damals eher noch attraktiver geworden. Er hatte die Augen nicht von ihr lassen können, das gab er zu.

Nicht dass er auf einen Seitensprung aus gewesen wäre, seine Frau sei großartig und er liebe sie sehr. Aber allein die Tatsache, dass er in seinem gegenwärtigen Zustand offenbar prinzipiell keine Chance gehabt hätte, bei einer tollen Frau zu landen, auf die Geld keine Anziehungskraft ausüben würde, das habe ihn wachgerüttelt, sagte er, schaute mich an und wollte nun einen Rat von mir, was zu tun sei.

»Wie viel Zeit haben Sie denn noch?«, fragte ich ihn.

»Wie? Zeit bis wann? Ich verstehe nicht.«

»Na, bis zu Ihrem ersten Herzinfarkt. Haben Sie eine Idee? Was sagt Ihr Arzt?«

Erfolg hin oder her, er konnte einem leidtun. Ich spürte förmlich, wie leer sein Leben war. Die Biografien solcher Topmanagerkarrieristen gleichen sich. Mit guten Noten an der Universität, mit Energie und Ehrgeiz empfehlen sie sich über Assistentenposten in den Vorstandsetagen. Solche Jobs sind zwar prestigeträchtig, aber ganz sicher kein Zuckerschlecken. Diese armen Hunde müssen mindestens zwei Stunden vor dem Chef im Büro sein, um mit der Sekretärin alles vorzubereiten, was der Chef an diesem Tag zu erledigen hat. Sie verlassen lange nach dem Chef die Firma, kaum einer geht vor 22 Uhr nach Hause, wochentags wie feiertags und ohne Wochenende. Das Leben dieser Leute ist eine Art Leibeigenschaft auf hohem Niveau. Sie bereiten Aufsichtsratssitzungen vor, formulieren die wohlgesetzten Worte für den Chef, füttern ihn mit Inhalten für Podiumsdiskussionen,

Erfolg hin oder her, er konnte einem leidtun. Ich spürte förmlich, wie leer sein Leben war.

filtern seine E-Mails und servieren ihm alles in mundgerechten Stücken, um seine wertvolle Zeit zu sparen. Die Entscheidungen auf Topmanagementebene sind von den Assistenten beider Seiten meistens längst gründlich vorbesprochen und mit Empfehlungen versehen – haben das und das geklärt, das kostet so und so viel, ich empfehle das und das –, so dass solche Spitzengespräche meist recht kurz ausfallen: 20, 30 Minuten, *denn die Chefs haben ja nie Zeit*.

Genau so eine aufreibende und harte Schule hatte mein Gesprächspartner hinter sich. Beim Vorstandsvorsitzenden war er in die Lehre gegangen, einer lebenden Legende der deutschen Wirtschaftsgeschichte, bis heute noch Aufsichtsratchef. So läuft das, man hängt sich an den dicksten Fisch im Teich, der schwimmt bis ganz nach oben und zieht einen mit. Aus dem wird was, und dann bist du was. Dann bist du selbst oben. Dabei übernimmt der

Zögling nicht nur die Einsichten und Kenntnisse des Ziehvaters, sondern auch seine Einstellungen und seine Weltsicht. »Was wollen Sie denn zu Hause, in der Firma ist es doch am schönsten!«, pflegte der Alte zu sagen.

Und so wird man zu so einem Menschen, zu so einem Getriebenen. Obwohl nun eigentlich er es war, der alle Zügel in der Hand hatte, konnte er sich nicht mehr freischwimmen. Er fühlte sich ausgeliefert, kämpfte mit diffusen Ängsten, schlief schlecht, konnte sich nachmittags kaum noch konzentrieren, irrte in der tiefsten Sinnkrise seines bisherigen Lebens umher und fragte sich: Wo sind all die Jahre hin? War es das wirklich wert?

Eigentlich war er auf eine bestimmte Art doch zu bewundern. Denn im Gegensatz zu vielen seiner Kollegen schaffte er es, um Hilfe zu bitten. Er hatte immerhin erkannt, dass es so nicht weiterging. Er war auf Burnout-Stufe 10 von 12 angekommen und zog jetzt die Reißleine. Gerade noch rechtzeitig.

Mit Ende 30 war er noch jung genug, seinen Kurs zu ändern. Und sein Körper war noch nicht komplett kaputt. Glücklicherweise konnte er es schätzen, dass ich ihn nicht mit Samthandschuhen angefasst hatte. Jasager, so meinte er, hätte er mehr als genug in der Firma.

Trotzdem habe ich dann doch nicht sein *Coaching* übernommen, weil ich wusste, dass Männer sich bei so einem heiklen Thema meistens schwertun, insbesondere gegenüber einem anderen Alphatier. Ich war nicht der richtige Coach für ihn. Darum habe ich ihm eine erfahrene Kollegin in den besten Jahren geschickt, die perfekt mit solchen Kalibern umgehen kann. Mit ihr lernt dieser eigentlich so mächtige Mann nun, seine persönliche Souveränität wiederzufinden. Denn genau die

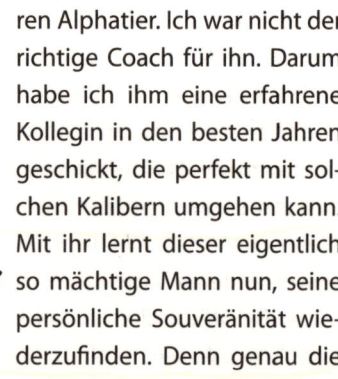

fehlte ihm – und nicht das beste Tool, mit dem man seine Termine optimal organisiert, wie er zunächst gedacht hatte.

Fehlende Souveränität, mangelnde innere Freiheit, das große innere Ja zu dem Kurs, den man segelt, das hatte ihm gefehlt. Und genau das fehlt auch all seinen Mitarbeitern, die auf ganz anderen Hierarchiestufen im Unternehmen auf genau denselben Stufen von Erschöpfung stehen wie er. Über alle Machtgrenzen hinweg eint diese Menschen, dass sie sich getrieben fühlen, obwohl sie selbst treiben könnten. Dass sie vom Karren überrollt werden, obwohl sie es sind, die ihn ziehen könnten. Dass es Instanzen gibt, die entscheiden, was sie tun müssen, obwohl sie freie Menschen in einem freien Land sind, in dem es seit über 65 Jahren keine Zwangsarbeit mehr gibt. Für ihn war es der internalisierte Über-Chef, dessen Wertesysteme und *Glaubenssätze* er übernommen hatte und dessen imaginierte Stimme ihn wie aus dem Off im Zaum hielt und knechtete. Für die Mitarbeiter ist es oft der reale Chef, der Druck macht und der selbst wiederum Druck hat. Aber es gehören eben immer zwei dazu: Einer macht Druck, der Andere lässt sich Druck machen.

Wo sind all die Jahre hin? War es das wirklich wert?

Was alle diese Menschen eint, ist, dass sie *falschen Prioritäten* folgen. Denn kein Geld der Welt, kein Posten der Welt, kein Geschäft der Welt ist wichtiger als die eigene Gesundheit oder das private Glück, die Kinder oder der Lebenspartner. Kein Mensch sagt am Ende seines Lebens: Ach, wäre ich doch nur noch mehr im Büro gewesen, ach, hätte ich doch nur weniger Zeit mit meinen Liebsten verbracht. Dass diese Prioritäten falsch sind, ist ganz offensichtlich. Und jeder von diesen Getriebenen würde sofort zustimmen. Kein Wunder: Genau deshalb ist das Setzen von Prioritäten das zentrale Element in jeder Zeitmanagement-Methode. Nichts anderes habe ich jahrzehntelang gepredigt. Und doch: In der Realität und im Alltag folgen die Menschen den falschen Prioritäten. Warum nur?

Ja oder nein? – Beides!

Wenn, wie ich oben geschrieben habe, etwas mit den Erwartungen der Menschen nicht stimmt und ich dann sehe, dass sie wider besseres Wissen ständig ungesunde Entscheidungen für ihr Leben treffen, dann ahne ich da einen Zusammenhang.

Den Schlüssel dazu finde ich, wenn ich mir Gegenbeispiele anschaue: Ich kenne da einen italienischen Kellner in einem Heidelberger Gourmettempel, dessen natürliche und selbstbewusste Sicherheit, mit der er seinen Gästen begegnet, mich seit Jahren beeindruckt. Er ist das beste Beispiel dafür, dass *Souveränität* keine Frage der Position ist. Denn obwohl er sich im Lauf der Jahre vom einfachen Bankettkellner zum Oberkellner hochgearbeitet hat, ist er in eine straffe Hierarchie eingespannt, was so ein gut geführtes Hotelrestaurant eben auch

Aber es gehören eben immer zwei dazu: Einer macht Druck, der Andere lässt sich Druck machen.

erfordert. Aber die Hierarchie ist ihm total egal. Seit 15 Jahren empfängt er mich jedesmal, wenn ich in »sein« Haus komme, als wäre er selbst der Inhaber oder Restaurantleiter. Mit offenen Armen, schief gelegtem Kopf und herzlichem Lachen kommt er mir entgegen: »Herr Siebert!«

Ich sage ihm dann immer, wie ich wirklich heiße, und beim nächsten Mal strahlt er mich dann wieder an: »Oh, Herr Seifert!«

Er führt mich dann zum besten Platz, den er zur Verfügung hat, und macht mir Komplimente. Dann fragt er: »Was essen wir? So, ich habe da was ganz Feines! Nur für Sie! Steht nicht auf der Karte!«

Dieser Mann ist der geborene Verkäufer, er gibt mir immer das Gefühl, ich sei der wichtigste Gast des Abends, der Woche, des Monats, und natürlich weiß ich, dass ich nicht der Einzige bin, dem er dieses Gefühl vermittelt. Aber es tut einfach gut.

Niemand, der ihn bei der Arbeit erlebt, kann ernsthaft daran zweifeln, dass er sich dafür entschieden hat, im besten Beruf der Welt zu arbeiten, in dem Beruf, der wie für ihn gemacht ist: in dem

Beruf, den er gerade hat. Denn ich bin mir sicher: Die gleiche Herzlichkeit und Souveränität würde er verströmen, wenn er nicht in diesem Restaurant, sondern in einem anderen arbeiten würde. Oder wenn er in einem ganz anderen Beruf arbeiten würde, als Fremdenführer, an der Rezeption, in einer Vertriebsorganisation oder in einem Einzelhandelsgeschäft. Ich bin sicher, er würde dafür sorgen, dass seine Entscheidung für diesen oder jenen Job im Nachhinein zu einer richtigen Entscheidung würde: durch ein lautes, lachendes »Ja«!

In einem anderen Hotel, in dem ich noch öfter bin, um dort Seminare zu leiten, begegne ich immer einem anderen Hotelkellner. Er arbeitet in der Bankettabteilung, also ziemlich weit unten in der Rangfolge des Servierpersonals. Wenn ich aus den Seminaren komme, bringt er mir immer unaufgefordert einen Teller Gebäck und einen Cappuccino. Wenn es meine Zeit erlaubt, lästern wir verschwörerisch über seine Hoteldirektorin, die auch mich immer piesackt, weil sie sich jedes Mal beschwert, wenn ich meine Flipcharts an die Wand hänge, was ihrer Meinung nach verboten ist. Was so sinnvoll ist wie das Verbot, im Hotelzimmer die Handtücher zu benutzen. Aber egal, ich setze mich mit dem Recht des zahlenden Gastes und mit konspirativer Unterstützung meines Kellners regelmäßig darüber hinweg. Wir haben immer einen Heidenspaß. Und obwohl dieser Kellner eigentlich ein Befehlsempfänger in einem überwiegend dienenden Beruf ist, hat er ganz offensichtlich keinen Stress. Er lebt und arbeitet nach seinen eigenen Maßstäben. Ja, bei ihm steht an erster Stelle das Wohl des Gastes, nicht das Wohl seines Hauses. Das ist aber nicht sein Problem, sondern das Problem seiner unwirtlichen Chefin. Obwohl er auch unter ihrem Regiment leiden könnte, was sicher viele tun, hat er sich dafür entschieden, selbst zu bestimmen, was er für richtig hält. Übrigens ist er für mich der stärkste Grund, weshalb ich mich in diesem Seminarhotel trotz-

Mit offenen Armen, schief gelegtem Kopf und herzlichem Lachen kommt er mir entgegen: »Herr Siebert!«

dem wohlfühle – insofern vertritt er dann doch wieder sehr souverän die Interessen des Hotels, obwohl er sich der Hierarchie verweigert. Er hat eben für sich entschieden, was das Wesentliche ist. Nicht die Anweisung von oben, sondern das Wohl des Gastes.

Ja, es stimmt, er läuft Gefahr, seinen Job zu riskieren, wenn er seine Chefin zu sehr brüskiert. Aber er ist der souveränste Angestellte, der mir in diesem Hotel begegnet ist. *Er hat eigene Prioritäten. Und keinen Stress.* Und die höchsten Trinkgelder.

Der eine Kellner sagt laut »Ja!« zu seinem Job. Der andere sagt verschmitzt »Nein ...« zu dem, was nicht zu seinen Werten passt. Beide haben keinen Stress.

Es gibt also Menschen, bei denen funktioniert das mit den Prioritäten. Und das liegt nicht an den Zeitmanagement-Tools, die sie benutzen, und nicht am Arbeitsaufkommen, das sie bewältigen müssen. Es liegt nicht an ihrer Position im Unternehmen und nicht am »bösen Chef«. Es liegt daran, dass sie klar und eindeutig Ja und Nein sagen können!

Vor allem das *Neinsagen* scheint das Problem vieler zu sein. Denn Prioritäten setzen bedeutet immer auch, Nein zu sagen: »Saying no to things is probably the best way to set priorities« – Nein sagen ist vermutlich der beste Weg, Prioritäten zu setzen, sagt Andrea Jung, Chairman und CEO von Avon Products im Web-Format *30SecondMBA.com*, übrigens eine sehr spannende Website. Andrea Jung ist eine beeindruckende Frau, nicht nur, weil sie so attraktiv und charmant ist, sondern auch, weil sie es geschafft hat, den schlingernden Kosmetik-Giganten in nur zwei Jahren mit großer Entschiedenheit wieder zurück in die Erfolgsspur zu führen. Mittlerweile ist sie auch Aufsichtsrätin bei Apple und bei General Electric und gehört laut *Forbes*-Magazin zu den 25 mächtigsten Frauen der Welt. Und wenn die das sagt, glaube ich das gern: Saying no!

Um Nein zu sagen, muss ich gegen einen Widerstand angehen.

> *Er hat eben für sich entschieden, was das Wesentliche ist. Nicht die Anweisung von oben, sondern das Wohl des Gastes.*

... wenn's geht, bring doch den zweiten
Sack gleich noch mit ... OK?

Es ist immer leichter, Ja zu sagen, wenn von außen Anforderungen kommen. Nein zu sagen erfordert eine innere Gewissheit, dass ich selbst und niemand sonst entscheide, was für mich richtig ist. Damit verbunden ist die Erwartung, dass ich in mir finde, was gut für mich ist. Oder anders herum betrachtet: Wer Nein sagen kann, hat eben NICHT die Erwartung, dass Andere entscheiden können, was richtig ist für ihn. Ich habe dann nicht die Erwartung, dass mein Chef für mich das richtige Arbeitspensum bestimmt, dass mein Unternehmen für mich entscheidet, wann ich mal frei nehmen sollte, dass mein Kunde mir sagt, dass gerade etwas Anderes wichtiger ist als der Auftrag, den ich ihm erfüllen soll.

Denn weder der Chef noch das Unternehmen insgesamt oder der Kunde können wissen, was gut für mich ist. Sie können nur wissen, was für sie gut ist. Der Chef braucht gute Zahlen, um einen Bonus ausgezahlt zu bekommen, das Unternehmen braucht Gewinne, um am Markt überleben zu können, und der Kunde braucht die Gegenleistung zu dem Geld, das er auf den Tisch gelegt hat. Das ist so normal wie verständlich.

Aber die Erwartung, dass diese äußeren Instanzen außerdem darauf achten, dass es mir, dem einen Glied in der Kette, gut geht, dass ich gesund bleibe und ein glückliches Privatleben führen kann, das ist eine Erwartung, die

Nein sagen ist vermutlich der beste Weg, Prioritäten zu setzen.

nicht gerechtfertigt ist! Eine Erwartung, die demjenigen schadet, der sie hat. Niemand darf die Macht über sein Wohlbefinden in die Hände Anderer geben, sobald er ein erwachsener Mensch ist und aus dem elterlichen Zuhause ausgezogen ist.

97

Klar ausgedrückt: *Die Macht und damit die Verantwortung da-für, ob ein Mensch dauerhaft Stress hat oder nicht, liegt bei jedem Menschen selbst.* Hat er die Erwartung, dass Andere für ihn sorgen, wird er Stress haben. Hat er die Erwartung, dass nur er selbst dafür sorgen wird, dass es ihm emotional und körperlich gut geht, dann kann er auch eine Einstellung zu seiner Arbeit finden, die mit seinen eigenen Prioritäten übereinstimmt. Dann sagt er im richtigen Moment Nein, um Schaden für sich abzuwenden. Und dann sagt er generell Ja zu seiner Arbeit, um Freude darin zu finden.

Denn weder der Chef noch das Unternehmen insgesamt oder der Kunde können wissen, was gut für mich ist.

Autisten und Adler

Was also unterscheidet die Einen, die Ja und Nein sagen können, von den Anderen, die machen, was Andere entscheiden, und dann darunter leiden?

Vor ein paar Jahren kam ich einmal zurück von einer Geschäftsreise. Ich hatte den Conga Award erhalten, einen der wichtigsten Preise der Weiterbildungsbranche. Das war mir nun ganz und gar nicht egal, was wohl auch daran liegt, dass ich Ehrungen und Auszeichnungen liebe. Ich kann es von Herzen genießen, einen Preis zu gewinnen, genauso wie ich es übrigens anderen Menschen von Herzen gönne, Preise zu gewinnen. Als Präsident der German Speakers Association war es eine meiner liebsten Pflichten, Preise wie den Deutschen Rednerpreis kreieren und verleihen zu dürfen. Also: An diesem Tag war mir nach Feiern zu Mute!

Als ich ins Büro kam, stellte ich den Preis auf den Tisch und lud meine Angestellten kurzerhand zum Essen ein, und zwar in ein richtig gutes Restaurant. Meiner damaligen Sekretärin schien es unmöglich mitzukommen, denn sie musste zu Hause für ihren Sohn Essen machen. Da konnte sie ja nicht kurzerhand so einfach ausgehen.

Gut, das lässt sich nachvollziehen. Aber ich hatte da eine ganz simple Lösung: Der Bub war 13 Jahre alt, also ein Kind, das man ruhig für ein paar Stunden alleine lassen konnte. Wenn er noch nicht so selbstständig erzogen war, dass er sich einfach selbst ein Brot macht, dann wollte ich ihn zu einer Pizza einladen. Ein Anruf beim Pizzaservice, Rechnung zu uns ins Büro und die Pizza in die Wohnung meiner Sekretärin, und der Junge ist versorgt. Außerdem habe ich bisher noch keinen Jugendlichen getroffen, der nicht gerne Pizza isst. Also alles bestens. Oder?

Nein. Nichts war bestens. Meine Mitarbeiterin hatte ihrem Sohn versprochen, abends da zu sein und das Essen zu machen. Und jetzt war sie nicht in der Lage, ihre Pläne zu ändern. Beinahe verdarb mir das die Freude an diesem Abend, denn ich hätte sie wirklich gerne dabeigehabt. Ich sehe das nicht einmal so, dass ihr das Butterbrot zu Hause wichtiger war als ihr Chef und sein oller Redner-Preis. So eitel bin ich dann doch nicht. Nein, ich habe einfach gesehen, dass sie überhaupt keine Entscheidung über Prioritäten treffen konnte, sie war dazu nicht in der Lage, weil sie total unflexibel war. Oder anders gesagt: unfähig, Entscheidungen zu treffen. Deshalb konnte ich ihr die Prioritäten auch nicht vorwerfen.

Diese Pizzageschichte war nur eine Episode in einer langen Reihe von Ereignissen, die mich bei ihr beinahe zur Verzweiflung brachten. Sie gehörte zu den Menschen, denen der Blick fürs Wesentliche schlichtweg komplett fehlt und die immer dann aufgeschmissen sind, wenn sich die Prioritäten einer Aufgabe ändern. Statt sich rechtzeitig um eine wichtige Flugbuchung zu kümmern, die nur in einem bestimmten Zeitfenster erledigt werden konnte, starrte sie mit Tunnelblick auf die einlaufenden E-Mails und beschäftigte sich mit dem Problem, dass einer unserer 60.000 Newsletter-Abonnenten die Bilder auf seinen Computer nicht richtig darstellen konnte. Und das nicht, weil dieses Detail wichtiger war als der Flug, sondern weil diese E-Mail nun mal gerade auf ihrem Bildschirm war. Unmittelbar vor einem Seminar stellte sie die Tischkarten korrekt auf, anstatt sicherzustellen, dass der Beamer

Sie traf keine falschen Entscheidungen, sie traf überhaupt keine.

99

tatsächlich funktionierte. Und das nicht, weil sie die Tischkarten wichtiger fand als den Beamer, sondern weil da eben gerade die Tischkarten in ihrem Blick waren. Sie traf keine falschen Entscheidungen, sie traf überhaupt keine. Davon abgesehen war sie beileibe keine schlechte Sekretärin, sie hatte ansonsten eigentlich alle Fähigkeiten, die so ein Job erfordert.

Manchmal erinnerte sie mich an diese Autisten mit Spezialbegabung, die so genannten Savants. Im Film *Rain Man* hat Dustin Hoffman einmal einen solchen gespielt und dafür den Oscar bekommen. Einige dieser Menschen können 40-stellige Zahlen in zwei Sekunden multiplizieren. Andere können nach einem kurzen Blick aus dem Fenster ein fotografisch exaktes Bild der Welt dort draußen zeichnen, in dem sogar die genaue Anzahl der Fenster und Dachschindeln stimmt. Diese Menschen haben die erstaunliche Fähigkeit, Details in unglaublich hoher Auflösung wahrzunehmen und zu speichern. Sie sind aber nicht im Stande, aus einer Tasse zu trinken, deren Henkel in eine andere Richtung zeigt als in die gewohnte. Oder anders gesagt: Viele Menschen, die schlecht darin sind, Entscheidungen zu treffen, sind unglaublich effizient in ihrem Job. Sie leisten gute Arbeit in dem Sinne, dass sie die Dinge, die sie tun, richtig und gut tun. Aber sie haben keine Ahnung, ob sie dabei überhaupt die richtigen Dinge tun.

Bei aller Effizienz sind sie gleichzeitig sehr uneffektiv, denn den Effekt ihrer Tätigkeit, die Wirkung dessen, was sie tun, können sie nicht sehen, er spielt für sie keine Rolle. Sie tun Dinge, und sie bewirken doch nichts, jedenfalls haben sie keinen Blick dafür, was sie bewirken, und sind darauf angewiesen, dass sie von jemandem mit Überblick in die richtige Richtung geschickt werden.

Um den Effekt ihres Tuns sehen zu können, bräuchten sie das, was ich den *Adlerblick* nenne. Ein Adler segelt weit oben am Himmel und kann von dort alles überblicken. Riesige Flächen kann er so kontrollieren. Wenn sich irgendwo in seinem Blickfeld ein Beutetier rührt, dann kann er fokussieren und auch aus allergrößter Höhe das Detail scharf sehen und dann präzise darauf zusteuern.

Autist oder Adler?

Mit dem Adlerblick tut man nicht nur Dinge richtig, sondern man tut außerdem das Richtige.

Wer die Welt oder seine Arbeit ab und zu wie ein Adler von oben betrachtet, der kann aus dieser Perspektive heraus Entscheidungen treffen, Ja und Nein sagen, Prioritäten setzen. Ich muss dafür allerdings zu dem, was um mich herum passiert, Distanz wahren – wenigstens eine innere. Das geht nur aus der Entspannung heraus. In der Hektik des Alltags entwickeln wir alle den *autistischen Tunnelblick*. Wir konzentrieren uns dann darauf, unsere Sache gut zu machen und effizient zu arbeiten. Aber mit dem Adlerblick, wenn ich das große Bild sehe, frage ich mich: Was ist in diesem Moment, in dieser Situation, in diesem Gesamtbild gerade wirklich wichtig?

Sie tun Dinge, und sie bewirken doch nichts.

Nur aus der Adlerperspektive sieht man die Sturmflut herannahen oder die angreifende Räuberbande. Erst aus diesem Blickwinkel kann ich entscheiden, was jetzt sofort zu tun ist und ob ich meinen ursprünglichen Plan fortsetzen soll, auf dem Acker gerade Furchen zu ziehen.

Autist oder Adler? Das ist wie der Unterschied zwischen *reagieren und agieren*. Die Einen, die die Erwartung haben, dass Andere oder eine höhere Instanz für sie sorgen, die reagieren auf die Anforderungen von außen mit großer Effizienz, stürzen sich auf das Nebensächliche und handeln fremdgesteuert. Das verursacht immer dort großen Stress in ihrem Innern, wo die eigenen Bedürfnisse mit den Anforderungen von außen kollidieren. Sie fühlen sich ausgeliefert. Sie leben von außen nach innen.

Die Anderen, die selbst entscheiden, was gut für sie ist, die entscheiden nach ihrem inneren Kompass und sie agieren danach im Außen entsprechend ihrer inneren Überzeugung. Sie entscheiden mit großer Effektivität, setzen ihre Prioritäten selbst, handeln selbstbestimmt. Sie leben von innen nach außen. Sie haben einen Blick für das Wesentliche. Und sie bekommen keinen Burnout.

Auf die Prioritäten bezogen könnte man auch sagen: Die Einen *suchen* vergeblich nach den Prioritäten im Außen. Die Anderen suchen erst gar nicht. Sie *setzen* die Prioritäten. Vergebliche Sinnsucher versus erfolgreiche Sinnsetzer. Das ist der entscheidende Unterschied in der Grundhaltung, die über Stress oder Gelassenheit entscheidet.

Wenn dann nach einem Zeitmanagement-Seminar ein Teilnehmer auf mich zukommt und mich bittet, ihm zu sagen, was denn nun in einer bestimmten Situation Priorität hat und was nicht, dann ist nicht die Antwort auf diese Frage richtig oder falsch – die *Frage* ist bereits falsch! Denn wer die Antwort auf die Prioritätenfrage haben will, der ist auf der Suche. Und der hat nicht begriffen, dass man Prioritäten nicht *suchen* kann, man kann sie auch nicht finden. Man kann sie nur *setzen*.

Vergebliche Sinnsucher versus erfolgreiche Sinnsetzer.

Ich frage mich: Was sollen da Zeitmanagement-Seminare überhaupt noch ausrichten können?

Meine Entscheidung

Wenn die Mittel knapp sind und der Bedarf groß, dann müssen *Entscheidungen* getroffen werden. Das kann manchmal hart sein. Wie hart, das können wir erahnen, wenn wir von Ärzten hören, die bei Großunfällen, Katastrophen und Kriegen massenhaft schwer Verletzte versorgen müssen. Oder wenn wir von Verfahren zur Verteilung von knappen Spenderorganen hören. Wenn klar ist, dass nicht allen geholfen werden kann, weil im Verhältnis zum Bedarf einfach nicht genügend medizinische Ressourcen da sind, müssen Ärzte eine so genannte *Triage* durchführen. Der Begriff »Triage« kommt aus der Militärsprache und ist abgeleitet vom französischen Verb »trier«, das »sortieren« oder »einteilen« bedeutet.

Genau das tun geschulte Helfer in Katastrophensituationen: Sie sortieren die Menschen, die sie behandeln müssen. Und sie müssen schnell vorgehen, denn erstens müssen möglichst viele Menschen schnell aus der Gefahrensituation gebracht werden, und zweitens steigt die Überlebenschance eines Schwerverletzten, je früher er behandelt werden kann.

In einem Katastrophengebiet soll sich nach einem gängigen Schema ein geschulter Helfer nur 20 Sekunden bis maximal eine Minute mit jedem Opfer befassen. Jedes Opfer, das gehen kann, wird sofort aufgefordert, selbstständig und ohne Hilfe die Gefahrenzone zu verlassen und sich zu einem definierten Sammelpunkt zu begeben. Diese gehfähigen Verletzten werden in die Kategorie »T3/MINOR« eingeteilt. Was nichts Anderes bedeutet als: Keine Hilfe, helft euch erst mal selbst.

Trifft der Helfer auf Opfer, die eine starke sichtbare Blutung aufweisen und deren Fingerspitzen sich nach einem leichten Druck nicht schnell wieder mit Blut füllen, was auf eine Mangeldurchblutung hinweist, werden diese in die dringlichste Kategorie »T1/IMMEDIATE« eingeteilt. Außerdem wird ein Umstehender angewiesen, mit einem Druckverband oder sonst wie ausgeübtem Druck auf die Wunde die Blutung zu stillen, bis das Opfer abtransportiert werden kann.

Das bedeutet: tot. Und zwar völlig unabhängig davon, ob das Opfer wirklich schon tot ist.

Trifft der Helfer auf ein Opfer, das mehr als doppelt so schnell atmet wie normal, also mit mehr als 30 Atemzügen pro Minute, wird dieser ebenfalls in die Sichtungskategorie »T1/IMMEDIATE« eingeteilt, denn hier liegt möglicherweise ein Schock vor, der zum Tod führen kann, wenn er nicht schnell behandelt wird. Bewusstlose, die aber noch atmen, kommen ebenfalls in die Kategorie

»T1/IMMEDIATE«. Diese drei Fälle also: starke Blutung, schneller Atem und Bewusstlosigkeit, das sind die dringendsten Fälle.

Ein Opfer mit Atemstillstand, das in der Individualmedizin normalerweise die höchste Dringlichkeit hätte und sofortige Wiederbelebungsmaßnahmen verlangen würde, wird im Katastrophenfall kurzerhand in die Kategorie »T4/DECEASED« eingeteilt. Das bedeutet: tot. Und zwar völlig unabhängig davon, ob das Opfer wirklich schon tot ist. Es hat mit hoher Wahrscheinlichkeit keine Chance, also wird es schon jetzt für tot erklärt.

Alle anderen nicht gehfähigen Schwerverletzten, die also bei Bewusstsein sind, nicht sehr stark bluten und nicht unter Schock stehen, das sind typischerweise diejenigen, die die größten Schmerzen haben und deshalb am lautesten schreien. Diese werden eingeteilt in die Sichtungskategorie »T2/DELAYED«. Das also sind die nicht dringenden Opfer, um die man sich nicht sofort kümmert, sondern die man schreiend liegen lässt, bis die T1-Fälle abtransportiert und versorgt sind. Erst dann werden die T2-Fälle geborgen und versorgt. Anschließend kümmern sich die Helfer um die T3-Fälle am Sammelpunkt. Und erst wenn die Gefahr vorüber ist, werden die Leichen geborgen.

Kategorie	Patientenzustand	Konsequenz, Behandlung
T1:	akute, vitale Bedrohung	Sofortbehandlung (*immediate treatment*)
T2:	schwer verletzt/ erkrankt	verzögerte Behandlung, Überwachung (*delayed treatment*)
T3:	leicht verletzt/ erkrankt	spätere (ggf. ambulante) Behandlung (*minor treatment*)
T4:	ohne Überlebenschance, sterbend	Sterbebegleitung (falls zeitlich möglich) (*deceased treatment*)

Sichtungskategorie (Triage): Prioritätensystem bei Massenanfall von Verletzten

Bei Kindern unter etwa acht Jahren werden noch etwas andere Vorgehensweisen empfohlen, aber insgesamt ist das beschriebene Vorgehen dasjenige, das dem Kollektiv der Opfer die größten Überlebenschancen garantiert. Und dazu gehört, einem dringend Behandlungsbedürftigen, der laut schreiend um Hilfe fleht, ein Nein entgegenzuhalten und ihn liegen zu lassen. Dazu gehört, einen Menschen, der im Sterben liegt und gerade aufgehört hat zu atmen, die Notfallmaßnahmen zu versagen und ihn einfach sterben zu lassen. *Nein sagen kann extrem hart sein*. Und natürlich auch seelisch belastend für den Helfer.

Gott sei Dank kommen die Meisten von uns nie in eine solche Situation, aber dieses Extrem macht deutlich, womit ein Nein immer verbunden ist, denn das unterscheidet sich nur graduell und nicht prinzipiell von dem Nein in einer Triage: Ein Nein ist manchmal notwendig, aber es muss gegen einen Widerstand durchgekämpft werden. Ein Nein kostet einen Preis. Ein Ja gibt es umsonst, aber ein Nein verursacht Kosten, zumeist seelische Kosten. *Trotzdem muss ein Nein manchmal sein*.

In Bezug auf mein Thema Zeitmanagement kommt es mir manchmal so vor, als seien meine Tools und Methoden vergleichbar mit den medizinischen Methoden zur Notfallversorgung und Wiederherstellung der Gesundheit. So wie die Infusion oder das Richten und Schienen eines Knochenbruchs bei einem Großeinsatz erst durchgeführt werden, wenn mittels Triage die richtige Entscheidung getroffen wurde, wer als Erstes und wer möglicherweise überhaupt nicht behandelt werden soll, so funktioniert Zeitmanagement erst dann, wenn vorher die wesentlichen Prioritätsentscheidungen getroffen worden sind.

Damit meine ich nicht nur die Entscheidungen, welche Tätigkeiten zuerst durchgeführt werden sollen – was der Sichtungskate-

> »Die große Stress-Krise unserer Gesellschaft lösen wir nicht mit Zeitmanagement.«
>
> *Lothar Seiwert*

gorie *T1 (sofort)* entspricht –, welche Tätigkeiten nachgeordnet durchgeführt werden sollen – was *T2 (später)* entspricht, auch wenn diese Tätigkeiten am dringlichsten aussehen und »am lautesten schreien« –, sondern auch, welche Tätigkeiten überhaupt nicht durchgeführt werden sollen – was *T3 (läuft von selbst)* bis *T4 (tot)* entspricht. Wer diese Einteilung von Tätigkeiten nicht hinbekommt, der schafft es

Ein Nein kostet einen Preis.

auch nicht, die noch viel grundlegenderen Lebensentscheidungen zu treffen: *Wo lebe ich? Mit wem lebe ich zusammen? Was arbeite ich? Wo arbeite ich?* Denn diese Lebensentscheidungen bedeuten immer auch ein *Nein* zu Orten, Menschen, Berufen und Situationen, gegen die man sich entschieden hat.

Wer im falschen Job arbeitet, zu dem er innerlich nicht aus vollem Herzen Ja sagen kann, und wer es nicht schafft, Nein zu sagen zu Belastungen, die seiner Gesundheit und dem seelischen Wohlbefinden schaden, dem hilft Zeitmanagement nicht. *Zeitmanagement-Methoden können Menschen nicht die Entschiedenheit in wesentlichen Dingen liefern*, sie kann nicht von außen kommen. Die Erwartungshaltung, dass die für einen Menschen wesentlichen Entscheidungen im Außen getroffen werden, durch andere Menschen oder Institutionen, ist das eigentliche Problem. Nicht die mangelnden Fähigkeiten und Instrumente zur Strukturierung des Tagesablaufs.

Die bittere Erkenntnis für mich ist: Die Menschen, die in dem geschilderten Sinn von innen heraus leben, also aus einem gefestigten Wertesystem heraus auf selbstbestimmte Weise, die brauchen keinen Zeitmanagement-Papst! Diese Menschen wenden mühelos irgendwelche Tools und Techniken an, die ihnen eben am besten liegen – und die funktionieren bei ihnen dann auch alle. Ich könnte sagen: Ob die sich nun nach den Methoden von Lothar Seiwert oder irgendwelchen anderen Methoden strukturieren, ist völlig egal, es funktioniert ohnehin.

Bei den Anderen ist dagegen in Bezug auf Zeitmanagement Hopfen und Malz verloren. Denn es ist völlig egal, welche Methode sie gerade versuchen anzuwenden, es wird nicht klappen: Auch wenn sie mithilfe der Techniken hervorragend die Leiter hochklettern, verhindern diese Techniken nicht, dass die Leiter am falschen Baum steht. Diese Menschen werden immer Stress haben, werden immer Getriebene sein, weil sie keinen inneren Kompass haben, der ihnen Hinweise gibt, wo es für sie langgeht. Es gibt nichts, was mehr Stress auslöst, als am falschen Ort zur falschen Zeit mit den falschen Dingen beschäftigt zu sein.

Die Erwartungshaltung, dass die für einen Menschen wesentlichen Entscheidungen im Außen getroffen werden, durch andere Menschen oder Institutionen, ist das eigentliche Problem.

Zusammengefasst: Ich habe fast 30 Jahre lang gedacht, ich könnte den Menschen mit besseren Methoden zum Zeitmanagement wirklich helfen, ihren Stress zu reduzieren. Und ich komme nun langsam auf den Trichter, dass zwar das Ziel immer dringlicher wird, nämlich **etwas gegen die große Stress-Krise unserer Gesellschaft zu tun**, dass aber der Weg zu diesem Ziel nicht über Zeitmanagement führt.

Den Thron des Zeitmanagement-Papstes, der mir von der Öffentlichkeit zugeschrieben wurde, verlasse ich hiermit und wende mich wesentlicheren Dingen zu. Dieses Buch ist mein erstes Buch, das kein Zeitmanagement-Buch ist. Für mich hat sozusagen eine neue Ära begonnen. Und ich hoffe, ich kann in der restlichen mir verbleibenden Lebenszeit den Menschen besser helfen als bislang.

Es gibt nichts, was mehr Stress auslöst, als am falschen Ort zur falschen Zeit mit den falschen Dingen beschäftigt zu sein.

Es tut mir leid, ich habe mich getäuscht. **So wie ich müssen wir alle Abschied vom Zeitmanagement nehmen**. Wenn wir wieder Zeit haben wollen.

- ✔ Zeitmanagement funktioniert – aber trotzdem wird der Stress in unserer Gesellschaft immer größer.

- ✔ Burnout-Patienten sind keine Opfer.

- ✔ Nicht die Anforderungen von außen, sondern die Erwartungen im Innern der Menschen sind Ursache für die Burnout-Krise.

- ✔ Auch Chefs haben Stress, wenn sie nicht souverän sind.

- ✔ Wer nicht Nein sagen kann, kann keine Prioritäten setzen.

- ✔ Wer keine Prioritäten setzt, lässt Andere über sich entscheiden.

- ✔ Wer Nein sagen kann, entscheidet selbst, was gut für ihn ist.

- ✔ Die Verantwortung, ob jemand dauerhaft Stress hat, liegt bei jedem Menschen selbst.

- ✔ Nur wer Ja zu seiner Arbeit sagt, kann Freude darin finden.

✔ Prioritäten kann man nicht suchen oder finden, man kann sie nur setzen.

✔ Nein sagen kostet einen Preis.

✔ Zeitmanagement gibt Menschen keinen inneren Kompass, sondern setzt diesen voraus.

✔ Zeitmanagement hilft deshalb nicht gegen die Stress-Krise unserer Gesellschaft.

✔ Wir alle müssen Abschied vom Zeitmanagement nehmen.

»Dynaxity« wird die Wechselwirkung von Komplexität und Dynamik genannt. Beides scheint exponentiell zuzunehmen. Aber diese Kurve kann nicht unendlich ansteigen. Wir sind bereits am Anschlag unserer Belastungsfähigkeit.

Es sieht ganz so aus, als könnten wir es uns aussuchen: Kapitulieren wir oder kollabieren wir? ... Oder gibt es vielleicht doch noch eine dritte Lösung?

Viele Menschen wollen aus ihrem Hamsterrad aussteigen. Aber sie tun es nicht. Sie reden nur davon und strampeln weiter. Das ist der Ich-bin-dann-mal-weg-Effekt: Wenn die Angst vor den Folgen zu groß ist und der zu entrichtende Preis zu abschreckend erscheint, dann ziehen die Menschen nicht aus der stressigen Stadt fort, sondern lesen lieber die Zeitschrift Land-lust (Auflage: über 800.000 Exemplare).

Und dann wandern sie nicht selbst nach Santiago de Compostela, um den Kopf frei zu bekommen, sondern lesen Hape Kerkeling (Auflage: über 4 Millionen Exemplare). Wenn ich mich fürchte, selbst konsequent, sinnvoll und selbstbestimmt zu leben, na, dann schneide ich mir eine Scheibe vom konsequenten, sinnvollen und selbstbestimmten Leben einiger Vorbilder ab – damit schöpfe ich genug Kraft, um morgen wieder weiterzustrampeln ...

Wovor haben die Leute eigentlich Angst?

Dynaxity bis zum Kollaps

Irgendwann begann die Wirtschaft das Leben zu *takten*. Natürlich, viel gearbeitet wurde schon immer. Aber es änderte sich plötzlich der Charakter der Arbeit: Die tägliche »freie« Zeit, die für einen Menschen noch unverplant zu gestalten war, reduzierte sich plötzlich und wurde abgelöst von immer mehr Terminen.

Termine? Immer mehr Verabredungen mit anderen Menschen, um Informationen auszutauschen. Und zwar wirtschaftlich relevante Informationen, die mittelbar oder unmittelbar den Austausch von Waren betreffen: Wann wird gehandelt? Wie viel wird gehandelt? Zu welchem Preis kann gehandelt werden? Wer kauft was und welche Mengen und welche Qualität? Kunden werden getroffen. Mit Lieferanten wird verhandelt. Mit Geschäftspartnern wird konferiert.

Termine bedeuten, dass der Mensch zu einer bestimmten Zeit an einem bestimmten Ort zu sein hat. Seine Anwesenheit ist festgelegt, er muss sich dem fügen – oder den fälligen Preis bezahlen: Wichtige Informationen fehlen, die Beziehung zum Geschäftspartner leidet, ein Geschäft geht möglicherweise verloren. Mittels Terminen bekommt die Uhr Macht über die Menschen. Ja, natürlich, die Termine werden vom Menschen selbst gemacht. Aber sobald die Zeit verplant ist und andere Menschen per Verabredungen darin involviert sind, ist die Freiheit für diesen bestimmten, festgelegten Zeitraum dahin. Die Entscheidung über die Verwendung dieses Stück Lebens ist getroffen. *Termine verändern das Leben*!

Wann ist diese Veränderung der Welt im großen Stil passiert? Die Rede ist nicht von der Ökonomisierung des Lebens durch die Vorherrschaft des internationalen Finanzwesens, gemeint ist nicht die Wall Street und die Herrschaft des Geldes. Ich meine auch nicht die Industrialisierung und die Umwälzungen des damals neuen Konzepts der Fabrik. Nein, ich meine etwas viel Älteres: Die Zeit, in der die Wirtschaft begann, das Leben zu *takten*, ist 10.000 Jahre her.

Als in den von der Natur begünstigten, durch neue Bewässerungstechniken beförderten und darum landwirtschaftlich für damalige Verhältnisse extrem erfolgreichen Gegenden in Kleinasien die Überschüsse der bäuerlichen Gesellschaft immer größer wurden, bekamen die Menschen die Gelegenheit, sich Gedanken über die Verwendung von zwei Dingen zu machen: Erstens die erzeugten *Waren* – wie könnte man jetzt, da man deutlich mehr produzieren konnte, als man zum Überleben brauchte, diese Waren möglichst gewinnbringend eintauschen? Zweitens die *Zeit* – wie könnte man jetzt, da man nicht mehr rund um die Uhr für das unmittelbare eigene Überleben arbeiten musste, diese neue »freie« Zeit möglichst gewinnbringend einsetzen (zum Beispiel, indem man Waren möglichst gewinnbringend eintauscht)?

Mittels Terminen bekommt die Uhr Macht über die Menschen.

Um beides zu optimieren, begannen die Menschen, sich in größeren Ansiedlungen zusammenzufinden, die über die gesellschaftliche Organisation von Dörfern weit hinausging. Hier konnte man sich schneller treffen und sich besser zu geschäftlichen Terminen verabreden. Hier konnte man sich arbeitsteilig vernetzen, sich spezialisieren, sich koordinieren. Die ersten Städte entstanden, beispielsweise Jericho. Der Marktplatz war das wahre Zentrum der Stadt, der Handel von Waren der Anlass und die Voraussetzung, dass überhaupt auf so engem Raum eine Zahl von tausenden von Einwohnern zusammenleben konnte. Das war ein Wendepunkt für die Menschheit.

Das Leben bestimmten fortan nicht mehr die naturgegebenen Zeitpunkte, die den Zeitpunkt des Aufstehens am Morgen oder des Zubettgehens am Abend, den Beginn der Aussaat, den Start der Ernte, die Zeiten der Fütterung des Viehs oder des Melkens oder des Schlachtens markierten. Stattdessen machten die Menschen *miteinander* Termine. Und wirtschaftlich erfolgreich waren diejenigen, die in der Lage waren, mehr Informationen in kürzerer Zeit aufzunehmen und darauf adäquat zu reagieren. Wer also mehr Termine schaffte und deren Einhaltung besser im Griff hatte, war klar im Vorteil. *Zeitmanagement*, frisch geschlüpft!

Wir können wohl mit einiger Logik davon ausgehen, dass das neue Denken in Terminen und Geschäftsabschlüssen und der zunehmende Informationsaustausch unter den Menschen damals zum ersten Mal in der Geschichte der Menschheit eine sprunghafte Zunahme der Komplexität und der Geschwindigkeit des Lebens verursachte. Um einen sehr aktuellen Terminus aufzugreifen: Die *Dynaxity*, also die *Kombination aus Dynamik und Komplexität* des Lebens, nahm stark zu.

Das war ein Wendepunkt für die Menschheit.

Jericho war der Startschuss. Seitdem gibt es Städte. Und seitdem nimmt die Größe der Städte und die Dynaxity in den Städten immer weiter zu. Wir befinden uns seit 10.000 Jahren auf einem Beschleunigungstrip. Denn an der ständigen Zunahme von Informationsmengen, Vernetzungsgraden und Verarbeitungsgeschwindigkeiten hat sich bis heute nichts geändert. So wie damals gilt auch heute noch, dass die Geschwindigkeit und die Komplexität des Lebens zunehmen, je größer die Anzahl der Menschen ist, die auf engem Raum zusammenlebt. Und in letzter Zeit *dreht sich das Rad offenbar immer schneller*! Das kann man sogar messen.

> *Wir befinden uns seit 10.000 Jahren auf einem Beschleunigungstrip.*

Termindruckkessel

Mit dem britischen Psychologen Richard Wiseman teile ich die Leidenschaft fürs Zaubern. Gemeinsam sind uns außerdem zwei Dinge: Er und ich haben jeweils schon den einen oder anderen Bestseller publiziert. Und er und ich interessieren uns für die *Geschwindigkeit des Lebens*.

Wiseman fand in Zusammenhang mit Letzterem eine ältere Studie von 1994, in der die Gehgeschwindigkeit von Fußgängern in verschiedenen Städten untersucht worden war. Damals stellten Wissenschaftler fest, dass das Tempo des Gehens auf der Straße im Zentrum einer Stadt gute Rückschlüsse auf die Geschwindigkeit des allgemeinen Lebensrhythmus in dieser Stadt zuließ. Es wurden außerdem weitere interessante Zusammenhänge gefunden, beispielsweise, dass Menschen, die in Städten mit höherer Gehgeschwindigkeit leben, zu weniger Hilfsbereitschaft neigen. Und außerdem mit einer höheren Wahrscheinlichkeit an Herzkrankheiten leiden. Man könnte kühn zusammenfassen: Je höher die Gehgeschwindigkeit, desto größer scheint der Stress in einer Stadt zu sein. Ohne etwas über Ursache und Wirkung auszusagen, scheint die Gehgeschwindigkeit ein interessanter Indikator zu sein.

Fand jedenfalls Richard Wiseman. Für sein Buch **Quirkology**, das er ungefähr zehn Jahre nach diesen Forschungsergebnissen vorbereitete, setzte er eine Wiederholung der Studie an. Dabei wurden in 32 Städten rund um den Globus die Zeiten gemessen, in denen Fußgänger eine Strecke von 20 Metern zurücklegten. Da an denselben Orten mitten in den Innenstädten, zu denselben Tageszeiten und an denselben Wochentagen gemessen wurde wie zehn Jahre zuvor, ließen sich die Zeiten sinnvoll miteinander vergleichen. Was er herausfand: In diesen lediglich zehn Jahren um die Jahrtausendwende herum hatte sich die **Gehgeschwindigkeit** der Menschen durchschnittlich um ungefähr 10 Prozent **beschleunigt**!

Die Menschen scheinen heute signifikant mehr Druck zu haben als noch vor zehn Jahren, was sie zu einem **höheren Lebenstempo** veranlasst. Und noch mehr ließ sich aus den Zahlen gewinnen: Je

größer eine Stadt, desto größer die Geschwindigkeit, je schneller eine Stadt wächst, desto größer die Geschwindigkeit. Aber auch: Je weiter nördlich auf dem Globus beziehungsweise je kühler das Klima, desto größer die Geschwindigkeit.

Der allgemeine subjektive Eindruck, den man heute allerorten hören kann, dass das Tempo in unserer Welt immer weiter zunimmt, bekommt durch diese Studie eine greifbare Kennzahl. Weitere Zahlen untermauern die Dramatik der *Dynaxity-Aufwärtsspirale*: Nach einer Untersuchung von Werner Marx und Gerhard Gramm vom Max-Planck-Institut für Festkörperforschung in Stuttgart lebten um das Jahr 1650 noch weniger als 1 Million Menschen mit wissenschaftlich-technischer Ausbildung auf der Erde. In den nachfolgenden drei Jahrhunderten bis zum Jahr 1950 stieg die Zahl auf 10 Millionen. Und in den lediglich 50 Jahren bis zum Jahr 2000 verzehnfachte sich diese Zahl nochmals auf 100 Millionen Menschen.

All diese hochgebildeten Menschen forschen, denken, schreiben, publizieren, lesen, halten Vorträge, entwickeln Produkte – und treiben damit die Wissens- und Informationsgesellschaft weiter an. Die Entwicklung der Anzahl der wissenschaftlichen Publikationen untermauert das: Vor 150 Jahren gab es ungefähr 1.000 wissenschaftliche Zeitschriften. Heute ungefähr 200-mal so viele.

Es ließen sich noch viele Zahlen finden, mit denen man zeigen kann, dass sich das Tempo aller möglichen Entwicklungen in der menschlichen Zivilisation in den letzten Jahrzehnten

> *Die Menschen scheinen heute signifikant mehr Druck zu haben als noch vor zehn Jahren.*

stark beschleunigt hat. Immer wieder ist in diesem Zusammenhang von exponentiellen Kurven die Rede, also von Kurven, deren Wachstum sich immer weiter beschleunigt, bis sie ins Unendliche streben. Aber in diesem Streben Richtung unendlich steckt bereits die Logik, dass das nicht ewig so weitergehen kann. Immer mehr und mehr und immer schneller und schneller, das geht einfach nicht. Die Frage ist nur: Wann bricht die Kurve ab?

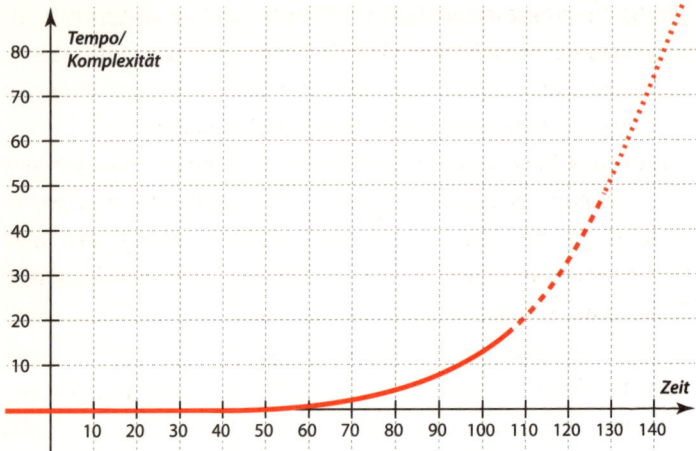

Es gibt viele Anzeichen dafür, dass die Grenzen des von den Menschen Verkraftbaren mittlerweile erreicht sind. Die überall beschriebene explosionsartige Zunahme der Stresskrankheiten ist nur ein Indiz dafür.

Eigentlich gibt es nur zwei Möglichkeiten: Entweder wir zwingen die *Dynaxity-Kurve* zum Abflachen, indem wir den Fuß vom Gaspedal nehmen, aus dem Hamsterrad aussteigen und zu einem Lebensstil finden, der körperliche, geistige und seelische Stabilität für das Individuum ermöglicht. Oder die Dynaxity-Kurve wird ganz automatisch abflachen, weil unsere Produktivität einknickt und unsere Zivilisation im kollektiven Burnout zusammenbricht. Wir scheinen die Wahl zu haben: *Entweder wir bremsen selbst oder wir werden ausgebremst.*

Die Frage ist nur: Wann bricht die Kurve ab?

Exponentielle Kurven gibt es in der Natur immer nur kurzfristig. Biologische Populationen beispielsweise können explosionsartig wachsen, aber nur für kurze Zeit, denn das Wachstum selbst beeinträchtigt immer auch die Grundlagen des Wachstums und entzieht der Exponentialkurve den Boden. Langfristig streben alle Wachstumskurven auf einen Gleichgewichtszustand zu. Die Wachstumsraten beginnen zu fallen, die steil ansteigende Kurve flacht sich ab, die Wachstumsgeschwindigkeit geht irgendwann gegen null, bis ein Plateau erreicht ist. Der Graf sieht dann aus wie eine S-Kurve, am Anfang immer steiler, am Ende immer flacher, und wird dann nicht mehr exponentiell, sondern logistisch genannt.

Und tatsächlich gibt es inzwischen Anzeichen, dass wir uns bei der **Zunahme von Dynamik und Komplexität** derzeit irgendwo in der Mitte dieser logistischen S-Kurve befinden. Wer genauer hinschaut, kann das sehen: Wenn wir beispielsweise das Wachstum der wissenschaftlichen Information nicht mit dem Wachstum des Wissens gleichsetzen, sondern davon ausgehen, dass bei immer mehr Veröffentlichungen von immer mehr Wissenschaftlern zwangsläufig auch viel Quatsch,

*Und siehe da:
Nicht alles, was gackert,
legt auch Eier.*

Abgeschriebenes und Redundantes publiziert wird, dann ist nachvollziehbar, warum beispielsweise der österreichische Wissenschaftshistoriker Franz Graf-Stuhlhofer davon ausgeht, dass sich unser Wissen lediglich in 100 Jahren einmal verdoppelt, und zwar konstant mit dieser Rate, nicht etwa immer weiter zunehmend. Graf-Stuhlhofer schaute sich einfach an, wie sich der Umfang von Lehrbüchern entwickelte, wie viele wirklich bedeutende Entdeckungen im Lauf der Zeit gemacht wurden und wie viele

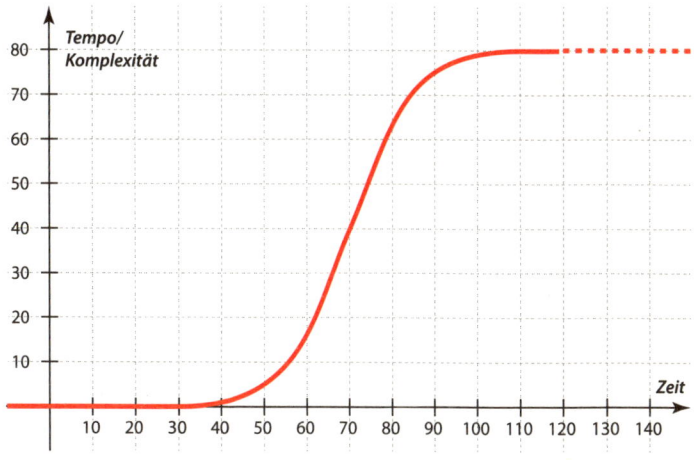

berühmte und erfolgreiche Forscher es gab. Er berücksichtigte also nicht nur die Quantität der Information, sondern auch die Qualität des Wissens. Und siehe da: Nicht alles, was gackert, legt auch Eier.

Diese Perspektive finde ich bemerkenswert, denn sie gibt Anlass zu Gelassenheit: Auch wenn die Zahl der Informationen derzeit möglicherweise noch immer explosionsartig wächst, sieht es so aus, als ob der Gehalt der Informationen in gleichem Maße nachließe. So dass heute mit gutem Gewissen geraten werden kann: Du musst nicht alle Informationen aufnehmen, es ist immer mehr heiße Luft dabei! *Habe Mut zur Lücke!* Das gilt nicht nur für das Feld der Wissenschaft, sondern auch im Business-Alltag und in der Freizeit.

Und das ist nicht nur eine Randnotiz, sondern damit ändert sich alles! Denn wenn in den letzten 10.000 Jahren derjenige im Vorteil war, der möglichst viele Informationen aufnehmen, Termine koordinieren und Verpflichtungen managen konnte, so ist ab sofort offenbar derjenige im Vorteil, der am geschicktesten Informationen bewusst nicht aufnimmt, Termine clever vermeidet und Verpflichtungen elegant aus dem Weg geht. Mut zur Lücke!

> »Ab sofort ist derjenige im Vorteil, der Informationen gekonnt *nicht* aufnimmt, Termine clever reduziert und Verpflichtungen elegant vermeidet. Mut zur Lücke!«
>
> *Lothar Seiwert*

Was wir also brauchen, sind Ventile, um aus dem *Dynaxity-Druckkessel* den Dampf entweichen zu lassen. Wir brauchen auf der individuellen Ebene praktikable Möglichkeiten, mit dem Tempo und der Komplexität des Alltags, insbesondere im Beruf, besser umzugehen.

Was genau heißt das? Zeitmanagement ist ja offensichtlich keine Lösung mehr, so viel ist klar. Wir müssen anders leben. Nur: Wie muss sich unser Lebensstil konkret verändern? Was bedeutet es für den Einzelnen, »Mut zur Lücke« zu beweisen?

Mut zur Lücke!

Ja, *wir brauchen Entschleunigung und Vereinfachung,* das gibt jeder zu. Aber wie soll es denn gehen? Das ist alles nett dahergesagt, aber in Wahrheit versuchen die Leute heute ja eher, verzweifelt am Ball zu bleiben und sich der zunehmenden Dynamik und Komplexität anzupassen, und sei es auf Kosten von Gesundheit und Glück. Drehen die Leute vielleicht trotzdem weiter am Rad, weil sie Angst davor haben, aus der Dynaxity-Spirale auszusteigen? Wo man Mut braucht, ist Angst. Das liegt schon in der Definition des Begriffs »Mut«. Aber Angst wovor eigentlich?

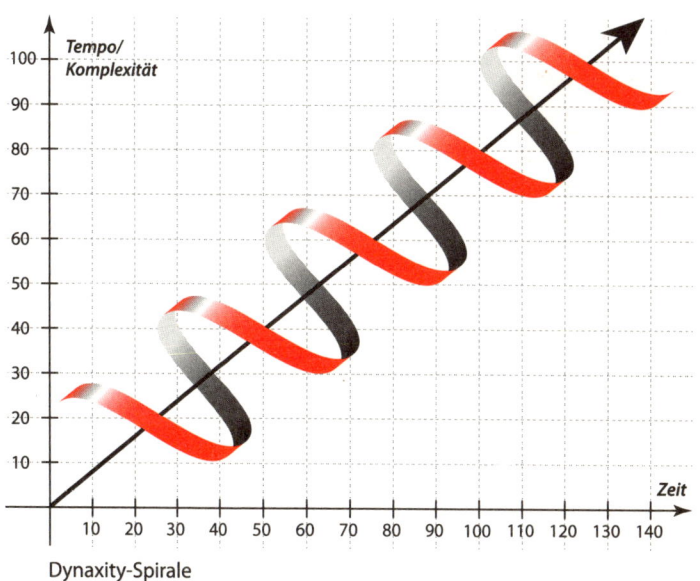

Dynaxity-Spirale

Gründe zu leben, Gründe zu sterben

Sein Name tut nichts zur Sache. Er ist Nachrichtensprecher bei einem großen Fernsehsender. Wir haben uns einmal bei einer fruchtbaren Zusammenarbeit kennen- und schätzen gelernt. Beiderseitig begeistert von unseren Leistungen, freundeten wir uns anschließend an.

Er ist ein liebenswerter, furchtbar netter Kerl. Das haben auch schon andere gemerkt, weshalb es ein Leichtes war, ihm das jährliche große Sommerfest aufs Auge zu drücken. Ein solches Fest bedeutet eine Herkulesaufgabe an Organisation. Jeder, der so etwas Ähnliches schon einmal organisiert hat, weiß, wie viel Arbeit monatelang hinter den Kulissen geleistet werden muss, bis so ein Firmenfest steht und rund läuft. Und dabei ist es die undankbarste Aufgabe der Welt! Denn am Ende bekommt man zwar einen Blumenstrauß, weil man so fleißig war, aber das Maß an Ansehen und Anerkennung, das durch diesen Job gemehrt werden kann, steht in keinem Verhältnis zur aufgebrauchten Zeit und zum Verlust an Nerven. Und natürlich hat jeder was zu meckern, man kann sich mit Entscheidungen herrlich in die Nesseln setzen, Ärger ist vorprogrammiert. Ob die Band, das Showprogramm, die Atmosphäre, das Essen oder überhaupt die ganze Räumlichkeit, jeder weiß hinterher genau, wie man es hätte besser machen können. Sommerfest organisieren? Du machst dir keine Freunde ... Aber er übernahm es trotzdem. Klaglos.

Wo man Mut braucht, ist Angst.

Sommerfest organisieren? Du machst dir keine Freunde ...

Ich fragte ihn: Warum machst du das? Und er hatte sogar noch die Energie, sich nachträglich gute Gründe auszudenken und seinen Einsatz zu rechtfertigen. Wer wünscht sich nicht solche Kollegen?

Das Muster zog sich wie ein roter Faden durch sein Berufsleben. Jeder, der Menschen kennt, die im wechselnden Schichtdienst arbeiten, weiß, was es bedeutet, nachts zu arbeiten. Am schlimmsten sind die Rhythmuswechsel: mal Tagschicht, mal Nachtschicht. Kein Rhythmus. Das ist einfach nur ungesund. Auf Dauer macht da jeder Organismus schlapp, egal wie robust man ist. Das ist allgemein bekannt und zur Genüge wissenschaftlich untersucht.

Auch bei den Nachrichtensprechern gibt es dieses Phänomen der wechselnden Schichten, denn es müssen ja alle Zeiten abgedeckt werden. Wer war also derjenige, der immer wieder die Spätnachrichten las? Na klar.

Wir alle waren gut drauf und bester Dinge, fühlten uns quicklebendig und standen voll im Saft.

Er kam einfach nicht aus seiner Rolle heraus. Er war einfach zu nett. Das Muster war: Er konnte nicht Nein sagen.

Einmal hatte ich ihm bei einer Veranstaltung eines sehr geschätzten Kollegen von mir einen guten Job als Moderator vermittelt. Es war ein ungewöhnliches Format am Freitagabend und dauerte bis nachts um 1 Uhr. Natürlich saßen wir alle hinterher noch zusammen an der Bar – bis morgens um 3 Uhr. Er, der Moderator, war mit von der Partie. Wir alle waren gut drauf und bester Dinge, fühlten uns quicklebendig und standen voll im Saft. Was haben wir gelacht an diesem Abend!

Am Samstag ruhte ich mich aus. Am Sonntag bekam ich eine SMS. Meinen Freund, den Nachrichtensprecher, hatte es am Samstag umgehauen. Notarzt. Krankenhaus. Intensivstation.

Ein paar Tage später stand ich vor seinem Bett. So etwas Deprimierendes hatte ich noch nie gesehen. Ein Bett neben dem anderen, dazwischen mobile Vorhänge. Schläuche, Beutel, Bildschirme, Pumpen, Kabel. Und auf den Betten bewegungslose Körper.

Da lag er. Halbseitig gelähmt, gerade noch am Leben. Schlaganfall.

Einige Wochen später sah ich ihn wieder. Da war er auf der zweiten Stufe seines Weges zurück ins Leben. Er lag mittlerweile auf einer normalen Krankenstation, war bei vollem Bewusstsein und hatte realisiert, dass er vieles nicht mehr konnte: nicht mehr richtig greifen, nicht mehr richtig gehen und vor allem – nicht mehr richtig sprechen. Und das als Nachrichtensprecher! Ich weiß nicht, was deprimierender war, die Intensivstation oder dieser wissende Blick, dass das Leben, wie er es kannte, nun vorbei war.

Stufe 3: Reha. Als privat Versicherter hatte er es gut erwischt, die Klinik in der Nähe von Frankfurt war wirklich schön. Ich war auf Besuch und konnte ihn im Park herumschieben, im Rollstuhl. Das war überraschenderweise ganz schön anstrengend. Schau mal, dieser kleine See, meinte er. Ach, wäre das schön, wenn ich ihn alleine umrunden könnte. Er war ins Nachdenken gekommen. Wir redeten. Was ihm wirklich wichtig ist, wie er das Neinsagen lernen könnte, wie er haushalten lernen würde und so weiter.

Sein Job war ihm sicher. Die Sendeanstalt war so groß und behördenähnlich, dass er die Chance hatte, sich zurück in den Job zu arbeiten. Das machte er auch, mit großer Ausdauer über ein ganzes Jahr hinweg. Bewundernswert! Es ist so schwer und frustrierend, sich nach einem solchen Schlaganfall die volle Mobilität und die Kontrolle über die Körperfunktionen wieder zu erarbeiten. Die Koordination, das Greifen, das Sprechen, alles muss mühsam neu antrainiert werden. Das ist alles nicht so einfach.

Da lag er. Halbseitig gelähmt, gerade noch am Leben. Schlaganfall.

Für ihn als Sprecher ist das besonders schwierig. Die Restlähmung verhindert auch nach vielen Monaten Training, dass alle Laute hundertprozentig ausgeformt werden. Aber es gibt Nischen als Sprecher, beispielsweise müssen ja die Reportagen aus dem Ausland nachträglich vertextet und gesprochen werden. Das ist für ihn eine Möglichkeit, langsam und stufenweise wieder zurück in den Job zu kommen. Er ist auf dem Weg.

Und heute sieht er vieles anders als zuvor. Was ich ihm früher über Zeit, Rhythmus, Prioritäten setzen, Nein sagen und so weiter gesagt hatte, hatte ihn vor seinem Schlaganfall lediglich fasziniert – aber es hatte keinen wirklichen Einfluss auf seinen Lebensstil. Jetzt, nachdem er einen allzu hohen Preis bezahlt hatte, nahm er die Sachen ernst und versuchte sie in seinem Alltag umzusetzen.

Dieses Drama meines Freundes hat mich tief berührt. Ich stellte mir zwei Fragen: Wenn der eine die Predigt wohl gehört und ihr Beifall gezollt hat, sie aber schlicht verrauchen ließ, ohne dass sie zu einer wirklichen Veränderung seines Lebens geführt hätte, wie ist das dann bei dem Prediger selbst? Höre ich, der Zeitmanagement-Prediger, meine eigenen Worte, finde sie vollkommen richtig und mache trotzdem in meinem eigenen Leben vor lauter Ehrgeiz und Streben nach Anerkennung einen Mordsstress? Als ich meinen Freund im Park herumschob, war ich so erschüttert, dass ich begann, meinen eigenen Lebensstil infrage zu stellen. Bin ich bald der Nächste, den es umhaut? Das Wissen um die Zusammenhänge würde mich nicht davor schützen, so viel war klar.

Und die zweite Frage: Was hält die Leute davon ab, ihr Verhalten und ihren Lebensstil zu ändern, obwohl sie vollkommen begriffen haben, wie ungesund sie leben? Warum erfordert es so großen Mut, das Leben zu ändern? Wovor haben die Menschen Angst? Wovor hatte mein Freund Angst? Wovor hätte ich Angst?

Bei mir selbst ist es einfach: Eines meiner stärksten *Lebensmotive* ist das Streben nach Prestige, Status und öffentlicher Anerkennung. Deshalb auch meine positive Beziehung zu all den Preisen und Awards, die ich erhalten habe, deshalb mein Drang zur großen Bühne und zum Applaus, deshalb meine Energie, als Autor hohe Auflagen zu erzielen. Natürlich habe ich auch noch weitere unterstützende Motive, beispielsweise Ehre und das Bedürfnis, mich moralisch integer zu verhalten, oder Beziehungen und das Bedürfnis nach Freundschaft. Auch Neugier und das Bedürfnis nach kognitivem Anspruch sowie Ordnung und das Bedürfnis nach Struktur spielen bei mir eine große Rolle. Kein Mensch ist nur getrieben von einem singulären Motiv. Aber meistens sticht eines heraus. Und weil bei mir dieses eine Motiv des Strebens nach öffentlicher Anerkennung so stark ist, wäre ein Verzicht auf die Bühne ein enorm hoher

Als ich meinen Freund im Park herumschob, war ich so erschüttert, dass ich begann, meinen eigenen Lebensstil infrage zu stellen.

Preis für mich. Was für andere vollkommen unverständlich klingt, ist für mich eine ganz normale Bewertung: Für öffentliche Anerkennung bin ich bereit, eine Menge in die Waagschale zu werfen. Die Versuchung, mein dominierendes Lebensmotiv auf Kosten meiner Gesundheit auszuleben, ist hoch, und ich bin da nicht immer vernünftig, sondern durchaus immer wieder bereit, meine körperlichen Grenzen auszuloten. Ich gebe es zu.

So ist es auch bei anderen Menschen, nur variieren die *Motive*: Leistung und Zugehörigkeit sind ebenfalls enorm starke Lebensmotive, die Menschen an die Grenze der Belastbarkeit bringen. Das Streben nach Leistung ist in seiner Umkehrung die Angst vor dem Versagen. Der Preis für einen Verzicht auf Leistung ist für solche Menschen unerträglich hoch, denn ihre Angst ist, dann als Versager zu gelten, nicht mehr geschätzt, gemocht, geliebt, sondern verachtet zu werden. Diese Menschen haben möglicherweise schon früh im Leben gelernt, dass sie nur okay sind, solange die Leistungen stimmen. Ich kenne viele solcher Menschen. Für ihre Leistungen bekommen sie natürlich auch Anerkennung. Dafür bewundere ich sie, klar, das ist aus meiner Perspektive das, was ich sehe. Aber das ist ihnen merkwürdigerweise gar nicht wichtig, denn sie können sich gar nicht feiern lassen, der Applaus ist für sie keine Belohnung. Wichtiger sind die Leistungskennziffern: Wie viele Kunden, wie viele Termine, wie viele Euros habe ich geschafft? Und bin ich jetzt noch die Nummer 1?

Ist das Motiv zu dominierend und zu wenig reflektiert, kann das einen Menschen dazu bringen, seinen Körper quasi zu verheizen, bis dieser die Notbremse zieht, einfach, um nicht zu sterben. Bei meinem Freund, dem Nachrichtensprecher, war es das Motiv der Zugehörigkeit beziehungsweise in seiner Umkehrung die Angst vor dem sozialen Harmonieverlust. Ein Nein, das bisweilen sehr gesund für ihn gewesen wäre, war für ihn mit aus seiner Perspek-

> *Die Versuchung, mein dominierendes Lebensmotiv auf Kosten meiner Gesundheit auszuleben, ist hoch.*

gering ausgeprägt	Motiv	hoch ausgeprägt
geführt, dienstleistungsorientiert	**Macht**	führend, entscheidend
team- & konsensorientiert	**Unabhängigkeit**	unabhängig, autark
praktisch, umsetzungsorientiert	**Neugier**	wissbegierig, intellektuell
flexibel, spontan	**Anerkennung**	perfektionistisch, sensibel
großzügig, gebend	**Ordnung**	planvoll, organisiert
ziel- & zweckorientiert	**Sparen / Sammeln**	sparsam, bewahrend
realistisch, pragmatisch	**Ehre**	prinzipientreu, loyal
zurückgezogen, Nähe vermeidend	**Idealismus**	idealistisch, altruistisch
partnerschaftlich, familiär unabhängig	**Beziehungen**	gesellig, kontaktfreudig
bescheiden, unauffällig	**Familie**	fürsorglich, kümmernd
harmonieorientiert, ausgleichend	**Status**	elitär, herausstechend
asketisch, nüchtern	**Rache / Kampf**	wettbewerbsorientiert, kämpferisch
geführt, dienstleistungsorientiert	**Eros**	sinnlich, ästhetisch
hungerstillend, eintönig essend	**Essen**	genussvoll, kulinarisch
bequem, gemütlich	**Körperliche Aktivität**	sportlich, athletisch
stressrobust, risikobereit	**Emotionale Ruhe**	stresssensibel, ängstlich

Die 16 Lebensmotive nach Steven Reiss (Quelle: www. institut-fuer-lebensmotive.de)

127

tive unglaublich hohen emotionalen Kosten verbunden, denn er fürchtete, nicht mehr gemocht zu werden, sobald er sich einem an ihn herangetragenen Wunsch verweigerte. Auch wenn es unvernünftig klingt: *Für dominierende Lebensmotive sind wir alle bereit, uns in anderen Lebensfeldern zu schaden.* Nur liegen die Motive eben bei jedem anders verteilt.

Dr. Steven Reiss, emeritierter Professor für Psychologie und Psychiatrie an der Ohio State University, ist für seine Arbeit weltberühmt geworden. Auch in Deutschland werden seine »Reiss-Profile« derzeit immer einflussreicher, vor allem im Personalwesen. Er destillierte aus tausenden untersuchten Einzelaussagen von Menschen mittels statistischer Verfahren *16 grundlegende Lebensmotive* heraus: die wesentlichen Triebfedern für alles, was wir tun – und auch für alles, was wir lassen.

Wenn wir also bereit sind, wider besseres Wissen im Hamsterrad weiterzurennen, also *nicht* bereit sind, unser Leben so zu verändern, dass es langsamer und einfacher wird, wenn wir weiter auf der Exponentialkurve nach oben jagen und nicht bereit sind, in die logistische Kurve überzuwechseln, dann tun wir das, weil wir dafür im Wesentlichen einen von vier Gründen haben: Entweder weil wir nach Anerkennung, sozialer Akzeptanz und Zugehörigkeit streben. Damit einher geht unser Streben, Kritik und Ablehnung zu vermeiden. Oder weil wir nach Macht, Erfolg und Einfluss streben und das Bedürfnis haben, andere unserem Willen zu unterwerfen. Oder weil wir nach Besitz und dem Anhäufen materieller Güter streben. Oder weil wir nach Status, Prestige, Titeln und öffentlicher Aufmerksamkeit streben.

Wie viele Kunden, wie viele Termine, wie viele Euros habe ich geschafft?

Zugehörigkeit, Erfolg, Geld und Prestige, das sind vier der 16 Lebensmotive nach Steven Reiss, vier sehr stark und häufig mit *Stress und Burnout* verbundene Lebensmotive. Im Einzelfall gibt es noch andere Motive, die im Hamsterrad eine Rolle spielen können, beispielsweise das Motiv der Rache mit dem Bedürfnis, mit jemandem abzurechnen, oder das Motiv des Idealismus mit dem Bedürfnis nach sozialer Gleichheit.

Unser Verhängnis liegt also in den *Lebensmotiven* – aber in ihnen liegt auch unser Ausweg. Wenn wir nämlich ein ganz bestimmtes Motiv aus dem Dornröschenschlaf erwecken könnten, das in der Lage ist, die stressanziehenden Motive auszugleichen, dann könnten wir aus der Dynaxity-Spirale aussteigen, ohne als Preis dafür unser bisheriges Leben zu opfern. Anstatt unsere zentralen Bedürfnisse zurückzuschrauben – was in Wirklichkeit niemand tun wird, weil diese Bedürfnisse schlicht zu stark sind und zu sehr unsere Identität prägen –, sollten wir lieber ein weiteres Lebensmotiv hegen und pflegen und groß machen. Es ist dasjenige der Lebensmotive nach Steven Reiss, das in allen deutschsprachigen Darstellungen immer als Letztes genannt wird, einfach weil es im Alphabet an letzter

Zugehörigkeit, Erfolg, Geld und Prestige.

Stelle kommt. Und meine Vermutung ist, dass es bei allen Menschen, die einerseits enorm leistungsfähig, aber andererseits überhaupt nicht burnoutgefährdet sind, stark ausgeprägt ist: Ich meine das Lebensmotiv der Unabhängigkeit mit dem Bedürfnis nach Autarkie und Souveränität.

Meinem Freund hätte dieses Motiv geholfen, die ihn umgebenden Abhängigkeiten aufzulösen, zumindest abzuschwächen. Es hätte seinen Mut gefördert, öfter Nein zu sagen.

Allerdings: Auch wenn unser Streben nach Unabhängigkeit groß ist, ist das erst die halbe Miete. Unabhängigkeit alleine genügt noch nicht, um damit aufzuhören, permanent unsere eigenen Grenzen zu überschreiten. Ich kenne das von mir selbst ...

Wann springen wir aus dem Wasser?

Warum auch immer ich das tat, aber einmal hielt ich an einem einzigen Tag an drei verschiedenen Orten drei unterschiedliche Vorträge. Das war einerseits ein völlig bescheuertes Vorhaben, weil das natürlich des Guten schlicht zu viel ist. Niemand hatte mich dazu gezwungen, und es war auch keine Frage des Honorars. Aber irgendwie reizte mich die Herausforderung, das rein logistisch-organisatorisch hinzubekommen.

Zwei Vorträge an einem Tag, das kommt bei mir wie auch bei einigen meiner Kollegen häufiger vor. Das geht. Zwei Halbzeiten lang ist man als Fußballer fit, dafür trainiert man ja auch. Aber wenn man dann direkt anschließend noch eine volle dritte Halbzeit spielen müsste und dazu noch jede der drei Halbzeiten in einem anderen Stadion, alle auswärts natürlich, dann würden auch bei austrainierten Fußballerbeinen irgendwann die Muskeln zumachen und die Spieler würden sich nach einem letzten Sprint in Krämpfen auf dem Rasen wälzen – oder die Muskelfasern würden im letzten Zweikampf einfach reißen.

Ich wusste, es geht nicht, drei Vorträge an einem Tag sind nicht zu schaffen. Also machte ich es.

Das Ergebnis? Grenzwertig! Dreimal an einem Tag den Zügen nachjagen, einen davon nicht bekommen, der unbändige Druck, trotzdem pünktlich zu sein, sich jedes Mal neu auf örtliche Gegebenheiten und auf neue Leute einstellen … ich konnte mir dabei zusehen, wie ich im Laufe des Tages immer abgespannter wurde, immer genervter. Die voll besetzten Züge, Leute, die mir im Weg standen, unwichtige Kleinigkeiten, technische Details. Ich wurde immer reizbarer und aggressiver. Am Ende wurde ich dann auch immer unachtsamer. Im letzten Zug des Tages ließ ich eine Akte liegen. Das waren wirklich wichtige geschäftliche Unterlagen, nicht nur irgendein Papierkram. So etwas passiert mir normalerweise nie. In solchen Dingen bin ich extrem akkurat und sorgfältig. An diesem Tag waren meine Akkus aber bereits leergelaufen. Gut, die Unterlagen wurden gefunden und die Bahn hat sie mir nachher zugeschickt. Das Signal war jedoch eindeutig: roter Drehzahlbereich.

Ich wusste, es geht nicht, drei Vorträge an einem Tag sind nicht zu schaffen. Also machte ich es.

Meine Rettung am Abend war, dass mein dritter Termin nicht irgendein Termin war, sondern ein Vortrag beim Woman's Business Club in München. Der einzige noch sichtbare Mann außer mir war ein Techniker, ansonsten war ich der Hahn im Korb. Meine inneren Reserven wurden freigesetzt und ich stand den Abend nicht nur einfach durch, sondern erlebte noch ein wunderschönes Stück mit mir in der Hauptrolle. Anschließend waren nicht nur meine Akkus leer, sondern auch noch meine Reserveakkus.

Nach diesem Tag war ich erst mal platt. Ich hatte mir eindeutig zu viel zugemutet. Das Gute daran: Ich wusste jetzt, wo meine Grenze war. Diese *Grenzerfahrung* gibt mir die Information, was nicht geht. Andere Menschen, die anders gestrickt sind als ich, interpretieren solche Grenzerfahrungen anders: Sie sehen darin nicht das, was nicht geht, sondern das, was gerade noch geht – und gehen beim nächsten Mal noch einen Tick weiter.

Es gibt viele solcher *Grenzgänger*. Ich kenne einen Kollegen, der eine erfolgreiche Trainingsfirma leitet. Wenn er erzählt, wie viel er zu tun hat, und das erzählt er oft, dann schwingt eine Menge Stolz mit in seiner Stimme. Er berichtet dann beispielsweise, dass er gerade den 40. Tag hintereinander auf bezahlten Terminen unterwegs ist, ohne ein einziges Mal im Büro gewesen zu sein.

Ich frage ihn, warum er das macht. Er antwortet mit Achselzucken: »Weiß nicht. Ich wollte mal ausprobieren, ob das geht, ob ich das schaffe. Einfach eine Herausforderung.«

Andere Kollegen versuchen derzeit, in den »Social Media«, bei Twitter, Facebook, Xing, LinkedIn, YouTube, Foursquare und im eigenen Blog, ständig und überall präsent zu sein. Das bedeutet, man muss permanent und von überall mit dem Handy zwitschern und posten, um im globalen Konzert und der Jagd nach Followern, Friends und Kontakten gebührend wahrgenommen zu werden. Wie viel ist genug und wie viel ist zu viel? Sie probieren es aus.

Diese Menschen sind immer am Austesten, Ausreizen, immer leicht jenseits der Grenze. Vielleicht ist deren größte Angst, langweilig zu sein oder ihr Leben zu vergeuden, wenn sie innerhalb ihrer Grenzen bleiben und diese einmal eine Zeit lang nicht weiter nach draußen verschieben.

Extremsportler sind auch so. Das, was beispielsweise den Gitarristen der Kelly Family, Joey Kelly, dazu motiviert, permanent Dauerbelastungsrekorde brechen zu müssen, lässt sich nur schwer verstehen. Kelly läuft Wettbewerbe wie den Ultramarathon, den Ironman oder das Tough Guy Race. Beim Ultramarathon laufen die Extremsportler teilweise bis zu 100 Kilometer am Stück, beim Ironman laufen die Teilnehmer die Marathon-Distanz über 42 Kilometer, nachdem sie bereits 180 Kilometer Fahrrad gefahren und fast 4 Kilometer im Meer geschwommen sind. Am liebsten das Ganze bei brütender Hitze auf Hawaii. Beim Tough Guy Race robben die harten Kerle in England im Januar bei eisigen Temperaturen durch den Matsch, unter Stacheldraht und Elektrozäunen hindurch, kriechen durch enge Tunnel, tauchen in halb gefrorenen Tümpeln, klettern, seilen sich ab, rennen durch brennende Heuballen, und das den ganzen Tag lang über eine Distanz von 12 Kilometern.

Man sollte meinen, dass erwachsene Menschen gelernt haben, sich bei allen gefahrvollen Aktivitäten in der Welt da draußen *nicht umzubringen*. Diese Extremsportler jedoch scheinen bisweilen dazu zu neigen, auf recht aufwändige Weise (und Gott sei Dank meistens erfolglos) zu versuchen, sich umzubringen. Aber

Wie viel ist genug und wie viel ist zu viel? Sie probieren es aus.

das sieht nur aus meiner Perspektive so aus, denn den Drang, die Grenzen der eigenen körperlichen Leistungsfähigkeit immer weiter hinauszuschieben, kenne ich nicht. So wie mein Bad im Applaus einem Extremsportler möglicherweise nur ein müdes Lächeln abringen würde, so versucht meine Nackenmuskulatur angesichts dieser Gier nach Belastungsrekorden reflexartig, den Kopf zu schütteln. Im Klartext: Auch wenn wir es nicht verstehen, sollten wir über die merkwürdigen Motive der Anderen nicht urteilen.

Wer glücklich dabei ist, sich in Eisblöcke einfrieren zu lassen oder möglichst lange auf Fahnenstangen zu sitzen, der hat meinen ehrlich gemeinten Segen. Mir ist nur wichtig zu verstehen, was Menschen dazu treibt, sich wider besseres Wissen und gegen ihren eigenen Willen zu zerstören. Warum genügt es vielen Menschen nicht, nach einmaligem Austesten der Grenzen zu wissen, wo die Grenze verläuft? Warum müssen wir die Grenze wieder und wieder übertreten, bis es zu spät ist?

Die Zerstörung der Gesundheit, des Glücks, der Paarbeziehung, der Finanzen oder gar des Lebens passiert meistens wie beim Frosch im Kochtopf: Wirft man einen Frosch in heißes Wasser, springt er sofort wieder heraus. Lässt man ihn aber in kaltem Wasser schwimmen und erhöht die Temperatur nur langsam, merkt es der Frosch nicht, bis es zu spät ist.

Wladimir Ladyschenski war so ein Frosch im Kochtopf. Er war russischer Finalist der Saunaweltmeisterschaft in Finnland. In dem ebenso traditionellen wie bizarren Wettbewerb setzen sich die Teilnehmer einer Temperatur aus, die weit jenseits der 60 bis 80 Grad einer normalen Sauna liegt.

In der Endrunde traf Ladyschenski auf seinen finnischen Mitbewerber und Titelverteidiger Timo Kaukonen. In einer 110 Grad Celsius heißen Sauna kollabierten beide Finalisten nach 6 Minuten. Beide wurden mit schweren Verbrennungen ins Krankenhaus gebracht. Wladimir Ladyschenski starb kurze Zeit später.

So funktioniert es: Immer geht es gut. Nur einmal ist es des Guten zu viel. So erging es auch meinem Freund, dem Nachrichtensprecher, so geht es jeden Tag vielen Menschen, die weiter versuchen, beim Dynaxity-Rennen mitzumachen. Was müssen wir tun, was müssen wir lernen, um damit aufzuhören, bevor es zu spät ist?

Mensch, werde wesentlich!

Flüchten oder Standhalten – so heißt das 1976 erschienene Buch des einflussreichen Gießener Psychologieprofessors Horst Eberhard Richter. Darin fragt er, was Menschen einschüchtert und wie sie sich dagegen wehren können. Natürlich plädiert er für das Standhalten, und das tue ich auch. Eine seiner Erkenntnisse war, dass wir uns nur verändern können, wenn wir unsere Arbeit verändern. Aber was heißt das?

Auch wenn wir es nicht verstehen, sollten wir über die merkwürdigen Motive der Anderen nicht urteilen.

Flüchten ist natürlich der bequemere Weg, sich entziehen, aus dem Felde gehen. Das Perfide dabei ist, dass sich das Flüchten heute meistens in der unauffälligen Form zeigt, einfach weiterzumachen wie bisher. Wenn also der Chef mal wieder das Unmögliche verlangt, wenn die Kundenanforderungen mal wieder unerfüllbar sind, wenn der Gruppendruck mal wieder unermesslich ist und wenn die eigenen Bedürfnisse uns selbst vor eine »Mission Impossible« stellen, dann besteht der Weg des Flüchtens oft im Weitermachen.

Und umgekehrt: Das *Standhalten*, sich zu stellen, sich auseinanderzusetzen, dem Problem ins Auge zu sehen, das erfordert meistens, die Dinge radikal zu ändern, völlig anders weiterzumachen als zuvor.

Flüchten ist unauffällig, normal, intuitiv, geduldet und kurzfristig Energie sparend. Aber auf Dauer kriegt der Stress uns klein. *Standhalten* ist auffällig, unnormal, kontraintuitiv, konfliktreich und kurzfristig energieaufwändig. Aber auf Dauer kriegen wir so den Stress klein.

Mit dem Motiv der Souveränität und dem Bedürfnis nach Selbstbestimmung dem uns umgebenden Druck standzuhalten ist nicht einfach. Manchmal ist es wirklich die harte Tour. Aber so können wir lernen, *die Komplexität in unserem Leben zu reduzieren und das eigene Tempo auf ein lebenswertes Maß zu reduzieren*. Das bedeutet, dass wir uns vom Mainstream abkoppeln müssen. Nicht was man so tut und wie man es tut, ist maßgebend für unser eigenes Leben, sondern was *wir selbst* tun und wie wir es selbst tun. Das muss man richtiggehend lernen.

Komplexität reduzieren, dazu habe ich einmal eine harte Lektion erteilt bekommen. Damals war ich noch bei Mannesmann angestellt und sollte eine Ausarbeitung für den obersten Direktor machen. Es ging um die Arbeitnehmermitbestimmung in der Montanindustrie.

> *Immer geht es gut. Nur einmal ist es des Guten zu viel.*

Eine spannende Sache, ich kannte mich aus, darüber hatte ich ja meine Doktorarbeit im Umfang von 472 Seiten geschrieben. Es würde ein gehaltvolles, richtig gutes Thesenpapier werden! Was ich bis dato gelernt hatte: Alles unter 30 Seiten ist nichts. Ein gutes Thesenpapier muss 30 Seiten haben. Darunter ist es nicht akzeptabel. So macht man das.

Den Hinweis meines Chefs, er wolle zwei Seiten sehen, ignorierte ich so gut es ging – nein, ich wollte das richtig machen! Im Widerstreit der Anforderungen des »das macht man so« und der klaren Anweisung meines Chefs einigte ich mich mit mir selbst auf einen Kompromiss: 20 Seiten verdichtetes Know-how, vom Allerfeinsten.

Mein Chef schmiss mich geradewegs aus seinem Büro: Zwei Seiten, hatte er gesagt! Nicht 20! – Ich war verzweifelt. Wie sollte ich das Wissen auf zwei Seiten kondensieren? Die Wirklichkeit war doch viel komplexer, auf zwei Seiten zusammengeschrumpelt, würde das Papier in keinster Weise die Welt in vernünftigem Detaillierungsgrad abbilden. Ich war gezwungen, kastrierte Informationen abzuliefern. Darauf war ich in Studium und Ausbildung nicht vorbereitet worden!

Irgendwann viele Stunden später hatte ich dann zwei Seiten. Es war so schwierig! Ich wäre an dieser Aufgabe fast gescheitert. Aber am Ende war der Chef zufrieden, und ich war um eine wichtige Erkenntnis reicher: Man kann die Komplexität der Welt gar nicht reduzieren! Man kann nur *das Bild* von der Welt vereinfachen.

Die Welt ist unendlich komplex, und jedes Bild, das wir von der Welt haben, ist prinzipiell ein vereinfachtes. Wie komplex oder einfach das Bild, das wir uns von der Welt machen, nun sein soll, dafür sind wir ganz alleine verantwortlich. Der Gegenstand der Betrachtung gibt das nicht vor. Wenn wir ein sehr einfaches Bild der komplexen Wirklichkeit zeichnen, dann nicht deshalb, weil wir die Welt in ihrer Komplexität falsch verstanden haben, sondern weil wir beschlossen haben, dass die Einfachheit des Bildes zweckmäßig ist. Oder anders gesagt: Für den verfolgten Zweck genügt die geringe Komplexität des Bildes. – Mein damaliger Chef hatte völlig souverän genau das Maß für die Komplexität des Bildes der Welt vorgegeben, das für ihn das richtige war: zwei Seiten!

> *Aber auf Dauer kriegen wir so den Stress klein.*

Mittlerweile kenne ich mich ein wenig besser aus mit dem *Vereinfachen* – und mit den Widerständen dagegen. Als Co-Autor des Weltbestsellers *Simplify your Life* habe ich mir schon etliche Male die Weisheit anhören müssen, man könne das Leben oder die Welt gar nicht simplifizieren, die Welt sei nun mal so komplex, wie sie sei, und wenn man über sie reden würde, müsste man eben gleichermaßen komplexe Modelle, Gedanken und Sprache verwenden. Simplifizierung sei Verfälschung und Verdummung. Aber das ist nicht wahr. Damals bei Mannesmann habe ich gelernt, dass jedes simplifizierte Bild der Welt seine Berechtigung hat, solange man nicht das Bild der Welt mit der Welt selbst verwechselt. Wir Menschen *müssen* simplifizieren! Sonst werden wir verrückt. Wir müssen heute lediglich deutlich besser darin werden. Die Fähigkeit, die komplexe Wirklichkeit in Sprache und Denken angemessen zu vereinfachen, ist *die* Schlüsselkompetenz der Gegenwart schlechthin.

Diese Kompetenz beinhaltet die *Fähigkeit zur selbstbestimmten Auswahl*. Genau diese Fähigkeit brauchen wir auch bei der individuellen Temporeduzierung. Wir können das Tempo der Welt um uns herum nicht beeinflussen, und es wäre einigermaßen töricht, das zu glauben. Für die Geschwindigkeit unseres Lebens und damit den Grad an Hektik und Stress ist nicht der Chef verantwortlich, nicht Facebook, Twitter & Co., nicht der Straßenverkehr und nicht die Erfindung des Mikrochips. Fastfood macht die Welt nicht schneller und Slowfood macht die Welt nicht langsamer. Es liegt in der Macht und Verantwortung jedes Einzelnen, wie bewusst und selbstbestimmt er lebt. Die Fähigkeit, das richtige Tempo für das Erledigen von Aufgaben und jede Art von Tätigkeiten zu bestimmen, ist eine Variante der beschriebenen Fähigkeit zur selbstbestimmten Auswahl. Dazu gehört die Flexibilität, mal Dinge sehr *schnell*, konzentriert und ohne jeden Perfektionismus zu erledigen und mal etwas sehr *langsam*, gründlich, ja bisweilen genießerisch zu tun. *Wir brauchen beides!*

Es gibt zwei große Meinungsströmungen in der Öffentlichkeit, wenn es um den Umgang mit der gefühlten Zeitknappheit geht. Die Einen sagen ganz technokratisch, man müsse eben einfach *effizienter arbeiten*, um mehr in kürzerer Zeit zu erledigen – dann würde man auch wieder mehr Zeit haben. Die Anderen sagen, man müsse dringend die Bremse reinhauen und einen Gang *zurückschalten*. Mehr ausruhen und was ganz anderes machen.

Doch beide Forderungen gehen an der Realität vorbei: Die erste Forderung ignoriert die längst erreichte Grenze der Leistungsfähigkeit der Menschen, die zweite Forderung ignoriert die Anforderungen der Arbeit. Sie werden die Welt nicht bezwingen und Sie werden sie nicht ausbremsen, und wenn Sie nicht die Fähigkeit entwickeln, das Tempo für Ihr eigenes Leben selbst zu bestimmen und zu variieren, sondern sich weiter von Tempovorgaben anderer Menschen oder gar von der Technik abhängig machen, dann wird die Welt Sie auskontern, denn Sie haben heute keine Chance mehr, auf Dauer mitzuhalten!

Wie kann das aber nun ganz konkret aussehen, das selbstbestimmte Auswählen von *Komplexität und Tempo*? Zum Beispiel so wie bei Feargal Quinn:

Quinn hat keinen Stress. Er hat fünf erwachsene Kinder, vierzehn Enkelkinder, führt eine glückliche Ehe, ist Autor eines Bestsellers über Kundenorientierung, war in mehreren Ämtern politisch engagiert und ist heute irischer Senator, wirkt außerdem mehrfach im Aufsichtsrat von Firmen und Institutionen, ist also ein scheinbar hyperaktiver 75-Jähriger. Seine größte Lebensleistung allerdings ist die Gründung und der Aufbau der irischen Supermarktkette »Superquinn« mit ungefähr 20 Filialen in und um Dublin herum, deren Chef er noch heute – und somit schon seit über 50 Jahren – ist. Er gilt als großes Vorbild und die Presse bezeichnet ihn als den irischen »Papst der Kundenorientierung« und einen der einflussreichsten irischen Geschäftsmänner überhaupt.

Wir Menschen müssen simplifizieren! Sonst werden wir verrückt.

Der Mann ist also ein Überflieger, vor dem man nur den Hut ziehen kann. Bestechend ist aber, wie fröhlich, offen, freundlich und sympathisch er mit tiefen Lachfalten von jedem Foto und aus jedem Video herüberlacht und wie respektvoll über ihn gesprochen wird. Man spürt seinen berechtigten Stolz und das Selbstbewusstsein, das aus seinem Lebenswerk herrührt, aber der Mann ist frei von jeglicher Überheblichkeit. Und er wirkt kerngesund und alles andere als abgespannt.

Natürlich kann man den Job des Chefs einer Einzelhandelskette ziemlich stressig gestalten, immerhin ist der Wettbewerb mörderisch, die Margen gering, der Markt globalisiert und der Kunde wird auch immer kritischer. Wir kennen das. Aber Feargal Quinn hat sich die Sache ganz einfach gemacht: Er schaffte sein Büro in der Zentrale ab. Wozu sollte er da auch herumhängen? Seiner Meinung nach konnten seine Angestellten im Management ohnehin alles besser als er. Er wollte nur das machen, was er wirklich besser konnte als jeder Andere in seinem Unternehmen: *Dem Kunden zuhören*. Das kann er in der Zentrale nicht, er hat dort schlicht nichts zu tun. Also fährt er raus in die Filialen, setzt sich an die Kasse, räumt das Obstregal auf, stellt Schilder vor den Laden und unterhält sich mit Mitarbeitern und Kunden. Tag für Tag, Woche für Woche. Und schreibt Zettel! Jede Bemerkung, die ihm wichtig erscheint, jeden Vorschlag, jede Idee hält er auf Zetteln fest und sammelt sie. Einmal in der Woche fährt er in die Zentrale, kippt die Zettel auf den Tisch und dann wird mit den Mitarbeitern zusammen jeder einzelne durchgearbeitet. Auf diese Weise holt Feargal Quinn den Kunden direkt in die Zentrale und in die Köpfe seiner Mitarbeiter.

Er hat sich einen wunderschönen Job kreiert, sehr einfach, ohne Stress, vollkommen selbstbestimmt – und überhaupt nicht so, wie man das als Unternehmenschef normalerweise macht. Er hat sich in seiner Arbeit radikal auf das Wesentliche konzentriert und

> *Sie werden die Welt nicht bezwingen und Sie werden sie nicht ausbremsen.*

damit den Nutzen seiner Arbeit für sein Unternehmen drastisch erhöht, während sein eigener Stress, die Komplexität und das Tempo seiner Arbeit drastisch zurückging. Das ist die Kompetenz der Souveränität, die ich meine. *Fokus auf das Wesentliche:* Feargal Quinn hat keine Termine. Er hat Prioritäten.

✔ Termine ordnen Menschen der Uhr unter.

✔ Seit 10.000 Jahren nehmen Tempo und Komplexität unseres Lebens zu.

✔ In den letzten zehn Jahren ist die Dynaxity-Kurve so steil angestiegen, dass die Belastungsgrenze der Menschen überschritten wird.

✔ Die Lösung für den Ausstieg aus der Dynaxity-Kurve liegt im einzelnen Menschen, nicht im kollektiven Außen.

- ✔ Der Grund für Stressresistenz oder Burnout-gefährdung liegt in unseren individuellen Lebensmotiven.

- ✔ Dominierende »ungesunde« Lebensmotive abzuschwächen ist der falsche Weg.

- ✔ Wir brauchen ein starkes zusätzliches Lebensmotiv der Unabhängigkeit, um stressfest zu werden.

- ✔ Wir können die Welt nicht vereinfachen, aber wir müssen unser Bild der Welt vereinfachen.

- ✔ Komplexität und Tempo des Lebens kann und muss jeder Mensch selbst auswählen.

- ✔ Prioritäten bringen Freiheit, während Termine Freiheit einengen.

ESSENZEN

 **141**

Wer zu viel arbeitet, bekommt einen Burnout. Und wer sich zu viel auflädt, wird niedergedrückt. – Diese Argumentationsreflexe sind einfach und weit verbreitet. Jede Studie, jede Zeitschriftenserie, fast jedes Buch zum Themenkomplex Stress und Burnout geht stillschweigend davon aus, dass zu viel Arbeit und zu viel Verantwortung Menschen auslaugen, fertigmachen, krankmachen. Aber zieht dieses Standardargument wirklich? Wenn es so wäre, warum können dann manche Menschen nach 70 Wochenstunden noch fröhlich sein, während andere bei 35 Wochenstunden bereits rotsehen und Raubbau an ihrer Gesundheit beklagen? Ist es nur eine Frage von Stressresistenz, wenn die einen freiwillig das Wochenende durcharbeiten, während die anderen am Donnerstagnachmittag heimschlurfen, um über die Frührente nachzudenken? Es kann nicht sein, dass viel Arbeit krankmacht und wenig Arbeit gesund ist. Das widerspricht dem gesunden Menschenverstand. Aber was an der Arbeit ist es dann, was die einen fröhlich und die anderen kaputtmacht?

Ich hab' keinen Stress, ich arbeite nur 70 Wochenstunden

Mein Sohn ließ sich einfach nach hinten kippen. Da lag er, der Länge nach auf dem Hotelbett. Er stöhnte und wollte nur noch da liegen, sonst nichts mehr, die Augen geschlossen. Keine Energie mehr übrig, um sich auszuziehen. Waschen und Zähne putzen? In diesem Moment keine Priorität. Er ließ sogar die Schuhe an, streckte die Füße aus dem Bett und wollte einfach nur noch schlafen.

Mein Sohn war schlichtweg platt. Und ich war einigermaßen fit. Ich stand vor seinem Bett und wunderte mich. Wie kam das jetzt? Hatte er eine außergewöhnliche Belastung hinter sich, während ich frisch und ausgeruht in unser gemeinsames Hotelzimmer in einem Vorort von Madrid spaziert bin? – Nein, wir waren schon seit Stunden zusammen unterwegs und hatten während der Anreise nach Madrid exakt das Gleiche erlebt.

Was für ein Erlebnis! Ich war voller Vorfreude.

Bin ich also wesentlich fitter als mein Sohn und kann daher mehr Belastung vertragen? – Wohl kaum. Mein Sohn ist Mitte 20 und ein gut trainierter Leistungssportler. Er spielt Volleyball, ist ein fleißiger Student, geht regelmäßig zusätzlich joggen, hat ein gutes Kampfgewicht und einen sehr niedrigen Body-Mass-Index – mit anderen Worten: Er ist topfit.

Ich bin zwar auch keine Couchpotato und gehe regelmäßig ins Kieser-Training, um meinen lädierten Rücken aufrecht zu halten, und ich habe früher aktiv Karate gekämpft, aber ich bin natürlich ein paar Jahrzehnte älter als er und habe den Zenit meiner körperlichen Leistungsfähigkeit längst hinter mir. Jeder Arzt hätte mit einigen einfachen Tests leicht nachweisen können, dass mein Sohn mir körperlich haushoch überlegen ist, und zwar in Bezug auf die Kraft, auf die Schnelligkeit, auf die Beweglichkeit und auf die Ausdauer.

Auch bei der geistigen Belastungsfähigkeit ist so ein junges Gehirn einfach fitter, schneller, hat mehr Kapazitäten und erholt sich rascher, das ist alles leicht nachzuweisen.

Und trotzdem war er es, der da auf dem Bett lag, kaum mehr fähig, einen Arm zu heben, und nicht ich. War er krank? Oder hat die Jugend von heute einfach nichts mehr drauf? – Alles Quatsch. Aber was war es dann? Ich komme womöglich darauf, wenn ich nachvollziehe, was den Tag über, den wir gemeinsam auf der Anreise verbracht hatten, passiert ist. Wie kamen wir in dieses Hotelzimmer?

Also, das kam so ...

Wie viel Arbeit ist zu viel?

Mein Sohn und ich trafen uns in Frankfurt, um uns einer Reisegruppe anzuschließen. Wir hatten die Tickets für eine Sonderreise zum Champions-League-Finale am 22. Mai 2010 in Madrid ergattert, für das Finale zwischen van Gaals FC Bayern München und Mourinhos Inter Mailand. In Madrid! Im fantastischen, weltberühmten Estadio Santiago Bernabéu, erbaut in den 1940er-Jahren, berühmt für seine steilen Ränge und seine flirrende Atmosphäre auf über 80.000 Sitzplätzen. Was für ein Erlebnis! Ich war voller Vorfreude.

Wir fuhren mit dem Zug nach Nürnberg und mischten uns dort unter einen Tross eingefleischter Bayern-Fans vom größten der Bayern-Fanclubs, der mit einer Sondermaschine nach Madrid gebracht werden sollte. Dort war ein Transfer zum Hotel geplant, dann ein Ausklang mit Buffet und guter Laune, um den Vorabend vor dem großen Tag auszukosten.

Das waren natürlich Hardcore-Fans, die sich schon vor dem Abflug grölend literweise Weißbier in den Hals schütteten, in voller Fan-Montur, sichtbar, lautstark, raumgreifend. Ich versuchte, als nüchtern bleibender 1899-Hoffenheim-Fan in keinster Weise aufzufallen, und bewahrte mein Inkognito, ohne in die Bayern-Hymnen einstimmen zu müssen, was ich nun wirklich nicht übers Herz gebracht hätte. Ich fühlte mich wie ein Undercover-Agent und hatte – vielleicht können Sie das nachfühlen – einen Riesenspaß.

Dass der Flieger dann beim Abflug zwei Stunden Verspätung hatte, ließ mich kalt. Das ist halt so, ich bin das gewohnt. Mein Sohn allerdings schaute da bereits zum ersten Mal kritisch.

So richtig stressig wurde es dann in Madrid. Wir waren 220 unternehmungslustige Leute am Flughafen Madrid-Barajas, es waren vier Busse gebucht. Wo waren die? Kein Bus weit und breit, wir waren gestrandet. Keiner wusste, wie und wo und was. Der arme Reiseleiter und Präsident des Fanclubs war am Telefonieren. Das war nicht einfach, versuchen Sie mal, 219 echte Bayern-Fans einen Tag vor dem Champions-League-Finale ein paar Minuten ruhig zu halten. Das geht nicht. Natürlich fingen die an, in teutonischem Furor zu krakeelen. Es dauerte nicht lange, dann kamen die Busse. Allerdings: Es waren nur zwei, und dazu noch die falschen, denn es waren Mannschaftsbusse der spanischen Polizei. Die Einsatzkräfte quollen in martialischer Ausrüstung aus den Bussen und begannen sofort, uns zu umstellen. Und dabei waren sie keineswegs freundlich. Mit Springerstiefeln stampfend, richtig grimmig, fast schon gemein blickend, bauten sie sich vor uns auf, Hände in der Koppel, eindeutige Drohgebärden aussendend: *Alemánes! A callar!* Ruhe!

Natürlich war das ein anstrengender Tag. Aber muss man davon gleich dermaßen erschöpft sein?

Es war klar: Würden wir uns nicht der unmissverständlichen Symbolsprache fügen, würden inhumane Maßnahmen zur Anwendung kommen. Diese Polizisten waren auf Randale trainiert, sie würden nicht lange fackeln. Und diskutieren wollten sie nicht.

So eindeutig kriminalisiert, gaben wir deutschen Fußball-Fans folgsam Ruhe und warteten ab. Zwei Stunden waren wir eingekesselt. Der Präsident telefonierte indessen weiter und versuchte, die Situation zu retten. Es stellte sich heraus, dass die Verantwortliche, die bei den Bussen wartete, kein Handy hatte. Das geht in dieser Situation natürlich nicht, also hatte man ihr eins besorgt. Das funktionierte jedoch nicht, weil sie es versehentlich auf stumm geschaltet hatte. Und sie war leider nicht intelligent genug, um zu realisieren, dass man mit einem Handy nicht nur auf eingehende Anrufe warten kann, sondern auch selbst aktiv Anrufe durchführen kann. Sie war also nicht erreichbar, versuchte ihrerseits nicht, uns zu erreichen, stand mit den Bussen vor Terminal 4, während wir, umgeleitet wegen der Verspätung nach Terminal 2, dort Arbeitsobjekt von 100 Polizisten waren und von denen keine Chance bekamen, uns nach Terminal 4 zu bewegen.

Was für den Einen ein Spaziergang ist, ist für den Anderen eine Mount-Everest-Besteigung.

Natürlich war das nervig, natürlich hat das gedauert, natürlich waren wir alle verärgert und ungeduldig. Es wurde nach Mitternacht, bis wir endlich im Quartier waren, endlich etwas zu essen bekamen und irgendwann um halb zwei ins Bett gehen konnten. Natürlich war das ein anstrengender Tag. Aber muss man davon gleich dermaßen erschöpft sein?

Ich fand unseren Abenteuertrip nach Madrid überwiegend aufregend, interessant und teilweise lustig. In Wahrheit waren wir doch zu keinem Zeitpunkt ernsthaft in Gefahr gewesen. Und das Beste: Da wir einen Tag vor dem Finale angereist waren, gab es keinen Termin, der uns drückte. Es war vollkommen egal, wann wir ins Hotel kamen. Das Wichtigste war das Spiel, und das konnten wir mit so viel Zeitpuffer unmöglich verpassen, trotz Wartezeiten, trotz Polizisten-Aufmarsch, trotz dusseliger Organisation. Es war alles halb so wild.

Die Frage war nur: Warum hatte diese kleine Odyssee meinen Sohn derartig geschlaucht und mich nicht?

»Ja, Dennis, warum so müde?«, fragte ich.

Er war schon im Halbschlaf und stöhnte: »So anstrengend!«

Darauf ich: »Aber das war doch nichts! So oder so ähnlich habe ich das andauernd bei meiner Reiserei. Und wir hatten noch nicht mal einen Termin!«

Er antwortete nicht mehr. Aber mir war plötzlich klar, was der Unterschied zwischen uns beiden war, ich hatte es selbst gesagt: Ich bin die Reiserei einfach *gewöhnt*. Und zwar mit allen Begleitumständen, zu denen zwar nicht immer ein Polizeikessel gehört, aber die typischen Verspätungen, Ad-hoc-Organisationsversuche, Abhängigkeiten von der Dämlichkeit anderer, die Unbequemlichkeiten, die Umsteigerei, die Unfreundlichkeiten des Personals und so weiter, das kannte ich alles schon jahrzehntelang. Und nach einer anstrengenden Anreise kann ich mich normalerweise nicht einfach fallen lassen, sondern muss noch Höchstleistung auf der Bühne bringen! Für mich war diese Anreise nach Madrid völlig harmlos, Teil der Normalität. Ich bewegte mich an diesem Tag schlicht innerhalb meiner Komfortzone, während mein Sohn so eine lange, komplizierte und steinige Anreise nicht gewohnt war. Er war den ganzen Tag im Pioniermodus unterwegs gewesen, außerhalb seiner gewohnten Welt, während ich auf vertrautem Terrain umherspaziert bin. Kein Wunder, war ich fit und er geschlaucht!

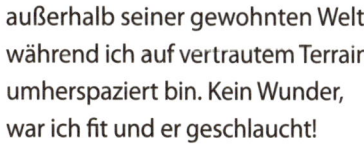

So ist das. Eine bestimmte Menge und Art von Arbeit ist für den einen Menschen ganz normal, diese Art und Intensität von Belastung ist er gewohnt. Er kennt sich aus und bewegt sich auf gewohntem Terrain. Für den anderen fühlt sich exakt die gleiche Menge und Art von Arbeit ganz anders an. Was für den Einen ein Spaziergang ist, ist für den Anderen eine Mount-Everest-Besteigung. Was für den Einen *Stress* pur ist, ist für den Anderen gemütliche *Routine*.

Und das bezieht sich sowohl auf die Art von Arbeit als auch auf ihre Menge. Wir sind da durch unserer Vorerfahrungen und unsere Veranlagungen viel unterschiedlicher als wir gemeinhin glauben. Also liegt es doch auf der Hand, dass man in Bezug auf den durch die Arbeit verursachten *Stress* sehr differenziert argumentieren und sich den Einzelfall anschauen muss. Wenn man die Differenz zwischen den Menschen und deren große Bandbreite an Stress-Erleben ernst nimmt, dann kann Arbeit prinzipiell nicht stressig sein: Der Stress ist real, aber nicht die Arbeit ist es, die den Stress verursacht.

Analog dazu: Bei unserem Ausflug nach Madrid war es ja auch nicht die Reise, die so stressig war, denn sonst wäre ich genauso geschlaucht gewesen wie mein Sohn. Stressig war für ihn der Grad der *Ungewohntheit der Belastung*, die Differenz zwischen seinem gewohnten Belastungsspektrum und der aktuell vorliegenden Belastung.

Wer dauerhaft Stress bei der Arbeit empfindet, hat daher, wenn man es ein wenig genauer nimmt, nicht einen stressigen Job, und sein Stress kommt auch nicht vom Job, sondern es ist lediglich so, dass die Anforderungen, die der Job an die Person stellt, nicht zu der *Komfortzone* dieser Person passen. Anders ausgedrückt: Wenn ein Mensch bei der Arbeit dauerhaft Stress hat, dann passt die Art und Stärke der Belastung, die genau diese Arbeit auf ihn ausübt, nicht zu der Art und Stärke von Belastung, die dieser individuelle Mensch gut und gerne schultern kann. Beim Phänomen *Stress durch Arbeit* haben wir ein Problem der *Passung*, nicht ein Problem des Zuviel oder Zu-Komplex oder Zu-Stressig.

Die pauschale Forderung, die immer Teil der öffentlichen Diskussion ist, wenn es um Stress und Burnout geht, lautet: Weniger arbeiten, weniger Druck, weniger Anforderungen, mehr Pausen, Arbeitszeit reduzieren. Die Diskussion um Burnout wird fast nur über die Menge an Arbeit beziehungsweise die Dichte der Arbeit geführt.

Doch diese Pauschaldiagnose »*Stress kommt von zu viel Arbeit*« und diese Pauschaltherapie »*Anforderungen senken*« trifft es nicht. Denn wenn das richtig wäre, dann würden alle, die den gleichen Job machen, ebenfalls darunter leiden, je nach Robustheit mehr oder weniger stark. Aber warum gibt es dann in jedem Job die Menschen, die die Arbeit von Herzen gerne machen und darin aufge-

> *Der Stress ist real, aber nicht die Arbeit ist es, die den Stress verursacht.*

hen? Die doppelt so viel leisten wie andere und das noch gut gelaunt? Wenn man sich die Studien rund um Stress und Burnout genauer anschaut, kann man Erstaunliches entdecken.

In einer aktuellen repräsentativen Studie von Techniker-Krankenkasse, *FAZ*-Institut und den Meinungsforschern von Forsa wurden beispielsweise 1.014 Bundesbürger zwischen 14 und 65 Jahren zu ihrem *Stress* telefonisch befragt.

Heraus kam unter anderem: Besonders gestresst fühlen sich Hausfrauen, vier von zehn Hausfrauen fühlen sich unter Dauerstress. Man könnte meinen, dass der Haushalt doch ein tolles Arbeitsfeld sein könnte: Alles ist vertraut, kein Chef sagt einem, was zu tun ist, man kann sich alles selbst organisieren. Viele Frauen fühlen sich auch pudelwohl mit dieser Arbeit. Dass sie meistens zu wenig Anerkennung erfahren, steht auf einem anderen Blatt. Aber gerade im Außen scheint das Problem zu liegen. Hausfrauen fühlen sich oft *getaktet* durch die realen oder eingebildeten Anforderungen. In der Studie heißt es: »Jede zweite Frau setzt sich unter Druck, weil sie es immer allen recht machen möchte.« – Da frage ich mich, ist jetzt zu viel Arbeit schuld an dem Stress-Problem oder die *innere Einstellung* dieser Frauen?

Arbeitslose haben laut der Studie ebenfalls erheblichen *Stress*. 28 Prozent von ihnen haben Angst, den Neu- beziehungsweise Wiedereinstieg in das Berufsleben nicht zu schaffen. »Die ständige Anspannung führt bei den Betroffenen unter anderem zu Magenbeschwerden und Rückenleiden, raubt ihnen den Schlaf und verursacht seelische Störungen wie Depressionen.« – Das ist natürlich schlimm. Aber das zeigt auch, dass Stress inklusive der psychosomatischen Folgen im Prinzip bei jeder Intensität und Menge von Arbeit vorkommen kann. Bei 100 Prozent, bei 50 Prozent und bei 0 Prozent Arbeitsmenge, und im Prinzip bei jeder Art von Arbeit.

Alles ist vertraut, kein Chef sagt einem, was zu tun ist, man kann sich alles selbst organisieren.

Gleichzeitig gibt es bei jeder Art und Menge von Arbeit auch Menschen, die sich pudelwohl fühlen. Wo nimmt man dann bei den Studien die Argumentation her, dass der Stress von *zu viel Arbeit* kommt?

Und außerdem: Was ist mit den Führungskräften, Managern und Unternehmern, die im Durchschnitt deutlich mehr arbeiten als die anderen Gruppen? – Die kommen in der Studie, wie übrigens in allen Studien, überhaupt nicht vor. In der Analyse der Studienteilnehmer heißt es nur: »57,5 Prozent der Befragten sind erwerbstätig, 42,5 Prozent sind es nicht. 83,7 Prozent der Erwerbstätigen gehen einer Vollzeitbeschäftigung nach. 18,5 Prozent arbeiten im Schichtdienst.«

Als Faktoren für den Stress werden in dieser wie in allen Studien und Befragungen neben Termindruck, Informationsüberflutung und ständiger Erreichbarkeit immer auch das zu hohe Arbeitspensum genannt.

Je mehr sie arbeiten müssen, desto größer der Stress. Aber nur weil die Befragten so antworten, muss das nicht stimmen. Der Schlüssel liegt schon in diesem Satz verborgen: »Je mehr sie arbeiten müssen ...« – in dem Wort *müssen*. Wer muss, der will nicht. Oder anders gesagt:

- Wer mehr arbeitet, als er eigentlich will, der hat Stress.

- Und wer etwas anderes arbeitet, als er eigentlich will, der hat Stress.

Mit der absoluten Menge und Art der Arbeit hat das überhaupt nichts zu tun.

Termindruck, Informationsüberflutung, ständige Erreichbarkeit und ein als zu hoch empfundenes Arbeitspensum lassen sich somit auch ganz anders interpretieren: *Fremdbestimmung*.

Die Lösung des Passungsproblems liegt dann nicht in der Kritik am Arbeitgeber oder am Chef, sondern in der Suche nach einer besser passenden Arbeit, die in Art und Umfang besser zu dem jeweiligen Menschen passt. Das Hauptproblem wird dabei in den meisten Fällen der *Preis* sein, der zu entrichten ist, und zwar in Form eines Verlustes an Status, Prestige und auch Einkommen. Aber wer damit klarkommt, kann sein Glück machen, wie beispielsweise der Zürcher Herzchirurg Markus Studer, der auf dem Höhepunkt seiner Karriere einfach beschloss, Lkw-Fahrer zu werden. In seinem Buch *Vom Herzchirurgen zum Fernfahrer* schreibt er: »Wenn ich noch ein zweites Mal Geburtstag hatte, dann am Tag, als ich in meinen Sattelschlepper umstieg.«

*Wer muss,
der will nicht.*

Schwache Schultern, schwere Lasten

Viel zu tun zu haben ist nicht immer einfach nur stressig. Viel zu tun hatte immer auch mein Patenonkel. Er war Professor an der Musikhochschule und professioneller Dirigent. In dieser Funktion war er viel auf Reisen, gab Konzerte und kam dabei auf seinen Tourneen auf der ganzen Welt herum. Gleichzeitig musste er seine Vorlesungen am Laufen halten. Seine Aufgabe war anspruchsvoll, besonders bei den Konzerten, wenn er ein ganzes Orchester plus Chor führen und synchronisieren musste. Er war einer, der immer zurechtkam, trotz all der vielen Aufgaben, der vielen Organisation und all den Reisen, der immer herausragende Ergebnisse erzielte und dabei nie gestresst wirkte, sondern stets souverän und gelassen. Natürlich war er mehrsprachig, er sprach Portugiesisch mit dem Kellner auf der Schiffsreise nach Madeira und den Kanarischen Inseln, auf der ich ihn als Junge begleitete, und besorgte uns einen guten Tisch.

Einmal schauten wir zusammen Fernsehen, und zwar am 7. Juli 1974, als in München Deutschland gegen Holland im Finale der Fußballweltmeisterschaft spielte. Wir waren alle entsetzt, als bereits in der zweiten Minute nach einem Elfmeter das 1:0 für Holland fiel. Noch bevor der Reporter die Situation ganz erfasst hatte, sagte mein Onkel zu mir: »Lothar, hast du gesehen? Es hat noch kein einziger Deutscher den Ball berührt, ist dir das aufgefallen? Sepp Maier war der Erste, als er den Ball aus dem Netz geholt hatte.«

... weil sie auf der TV-Couch neben dem unverschämt gut aussehenden Hugh Jackman sitzen darf ...

Mein Onkel hatte ein Auge für Situationen, er hatte den Adlerblick, erfasste Konstellationen sofort und kam deshalb immer und überall zurecht. Darin war er für mich ein Vorbild. Aber alles ist relativ. Verglichen mit Managern oder Politikern trug er eigentlich nicht viel Verantwortung.

Verantwortung, auch das wird immer wieder als wichtiger Stressfaktor herangezogen. Wie ist es damit? Steigt der Stress mit dem Maß an Verantwortung, die auf den Schultern der Menschen lastet, sie belastet und Druck ausübt?

Man weiß nie, aber ich könnte mir beispielsweise im Leben nicht vorstellen, dass Ursula von der Leyen jemals einen Burnout bekommen könnte. Sie wirkt immer souverän und ist Herrin der Lage. Siebenfache Mutter, Ärztin und dies und das und alles auf einmal bekommt sie organisiert. Gesundheitsministerium in Niedersachsen? Macht sie. Familienministerin im Bund? Geht auch. Arbeitsministerin? Na klar. Sie ist clever, ehrgeizig, weiß sich aber auch mit Instinkt in Szene zu setzen. So richtig für sich eingenommen hat mich diese erstaunliche Frau bei ihrem Auftritt im Dezember 2008 bei Thomas Gottschalk bei *Wetten, dass..?*: Zuerst ließ sie durchblicken, dass ihre Töchter ganz aufgeregt sind, weil sie auf der TV-Couch neben dem unverschämt gut aussehenden Hugh Jackman sitzen darf, der damals zum »Sexiest Man Alive« gewählt worden war. Dann war da irgendeine Wette mit einer großen Mülltonne, in der jemand ein Kunststück machte. Sie probierte kurzerhand und sehr sportlich aus, wie es ist, in der Tonne zu stehen – und damit war sie drin und kam nicht mehr ohne Hilfe heraus. Thomas Gottschalk fuhr sie in der Tonne spazieren bis vor die große Couch und dann ging es darum, wie die Ministerin wohl aus dieser großen, blauen Tonne wieder rauskommen sollte. Bevor Gottschalk etwas tun konnte, war Gentleman Hugh Jackman schon zur Stelle, er hob sie aus der Tonne – sie wiegt ja nicht viel, 50 Kilo vielleicht – und trug sie bis auf das Sofa, wo er sie unter großem Gejohle des Publikums formvollendet absetzte. Und Frau von der Leyen? Sie hat sich hervorragend in Szene gesetzt, hat so richtig schön kokettiert und sich wie ein junges Mädchen auf Händen tragen lassen. Damit hat sie natürlich tonnenweise Sympathiepunkte gesammelt. *Souveränität* zeigt sich auch in so was.

> **Erfolg auf Kosten der Gesundheit ist keine Heldentat.**

Verantwortung, davon hat sie viel. Viel zu tun sicher auch, aber Stress hat sie vermutlich weniger als viele andere Menschen. Na klar, sie hatte schon von Kindheit an ein Umfeld und Rahmenbedingungen, die viele nicht haben. Aber dennoch muss auch sie mit schwierigen Situationen, Anfeindungen und so manchem Gegenwind fertigwerden. Souveränität und *Handlungsfreiheit* zeigen sich in der Art und Weise, wie man mit den unterschiedlichsten Situationen umgeht. Aus einer verantwortungsvollen Haltung heraus kann man an Herausforderungen wachsen – das kann jeder, ob Ursula von der Leyen, Taxifahrer oder Postbote.

153

Wenn man eine Matrix bildet aus den beiden Achsen Stress und Verantwortung, dann erhält man vier Felder:

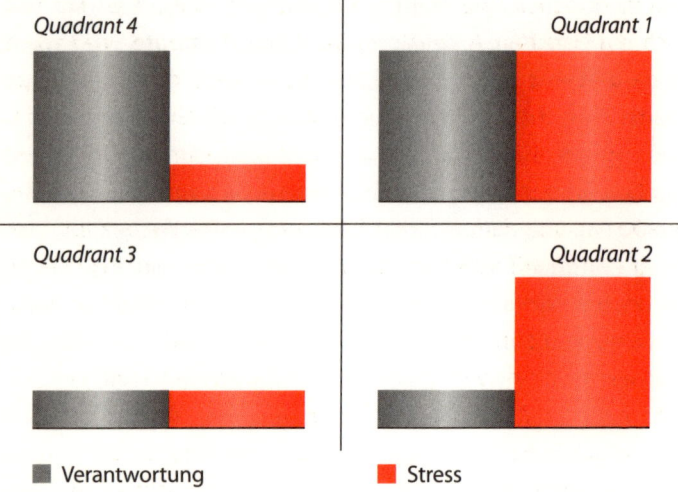

Quadrant 4 *Quadrant 1*

Quadrant 3 *Quadrant 2*

■ Verantwortung   ■ Stress

Wenn Menschen, die viel Verantwortung tragen, gestresst sind, dann ernten sie leicht Verständnis dafür. Wer solche Lasten schultern muss, der darf auch gestresst sein, ist der Impuls. Das sind die Menschen im **rechten oberen Quadranten**. Dabei ist so viel Verständnis eigentlich nicht richtig. Diese Verantwortungsträger sollten eigentlich dringend dafür sorgen, ihren Stress zu minimieren, denn die negativen Auswirkungen, wenn sie zusammenklappen, sind größer, je mehr Verantwortung sie tragen. Ihre Verantwortung erstreckt

Stopp, bitte aussteigen lassen, mit dir fahr ich nicht mehr.

sich auch auf ihren Stresspegel. Erfolg auf Kosten der Gesundheit ist keine Heldentat. Matthias Platzeck, der brandenburgische Ministerpräsident, ist ein Beispiel für einen, der gerade noch die Notbremse gezogen hat: Als er gemerkt hat, dass er als SPD-Vorsitzender überfordert ist und der Stresspegel außer Kontrolle zu geraten drohte, ist er von diesem Amt zurückgetreten. Dazu den Mut zu haben und all den Spott auf sich zu ziehen, zu riskieren, als Versager angesehen zu werden, muss man ihm hoch anrechnen.

Andererseits werden die Menschen, die sich *im rechten unteren Quadranten* bewegen, also viel Stress bei wenig Verantwortung haben, belächelt und treffen auf Unverständnis: Wie? Du bist doch nur Hausfrau, Arbeitsloser, Taxifahrer, Postbote, wie kannst du da gestresst sein? – Dabei wird übersehen, dass es nun mal überhaupt nicht auf die Art der Arbeit und die Größe der Verantwortung ankommt, sondern alleine auf die *innere Einstellung* und den Grad an Übereinstimmung zwischen dem Job, den man gerade hat, und dem Job, den man gerne hätte. Wer glaubt, Taxifahrer sein zu müssen, egal aus welchem Grund, wird in unserem heutigen Straßenverkehr leicht in Stress geraten. Jedenfalls leichter als der Taxifahrer, der gerne Taxifahrer sein *will*.

Ich kenne da einen Polen, der mich immer nach Mannheim zum Bahnhof fährt. Außer dass er für Bayern München ist, verstehen wir uns gut. Er ist zuverlässig, fährt souverän und ist sehr freundlich. Ein angenehmer Zeitgenosse, der es mit seiner Art verstanden hat, mich davon zu überzeugen, dass ich als sein Stammkunde bei ihm gut aufgehoben bin.

Aber er hat natürlich nicht immer Zeit, wenn ich ihn brauche. Darum hat er einen Ersatzfahrer, der das nebenberuflich macht, auch ein Pole. Der ist ganz anders, er verhält sich immer wie ein aufgescheuchtes Huhn oder vielmehr Hahn in dem Fall. Mit ihm bin immer kurz davor zu sagen: Stopp, bitte aussteigen lassen, mit dir fahr ich nicht mehr. Er fährt hektisch und aggressiv. Fährt immer zu dicht auf und muss dann zu stark abbremsen. Einfach furchtbar. Ich sage dann zu ihm: »Mensch, kommen Sie, wir können jetzt doch ganz gelassen heimfahren.« Aber er kann nicht gelassen fahren. Er hat immer Stress, ist immer in Hektik, hat auch eine ganz merkwürdig schnelle, abgehackte Sprechweise, wirkt gehetzt, als sei er auf der Flucht.

Seinem Kollegen habe ich gesagt: »Wissen Sie eigentlich, wie aggressiv Ihr Freund fährt? Mir würde das wehtun, wenn das mein Auto wär ...« Mit Vollgas auf die Ampel zu, obwohl die rot ist. Und dann voll in die Eisen steigen. Ich hasse das geradezu. Denn es ist

einfach unnötig. Wer ein kleines bisschen vorausschauend fährt, muss nicht dauernd scharf bremsen. Einmal hatten wir auf dem Weg zum Bahnhof eine Panne, da ist der Mann fast durchgedreht. Ich musste ihm jeden Schritt erklären, was er jetzt tun muss. Eigentlich war er gar nicht handlungsfähig vor lauter Stress.

Ganz ehrlich: Wenn das nicht zwei so liebe, nette Kerle wären, würde ich mir ein anderes Taxi-Team suchen.

Auf der *linken Seite der Matrix* sind diejenigen zu finden, die das Maß an Verantwortung tragen, das sie tragen wollen, auf der *rechten Seite* diejenigen, die mehr Verantwortung tragen, als sie wollen.

Denn mit der Verantwortung ist es wie mit der Art und dem Umfang der Arbeit: Es ist eine Frage des Matchings zwischen einerseits dem, was einem Menschen gemäß ist und was seinem Willen entspricht, und andererseits der Realität und eventuellen Zwängen. Wer viel Verantwortung tragen will und kann, den bringt es auch nicht aus der Ruhe, über das Wohl und Wehe von tausenden oder Millionen Menschen zu entscheiden.

Sie haben Post!

Ich bekomme viel Post. Heute sind das ja nicht mehr die gelben Lieferwagen mit dem schwarzen Posthorn, sondern DHL, UPS, Hermes und so weiter, die vor meinem Haus vorfahren. Mit der Zeit lernt man die Fahrer ein wenig kennen.

Da sind oft recht aggressive, nervöse, aufgedrehte Kampfhähne dabei. Fast scheint es, als ob der Job eine solche Art erforderte. Aber nicht alle sind so. Zwei dieser Fahrer habe ich ein bisschen ins Herz geschlossen.

Ich dachte: Was macht denn die als Paketfahrerin?

Da ist eine Frau, die ich schon alleine dafür bewundere, wie sie so einen großen Lieferwagen mit Schwung und traumwandlerischer Sicherheit durch die engen Gassen bewegt. Da ich selbst ein leicht eingeschränktes räumliches Sehen habe, ist es mir ein Rätsel, wie jemandem das gelingt. Und die hat so eine tolle Ausstrahlung: Stets gut gelaunt, fröhlich, Musik aus dem Auto, Basecap auf: »Hallo, ich habe was für Sie!« Wirkt nie gestresst, ist immer nett. Ab und zu kommt sie schon morgens um halb acht, aber sie ist immer gleichbleibend zuvorkommend. Manchmal sage ich: »Haben Sie aber eine schicke Uniform, die steht Ihnen aber gut!« Und wirklich, sie ist hübsch, im Sommer die kurzen Hosen, die braunen Beine, sie könnte glatt als Model durchgehen. Ich dachte: Was macht denn die als Paketfahrerin? Sie hat eine solche serviceorientierte Souveränität und kann so gut mit Leuten umgehen, ich hätte fast versucht, sie abzuwerben.

Aber vermutlich würde sie sich gar nicht abwerben lassen, denn sie macht den Eindruck, als ob sie auf ihrem Job genau am richtigen Platz wäre.

Mein Lieblingspostbote ist ein dunkelhäutiger Strahlemann. Er spricht ganz gut Deutsch, mit einem netten Akzent, und strahlt eine solche Fröhlichkeit aus, dass jedes Mal die Sonne aufzugehen scheint, wenn er auftaucht. Es ist unmöglich, sich von seiner guten Laune nicht anstecken zu lassen. Wenn ich den sehe, irgendwo in der Stadt, winke ich ihm gleich zu – und dann winkt er überschwänglich zurück. Jedes Mal wenn er zu mir ans Haus kommt, begrüßt er mich, gibt mir die Hand und wechselt ein paar Worte mit mir. Dann gebe ich ihm natürlich immer ein Trinkgeld, das macht mir ja Spaß. Oft habe ich einen Tee oder einen Espresso für ihn oder im Sommer mal einen gekühlten Fitnessdrink. Und dann schwätzen wir, und er erzählt tolle Geschichten! Das macht richtig Spaß. Er ist wie *Liquid Sunshine,* »flüssiger Sonnenschein« (so sagen sie in Jamaika, wenn es regnet – ein geniales kulturelles Reframing) und hat eine jamaikanische Mentalität, jedenfalls genau so habe ich Jamaika während eines Urlaubsaufenthalts seinerzeit erlebt.

Nach meiner heutigen Arbeit ist Postbote für mich der schönste Job gewesen, den ich je gemacht habe.

Obwohl er nur einfacher Postbote ist, benimmt er sich wie der Chef vom Bezirk und wird von den Leuten auch so behandelt. Und ob es Sommer ist oder Winter, Regen oder Sonnenschein, viel oder wenig zu tun, er ist dann eben mal später und mal früher dran, gehetzt habe ich ihn aber noch nie gesehen.

Ich war früher selbst auch Postbote. Darum fühle ich mich dieser Spezies verbunden. Nach meiner heutigen Arbeit ist Postbote für mich der schönste Job gewesen, den ich je gemacht habe. Ich war gerne draußen unterwegs, selbstbestimmt, frei, ob ich schnell oder langsam laufe, die Menge der Arbeit war nie ein Problem. Keiner hatte mir was zu sagen. Morgens um sechs haben wir die Post sortiert, alle nebeneinander. Natürlich haben wir über Frauen und Fußball gequatscht, das war lustig.

Manchmal fanden wir beim Sortieren kleine, weiße Päckchen, Absender ein Postfach in Flensburg. Dann haben wir daran gerüttelt. Ab und zu konnten wir uns nicht zurückhalten und haben eins aufgemacht. Das war legal, wir durften ja prüfen. Wenn wir dann ein »Spielzeug« von Beate Uhse fanden, haben alle gelacht. Das war damals natürlich noch viel interessanter, als es heute wäre.

Wenn jeder seine Tour sortiert hatte, ging es raus. Zu meiner Zeit gab es noch Geldbriefträger, und ich war einer von ihnen. Heute

gibt es das ja nicht mehr. Um den Monatsersten trug ich teilweise 20.000, 30.000, 40.000 D-Mark mit mir rum. Damals gab es so
grüne Geldanweisungsscheine, damit konnten die Leute Geld bei
der Post einzahlen und dann von einem Postboten irgendwo persönlich auszahlen lassen. Ich war also eine Art laufender Geld-
automat. Ich klingelte: »Guten Tag, ich habe Geld für Sie. 112,90 Mark.
Hier bitte unterschreiben.« Und dann habe
ich die Summe in bar ausbezahlt.

*Diejenigen, die wenig
Verantwortung tragen,
klagen oft am lautesten.*

Für das Geldaustragen gab es eine Zulage
von 10 Mark pro Tag, das war viel. Außerdem
bekamen wir ein »Trampelgeld« für abgelau-
fene Schuhsolen von 50 Mark im Monat. Das
war der bestbezahlte Studentenjob, den ich kriegen konnte, ich
kam auf 1100, 1200 Mark im Monat. Und es war so viel schöner als
die Fließbandarbeit bei Opel.

Das beste aber waren die Trinkgelder. Da konnte ich was fürs Leben lernen. Die Frage war: Wie bekommt man viel Trinkgeld? Wenn
einer einen Lottogewinn von 2417,30 Mark ausgezahlt bekommen
sollte, richtete ich 2400 Mark zurecht. »So, jetzt bekommen Sie

159

dann noch 17,30.« Pause. »Moment.« Pause. »Hab ich überhaupt so viel Kleingeld? Moment.« Pause. Spätestens dann sagte der Empfänger: »Ach komm, behalten Sie's!« Wir versuchten alle Tricks ...

Interessant fand ich: Die Empfänger, die am meisten bekommen haben, nämlich die hohen Renten und die Lottogewinne, die waren meistens dermaßen geizig, dass sie sich alles bis auf den letzten Pfennig ausbezahlen ließen. Gerade bei den Lottogewinnern müsste man eigentlich meinen, dass die sich riesig freuen über den unerwarteten Geldsegen. Und in einer solchen Stimmung sollte man doch eigentlich eher zu Großzügigkeit neigen. Aber es war nicht so. Wenn mir der Geiz auf den Wecker ging, drehte ich den Spieß um: »Entschuldigung, ich habe keine 17 Pfennig, ich habe nur 50, ach, die schenk ich Ihnen.« – Und wissen Sie was? Diese Geizhälse haben das überzählige Geld sogar genommen, von einem studierenden Postboten im Nebenjob!

Aber es gab auch die anderen. Da waren die alten Omas, die kleine Renten im Format 123,70 Mark ausbezahlt bekamen. So eine arme alte Oma, die gab dann auch noch 1 Mark oder 2 Trinkgeld. Das habe ich dann manchmal versucht abzulehnen. Ich sah ja, wie die teilweise wohnten. Aber es war so gut wie unmöglich, diesen Damen das Vergnügen abzuschlagen, mir etwas zu schenken.

Ich habe gelernt: Diejenigen, die viel haben, sind oft die Geizigsten. Diejenigen, die am wenigsten haben, sind oft großzügig und lassen andere teilhaben. Ausnahmen bestätigen natürlich die Regel.

Genauso ist es auch bei der *Verantwortung* und dem *Stress*. Diejenigen, die gerne viel Verantwortung übernehmen, müssten ja eigentlich die Gestresstesten sein, aber das sind oft die *Gelasse-*

> »Es geht *nur* darum, ob man am richtigen Platz ist oder am falschen.
> Stress rührt nicht von zu hoher Belastung her, sondern vom Auflehnen gegen die unpassende Situation , vom Kampf gegen die Fremdbestimmung.«
>
> *Lothar Seiwert*

160

nen. Und umgekehrt, diejenigen, die wenig Verantwortung tragen, klagen oft am lautesten. Auch hier: Ausnahmen bestätigen die Regel. Aber diese Verteilung ist mir schon oft aufgefallen.

Dabei geht es doch nur darum, ob man am richtigen Platz ist oder am falschen. Der Stress, den viele beklagen, stammt in Wahrheit nicht von dem Leiden unter der Belastung, wie alle meinen, sondern vom Auflehnen gegen die unpassende Situation, vom Kampf gegen die *Fremdbestimmung*: Wer sich innerlich gegen die Sorte Job auflehnt, die er gewählt hat, begeht einen schlimmen Fehler.

So wie mein Vater.

Auf dem falschen Dampfer

Als mein Vater starb, war ich 18. Er war Hals-Nasen-Ohren-Arzt, aber eigentlich wäre er prädestiniert für die Forschung gewesen, als Tüftler im Labor oder als Forschungsleiter, ganz auf den Forschungsgegenstand fixiert. Am liebsten war er alleine in seinem Arbeitszimmer und lötete da zum Beispiel die Teile eines Radios zusammen. Der Kontakt mit den Menschen war nicht sein Metier. Was natürlich für einen niedergelassenen Arzt in einer HNO-Praxis keine ganz gute Voraussetzung ist.

Aufgrund seines Werdegangs und durch den Krieg hatte es für ihn aber keine andere Möglichkeit gegeben, er musste in die Selbstständigkeit. Das war eine Sichtweise. Man könnte aber auch sagen, damals hat es sich eben so ergeben. Wirklich bemüht, sein Ding zu machen, hatte er sich höchstwahrscheinlich nicht. Jedenfalls hatte er sich nicht durchgesetzt. Damals gab es noch nicht so große und so viele Forschungseinrichtungen, es wäre schwer gewesen, in einem Labor unterzukommen. Er bewarb sich auf jeden Fall einmal bei der Ärztekammer (damals gab es noch keine Niederlassungsfreiheit), und nach drei Jahren hatte er seine Praxis. Es war seine eigene Entscheidung.

> *Mein Vater dagegen war froh, wenn die Leute wegblieben, sie waren ihm lästig.*

Obwohl es aus unternehmerischer Sicht völlig unsinnig war, behandelte er die Leute möglichst schnell und machte sie so schnell wie möglich gesund, damit sie nicht wiederkommen mussten. Seine Kollegen machten gerne Nachuntersuchungen und fanden hier noch etwas und da noch etwas, um den Schein für das nächste Quartal zu sichern. Mein Vater dagegen war froh, wenn die Leute wegblieben, sie waren ihm lästig.

Damals war es für ein Mädchen, das sich die Ohren durchstechen lassen wollte, aus hygienisch-medizinischen Gründen notwendig, zum HNO-Arzt zu gehen. Mein Vater hat das abgelehnt, denn er fand das aus medizinischer Sicht nicht notwendig. Alle anderen rechneten das Ohrstechen gerne ab.

Mein Vater war hochintelligent. Weniger intelligenten Menschen etwas erklären zu müssen, war ihm eigentlich zuwider. Da er aber den ganzen Tag mit Menschen zu tun hatte, von denen die meisten nicht das intellektuelle Niveau erreichten, das ihm für eine Unterhaltung Freude gemacht hätte, kam er abends emotional gestresst nach Hause.

Für mich 8 oder 9-jährigen war das schwierig. Wenn abends die Haustür ging, wollte ich am liebsten zu meinem Vater hinstürzen und ihn begrüßen. Er aber wollte in Ruhe gelassen werden. Er war

Gibt es die richtigen Jobs überhaupt nicht mehr?

ausgepowert und wollte nicht angesprochen werden, denn das hatte er ja schon den ganzen Tag gehabt. Wenn er dann für sich in seinem Zimmer war, lebte er auf.

Mein Vater war nicht nur gestresst, er war auch die meiste Zeit des Tages ein unglücklicher Mensch, denn er fühlte sich eindeutig am falschen Ort. Er glaubte, durch die äußeren Umstände tagein, tagaus gezwungen zu sein, etwas zu tun, was er eigentlich nicht tun wollte.

Er tat sich damit genauso schwer wie beispielsweise Manager, die dagegen ankämpfen, harte Entscheidungen fällen zu müssen. Oder wie Sportler, die trainingsfaul sind und gegen die körperliche Belastung ankämpfen. Oder wie Business-Trainer und

Profi-Speaker, die sich nicht gerne selbst verkaufen und dagegen ankämpfen, sich zu vermarkten. Oder wie Servicemitarbeiter in der Gastronomie, die keine Freude an Smalltalk haben. Oder wie Außendienstmitarbeiter, die nicht gerne alleine sind, sondern ein Team um sich brauchen.

So etwas ergibt keinen Sinn. Das passt nicht zusammen.

Aber wie kommen solche *Mismatches* zu Stande? Sind wir so schlecht vorbereitet auf das, was uns im Berufsleben erwartet, dass wir gar nicht in der Lage sind, den für uns richtigen Job zu finden? Gibt es die richtigen Jobs überhaupt nicht mehr?

Prof. Dr. Günter Dhom ist eine absolute Zahnarzt-Koryphäe. Er ist auch so einer mit dem Adlerblick, einer, der global denkt und immer versteht, die Dinge für sich in die richtige Richtung zu drehen. Er hat einen Blick für die Zeichen der Zeit. Damit sein Sohn einmal gute Berufschancen hat, stellte er eine gebildete, niveauvolle chinesische Kinderfrau ein. Bevor das Kind mehr als Papa und Mama sagen konnte, sprach es schon die ersten Wörter Chinesisch. In den Urlaub flog die Familie immer nach Taiwan, um auch dort in der chinesischen Sprache zu baden. Als der Junge in den Kindergarten kam, sprach er schon akzentfrei Chinesisch. Auch in Amerika hört man das öfter: Die Kinderfrau kommt nicht mehr aus Mexiko, sondern aus China.

Ich kann nicht verstehen, dass Wirtschaft kein Hauptfach an jedem Gymnasium ist.

Ich frage mich: Was muss passieren, damit unsere Kinder in den Grundschulen flächendeckend Chinesisch als Wahlfach bekommen? Ein solch global orientiertes, die Veränderungen in der weltwirtschaftlichen Architektur reflektierendes Bildungsangebot scheint hier zu Lande schlicht undenkbar, da kommt von den meisten Leuten sofort Widerspruch: Grundschule? Chinesisch? Ist das nicht ein bisschen extrem? – Nein, nicht ex-trem, sondern nur konsequent: Chinesisch ist wegen der völlig fremden Schriftsprache so schwierig, dass es Sinn ergibt, so früh anzufangen. Und Wahlfach würde bedeuten: Man muss ja nicht. Aber zusammen mit Englisch, das sinnvollerweise ja auch bereits in der Grundschule gelehrt wird, hätten die Schüler dann die Option, Zugang zu den beiden größten Märkten der nächsten Jahrzehnte zu bekommen: China und Indien, mit derzeit zusammen 2,5 Milliarden Menschen.

Um seinen Weg wählen zu können, um die besten Voraussetzungen für das richtige, zu den eigenen Anlagen und Fähigkeiten passende Arbeitsfeld zu finden, braucht man als junger Mensch Wahlmöglichkeiten, Einblicke, Optionen. Die vermittelt unser starres, bürokratisches, innovationshemmendes Bildungssystem zu wenig.

Unser **Bildungssystem** erzeugt bei denen, die es durchlaufen haben, im späteren Berufsleben Stress, weil zu viele Faktoren verhindern, dass möglichst viele junge Menschen den für sie passenden Platz in der Arbeitswelt finden. Das Bildungssystem ist beispielsweise viel zu wenig durchlässig und zu dezentralisiert. Jede Hochschule strickt ihr eigenes Curriculum. Inhaltlich ist vieles nicht mehr zeitgemäß, Lehrmethoden sind veraltet, Rahmenbedingungen sind teilweise lächerlich: Während meiner Zeit in den 90er-Jahren als Professor an der FH in Wiesbaden standen da sogar noch 286er-PCs aus dem letzten Jahrhundert herum. Das sind Museumsstücke, keine Lehrmittel. Auch die Prüfungsmethoden sind total out! Durch unser tradiertes, dem humboldtschen Bildungsideal verhaftetes Bildungssystem gehört mit dem eisernen Besen hindurchgefegt. Im Grunde müsste man ein ganz neues aufbauen, wobei sich die Politiker nur bei den besten Systemen der Welt in Skandinavien, USA und Asien bedienen müssten.

Ein Telefonanruf ist im Prinzip die totale Fremdbestimmung.

Nicht nur, dass unsere Bildungswege die Internationalisierung der Wirtschaft ignorieren, ja überhaupt Wirtschaft an sich ignorieren – ich kann nicht verstehen, dass Wirtschaft kein Hauptfach an jedem Gymnasium ist –, die ganze Ausbildung läuft auch auf ein Leben mit Angestelltenvertrag hinaus. Da die Lehrer Beamte oder Angestellte sind, können sie ja auch schlecht vermitteln, wie das mit dem Businessplan und der Gründungsfinanzierung und dem Führen von Mitarbeitern funktioniert. Alles läuft auf ein Arbeitsleben in Standardarbeitszeit »9 to 5 Work« hinaus. Geprägt durch Frontalunterricht im Dreiviertelstundentakt nach vorgegebenen Schulbuchlektionen warte ich dann natürlich später auch in der Firma darauf, dass mir jemand sagt, was ich tun soll. Und so wie der Gong in der Schule die Erlaubnis ist, den Stift von sich zu werfen und aufzuspringen, so ist im Betrieb um Punkt 17 Uhr Schluss, PC aus, raus aus der Tür, egal, ob da noch ein Kunde eine Bestellung aufgeben wollte oder nicht.

Ich kann aber gar nicht bereit sein, viel zu arbeiten und viel Verantwortung zu übernehmen, wenn ich von meinem Umfeld über Jahre darauf gepolt und programmiert bin, Ansprüche zu stellen nach bestimmten Arbeitszeitobergrenzen und Entlohnungsuntergrenzen. Wenn der Fokus darauf gerichtet ist, wo die Arbeitszeit aufhört und wo die Überstunden beginnen. Bekomme ich die vergütet oder versucht mich da jemand über den Tisch zu ziehen und auszubeuten?

Wenn ich mich fokussiere auf die Abwehr unlauterer Angriffe auf meine begrenzten Ressourcen an Arbeitskraft und Stressresistenz, dann komme ich gar nicht auf die Idee, dass ich in einem anderen Feld vielleicht richtig Lust und Freude hätte, mich zu verausgaben und alles zu geben, völlig egal, ob gerade Nacht oder Feiertag oder Wochenende ist.

Ich frage mich: Kann es in unserem reichen Land nicht für die meisten Menschen die Möglichkeit geben, beides zu bekommen: ein ausreichendes Einkommen UND die Bereitschaft und Fähigkeit, viel und mit Freude zu arbeiten?

Natürlich – das Einzige, was man tun muss, ist, den *richtigen Job* auszuwählen. Oder den Job, den man hat, für die richtige Wahl zu erklären und entsprechend zu denken und zu handeln. Diejenigen, die diese Auswahl hinbekommen, haben *keinen*

Stress, warum auch, sie haben die Erlaubnis, 70 Stunden lang das zu tun, was sie ohnehin am liebsten tun. Und sie bekommen sogar noch Geld dafür!

Und wie kommt man in eine solche Situation?

- Indem ich nicht das arbeite, was andere mir sagen, dass ich arbeiten soll, sondern indem ich mir die Arbeit selbst *aussuche*.

- Oder mir die Arbeit, die ich habe, so *gestalte*, dass ich sie als weniger stressig empfinde.

Diejenigen, die sich dazu nicht entschließen können, sondern lieber eine Arbeit machen, die ihnen zugewiesen wird oder die eben übrig bleibt, die müssen ja auch nicht 70 Wochenstunden arbeiten. Allerdings müssen sie dann damit leben, dass ihr Auto weniger Hubraum, die Wohnung weniger Quadratmeter und die Flugreise weniger Kilometer hat. Ein fairer Deal, der leicht zu ertragen ist, wenn man akzeptiert, dass man es sich eben so ausgesucht hat.

Der anthroposophische Vorzeigeunternehmer Götz Werner von den dm-Drogeriemärkten sagte in einem *Spiegel*-Interview: »Großer Stress entsteht, wenn man etwas macht, was einem nicht entspricht, wenn man mit Aufgaben konfrontiert ist, mit denen man sich nicht innerlich verbinden kann.«

Im selben *Spiegel* wurde der Coach Reinhard Ahrens zitiert, der unter anderem Vorstände von DAX-Unternehmen bei der Personalentwicklung berät, der aber auch einzelne Topmanager coacht, wenn sie nicht mehr wissen, wie sie mit dem Stress klarkommen sollen: »Wenn wir fremde Ziele zu unseren machen, entsteht auf Dauer ungesunder Stress.«

Was Ahrens selbst besonders stresst: Telefonanrufe. Klar: Ein Telefonanruf ist im Prinzip die totale Fremdbestimmung. Man hat nicht die Wahl, mit wem man spricht, ob man überhaupt sprechen will, wann genau man spricht, alles ist von außen vorgegeben, sobald das Telefon läutet. Wem das nicht liegt, der sollte sich etwas überlegen. Der Management-Coach löst das so: Er nimmt nicht ab, lässt die Anrufer auf die Mailbox sprechen und bestimmt dann selbst, wann er die Gespräche abhört und wie er darauf reagiert. Meistens schreibt er dann eine E-Mail.

Oder Sie machen es gleich wie Karl Lagerfeld, der eine faszinierende Mischung aus Disziplin und Kreativität verkörpert. In einem Interview sagte er unlängst: »Handy? Ich finde das Wort schon grauenvoll. Dieses Antworten auf jeden Quatsch ist doch socially grauenhaft. Für moderne Technik habe ich keine Zeit. Ich muss ja auch mal arbeiten.«

Irgendwann muss sich jeder von uns entschließen, ob er Hammer oder Nagel sein will. Ich war selbst lange Zeit auf der »falschen Seite der Macht« unterwegs, bis ich eines Tages verstand – und mein Leben in die Hand nahm.

✔ Arbeit an sich kann nicht stressig sein.
Die falsche Auswahl der Arbeit ist es,
die Stress verursacht.

✔ Wer dauerhaft Stress hat, arbeitet möglicherweise
mehr, als er will.

✔ Auch wer mehr Verantwortung trägt, als er will,
hat Stress.

✔ Wer arbeiten *muss*, der will nicht.

✔ Die Suche nach der passenden Arbeit ist
die einzige Lösung gegen Dauerstress.

✔ Erfolg auf Kosten der Gesundheit ist keine
Heldentat.

✔ Weniger arbeiten ist oft mit einem Verlust an
Prestige, Macht, Geld und Status verbunden.

✔ Diejenigen mit der meisten Verantwortung haben oft vergleichsweise wenig Stress.

✔ Diejenigen, die wenig Verantwortung tragen, klagen oft am lautesten.

✔ Unser Bildungssystem fördert nicht die Suche und Auswahl der passendsten Arbeit.

✔ Stress entsteht, wenn man etwas macht, was einem nicht entspricht.

ESSENZEN

Wenn ich aussteige aus der Fremdbestimmung und Statik des Lebens und einsteige in die Selbstbestimmung und Dynamik des Lebens, dann mache ich alles anders. Dann arbeite ich anders, dann sieht mein Tag anders aus, dann lebe ich mit anderen Menschen zusammen, dann entwickle ich andere Lebensprojekte.

Wie war das bei mir selbst, als ich in San Francisco in der Buchhandlung stand, das Buch New Passages in die Hand nahm, plötzlich begriff – und sich auf einen Schlag mein Leben verändert hat?

Der Tag, an dem ich mein Leben in die Hand nahm

Wenn ich die Chance habe, an einer Konferenz oder einem Kongress in den USA teilzunehmen, dann bin ich gerne dabei. Da geht mir das Herz auf! Auf jeder amerikanischen Convention treffe ich weltoffene, lockere, unkomplizierte, kontaktfreudige Menschen. Gut, die Gespräche und die Vorträge sind bisweilen recht oberflächlich, das ist ja ohnehin unser weit verbreitetes Vorurteil über die Amerikaner, das ich bis zu einem gewissen Grad sogar nachvollziehen kann. Trotzdem: Es ist jedes Mal eine schöne, meistens sehr inspirierende Erfahrung. Es ist wie Auftanken, und immer ist es ein wenig ernüchternd, wieder daheim zu landen, spätestens nach den ersten Kontakten mit der so wenig oberflächlichen und darum leider so wenig lockeren deutschen Bevölkerung.

Alle zwei bis drei Jahre fliege ich zur größten Weiterbildungstagung der Welt: zur Convention der American Society for Training & Development (ASTD). So auch in jenem Jahr, in dem der ICE zum ersten Mal in Deutschland fahrplanmäßig fuhr, in dem Mr. Tagesschau Karl-Heinz Köpcke starb und Lena Meyer-Landrut geboren wurde, in dem die Schweizer Eidgenossenschaft 700 Jahre alt und in den Südtiroler Alpen Ötzi gefunden wurde, in dem wegen des Golfkriegs der Karneval in Deutschland ausfiel, Kaiserslautern Deutscher Meister wurde und Diego Maradona wegen Kokainmissbrauchs arbeitslos wurde.

Vielleicht war ich deshalb in so einer sonderbaren Stimmung.

Diesmal ging es nach: San Francisco! Den ganzen Flug über hatte ich voller Vorfreude Scott McKenzies Song im Ohr »If you're going to San Francisco, be sure to wear some Flowers in your Hair ...« – Eine der besten Marketingaktionen aller Zeiten für eine Stadt.

171

Wir hatten schönes, warmes Wetter, ich war mit netten Leuten unterwegs und erkundete mit den Cable Cars die steilen Straßen, in denen die Autos quer zur Fahrtrichtung parken und die ich bis dahin nur aus der Serie *Die Straßen von San Francisco* mit Michael Douglas und Karl Malden gekannt hatte. Kurz: Es war etwas Besonderes. Vielleicht war ich deshalb in so einer sonderbaren Stimmung.

Egal wo ich bin, immer zieht es mich in die Buchhandlungen. Besonders in Amerika. Die deutschen Hugendubels, Mayersches und Wittwers kannte ich ja, aber eine amerikanische Buchhandlung war für mich eine riesige Fundgrube, es war ja die Zeit vor Amazon, als die Menschen zu den Büchern kamen, um sie zu kaufen, und nicht umgekehrt.

Ich liebe das Stöbern, das ist auch heute noch so. Systematisch gehe ich ganze Abteilungen Regalmeter für Regalmeter, Reihe für Reihe ab und scanne den kompletten englischsprachigen Buchmarkt von links nach rechts. Das dauert Stunden! Aus so einem amerikanischen Büchertempel bekommt man mich nur mit Polizeigewalt wieder raus.

Ich lese die Buchrücken, schaue mir die Buchcover an, und wenn mich ein Titel anspricht, dann nehme ich das Buch in die Hand und blättere. Wenn es mich interessiert, schreibe ich das Buch auf, um es später zu bestellen, wenn ich wieder in Deutschland bin. Den Fehler vom ersten Mal, als ich mit 50 Büchern im Koffer am Zoll stand, mache ich nicht ein zweites Mal.

Als ich diese Abbildung sah, durchzuckte es mich wie ein Blitzschlag.

In einer solchen Buchhandlung in San Francisco war ich in jenem Jahr beim Scannen bereits beim Buchstaben S angekommen. Ich fand *Managing your Time* von Lothar J. Seiwert und freute mich. Ein Stück weiter stieß ich auf ein Buch von Gail Sheehy: *Passages – Predictable Crises of Adult Life*. Das Buch war damals schon ein Klassiker, *New York Times*-Bestseller und übersetzt in über zwanzig Sprachen, aber ich kannte es noch nicht.

Ich blätterte und las mich fest. Da schrieb die Autorin von den Lebensphasen und dass unser Leben nicht mehr in drei große Abschnitte einteilbar ist, so wie früher – Ausbildung, Erwerbsleben, Ruhestand –, sondern dass es heute anders verläuft. Sie stellte die Hypothese auf, dass wir mit ungefähr 45 Jahren, also in der Lebensmitte, in eine Art *zweites Erwachsenenleben* eintreten. Dies ist ein neuer, aufregender, reicher Lebensabschnitt, den Sheehy »Mastery« nennt. Zu Beginn dieser Phase entsteht der große Wunsch, das eigene Leben selbst in die Hand zu nehmen und fortan selbst gestalten zu wollen.

Ziemlich vorne im Buch war eine doppelseitige Abbildung, auf der der typische Lebensweg von der Geburt bis zum hohen Alter visualisiert war. Jedes Lebensjahrzehnt hatte dort seine besonderen Charakteristika: Die zögernden 20er, die 30er voller Saft und Kraft, aber auch mit der ersten Bestandsaufnahme im Leben, die leistungsfähigen 40er mit den ersten Abschieden und ... Als ich diese Abbildung sah, durchzuckte es mich wie ein Blitzschlag. Ich musste mich hinsetzen. Genau das war meine Situation! Ich war Anfang 40, da geht die Kurve plötzlich ganz nach unten. Sinnkrise. Kleiner Tod. Sterblichkeitskrise. Midlife-Crisis.

Genau da war ich angekommen.

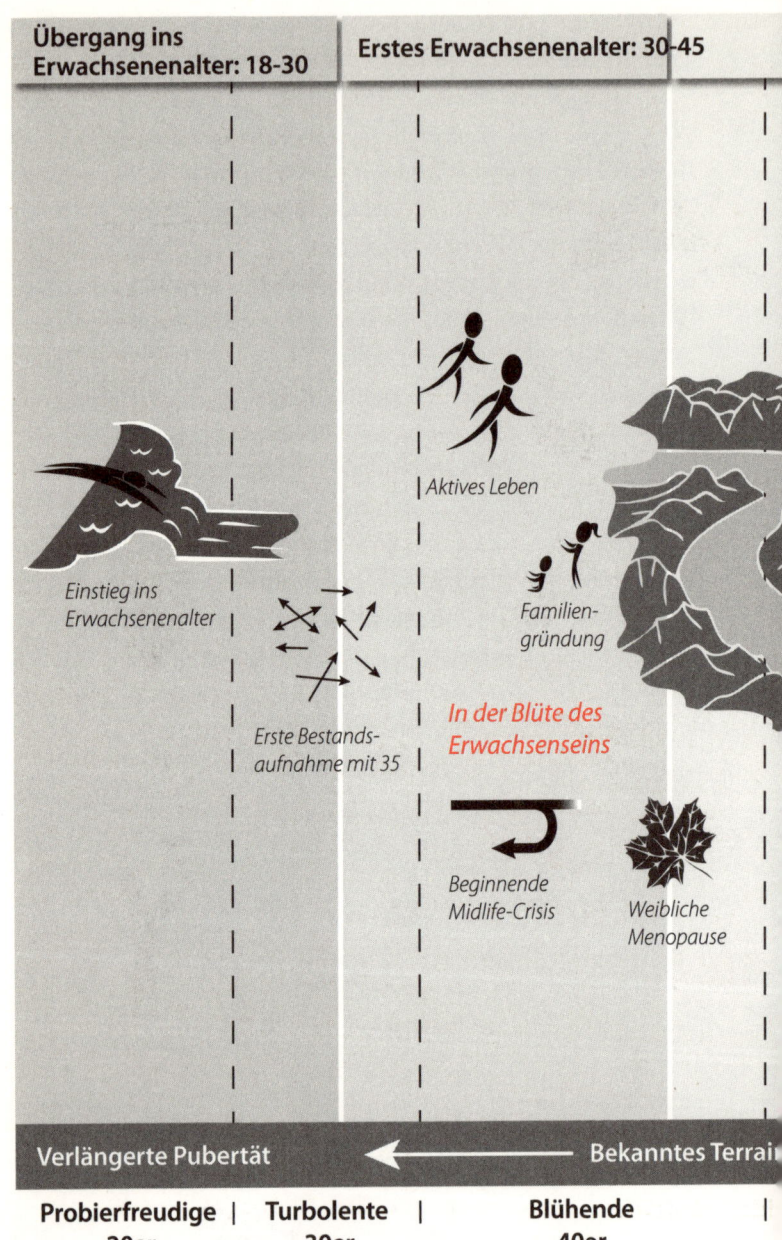

Übergang ins Erwachsenenalter: 18-30

Erstes Erwachsenenalter: 30-45

Einstieg ins Erwachsenenalter

Aktives Leben

Familien-gründung

Erste Bestands-aufnahme mit 35

In der Blüte des Erwachsenseins

Beginnende Midlife-Crisis

Weibliche Menopause

Verlängerte Pubertät ← Bekanntes Terrain

Probierfreudige 20er | **Turbolente 30er** | **Blühende 40er**

Welle des Optimismus

Stolperstufen

Zukunfts-Perspektiven:
- Weise Siebziger
- Unbefangene Achziger
- Stattliche Neunziger
- Feierliche Hundert

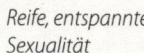

Reife, entspannte Sexualität

Die eigene Vergänglichkeit

Männliche Menopause

Zusammenwachsen

Weg in die Ganzheit

Aktiv Risiken eingehen

Pioniergeist

Gereifte Liebe

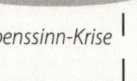

Lebenssinn-Krise

Geburt des 2. Erwachsenseins

Aneignung von Lebensweisheit

Glückliche Großeltern

Neuland ➡

Leidenschaftliche 50er

Heitere 60er

Lebensphasen nach Gail Sheehy

Gesprengte Ketten

Früher war ich einmal in einer Personalberatung tätig. Da fiel mir immer wieder auf, dass manche Bewerber Anfang oder Mitte 40 sich um Stellen bewarben, für die sie sich nicht hätten bewerben müssen. Das waren zum Beispiel Abteilungsleiter oder Direktoren aus Großkonzernen, die eigentlich alles erreicht hatten, was man erreichen konnte. Sie hätten sich auf diesem Plateau in ihrem Lebenslauf ausruhen und sich schon mal langsam auf die Pensionierung einstellen können. Sie spielten sozusagen Champions League und hatten einen Stammplatz.

Aber dann bewarben sie sich auf den Geschäftsführerposten bei einem kleinen Mittelständler in der Provinz. Das ist in etwa so, als ob ein gestandener Bundesligaprofi freiwillig von Bayern München zu einem Drittligisten wechselt, nur um dort Spielführer zu sein. Geschäftsführer bei einem Mittelständler, das ist enorm anspruchsvoll, da gibt es keine Möglichkeit mehr, sich zu verstecken, man steht voll in der Verantwortung, trägt ein viel höheres Risiko und schaut den Anvertrauten jeden Tag direkt in die Augen. Wenn da eine Wirtschaftskrise kommt, gibt es keine großen Geldreserven und auch keinen Staat, der zur Rettung mal eben schnell ein paar hundert Millionen bereitstellt, um die Arbeitsplätze zu sichern. Ein Mittelständler steht voll im Wind.

Wollte ich das? Same procedure as every year? – NEIN!

Also fragte ich mich, warum diese Führungskräfte sich das antun. Die haben es bei AEG oder Bosch oder bei Daimler doch wunderbar, warum nur stellen sie sich freiwillig einer solchen Herausforderung?

Mittlerweile war ich selbst in diesem Alter, und so langsam verstand ich. Ich war zu diesem Zeitpunkt schon über 10 Jahre Beamter auf Lebenszeit. Ich kannte das »Business« an der Uni. Jedes Jahr war es das Gleiche. Ich musste immer an den ewigen Neujahrsklassiker *Dinner for One* denken: »Same procedure as last year?« – »Same procedure as every year!«

Der Zyklus des Curriculums war immer der gleiche. Das Leben war vorgegeben. Ich konnte mir genau ausrechnen, dass ich 2027 zum 195. Mal den Kurs Unternehmensführung II halten würde. Nur: Ich war mittlerweile an einem Punkt angekommen, an dem mir dieses Szenario zuwider war. Mir war schon seit einiger Zeit elend zu Mute. Ich kam mir vor wie ein billiger Fernsehsketch. Wollte ich das? Same procedure as every year? – NEIN!

So was gibt doch keiner auf!

Auf der einen Seite war die **Sicherheit**, der vertraute Job, das viele leicht verdiente Geld, die Beamtenpension, die bequeme Routine. Auf der anderen Seite war die **Selbstbestimmung**, das Risiko, der Gestaltungswille, das Abenteuer. Dieser Konflikt gärte in mir.

Und mit diesem inneren Gärungsprozess beschäftigt, sah ich dann diese Abbildung in der Buchhandlung in San Francisco. Ich starrte auf das Buch, minutenlang, wie versteinert. Und noch an Ort und Stelle, auf einem Lesesessel, völlig erschlagen von der plötzlichen Gewissheit, wo ich stand und wo ich hinwollte, traf ich die Entscheidung: Ich hänge das Beamtentum an den Nagel!

Und das machte ich auch. Zurück in Deutschland, leitete ich sofort die ersten Schritte ein. Ich musste mich erst mal erkundigen, wie das überhaupt funktioniert, als Beamter zu kündigen. Alle um mich herum waren schwer erschüttert: »Du bist verrückt!« – »Junge«, sagte meine Mutter, »hast du dir das gut überlegt?« – »Spinnst du?«, sagten andere, »kannst du rechnen? Weißt du, was so eine Pension wert ist? So was gibt doch keiner auf!« Ein Beamtenverhältnis kündigt man nicht. Niemand tut das. Das geht gar nicht!

Aber meine Entscheidung war schon gefallen. Ich plante und organisierte und konkretisierte ein halbes Jahr lang, wie ich meine Entscheidung in die Tat umsetzen konnte, wozu auch gehörte, meine Selbstständigkeit gründlich vorzubereiten. Meinem Fachbereich bot ich an, einen Nachfolger einzuarbeiten, ein halbes Jahr, dann würde ich weg sein.

Mein Austritt aus dem Beamtenverhältnis war so ungewöhnlich, dass es bei den Behörden überhaupt keinen Vorgang dafür gab. Deshalb war es anfangs auch völlig unklar, ob ich meinen rechtmäßig erworbenen Professorentitel auch nach meiner »Befreiung« noch würde behalten dürfen. Die Pension und die Vergütungsansprüche zwischen heute und der Pensionierung wegzuwerfen – und wir reden hier von einem Gegenwert von insgesamt deutlich über 1 Million Euro! –, das fiel mir leicht, aber den Titel hergeben zu müssen, ich gebe es zu, das nagte an mir.

Professor Seiwert, das war meine Marke. Und der Titel war mir so wichtig, dass ich selbst stutzig wurde, warum er mir so wichtig war. Mit professioneller Hilfe fand ich das heraus: Es hatte, natürlich, mit meinem Vater zu tun, der mir, als er noch lebte, kaum Anerkennung geschenkt hatte. Da war ein enormer Drang in mir, es ihm zu zeigen, auch wenn er ja schon verstorben war. Eigentlich ist es eine traurige Geschichte, andererseits kann ich ihm auch dankbar sein, denn dieses Streben nach der väterlichen Anerkennung hat mich ja wahrlich weit gebracht. Und der Professorentitel, der gehörte eindeutig dazu.

Da dackelte ich in die Vorlesung, wo diese vom Feiern bleichen Spätpubertierenden rumlümmelten und sich langweilten.

Bei allem, was ich aufgeben wollte – Sicherheit, einen großen Haufen Geld, möglicherweise einen Titel –, war Letzterer für mich das härteste Stück Brot. Aber ich ging das Risiko ein, und wenn sie mir den Professor weggenommen hätten, dann hätte ich das in Kauf genommen. Trotzdem kämpfte ich um ihn. Wie ich lernte, ist das Verfahren von Bundesland zu Bundesland verschieden. In Bayern hat man nach zehn Jahren als Professor den Titel auf Lebenszeit. Zehn Jahre, das hatte ich bereits abgesessen. In Hessen aber ist das nicht fest geregelt, deshalb musste ich einen entsprechenden behördlichen Antrag stellen, über den die hochherrschaftliche Staatsgewalt dann gnädig entscheiden durfte. Das tat sie auch. Ein Dreiviertel Jahr lang.

Im Februar hatte ich den Dienst quittiert, kurz vor Weihnachten kam der Bescheid: Meinem Antrag wurde stattgegeben. Ich durfte den Titel behalten. Untertan, wir gewähren dir ...
Ich war befreit.

Ausstieg

Im Chinesischen steht das Schriftzeichen für *Krise* auch für Chance, Lösung und Herausforderung. Für einen Chinesen gibt es da keinen Unterschied. Und im Rückblick war es bei mir genauso. Meine große Sinnkrise mit Anfang vierzig mündete durch meine Entscheidung für das freie Leben als Selbstständiger direkt in eine Phase der Selbstbestimmung und Souveränität.

Was genau hatte sich dadurch geändert?

Selbstbestimmung und Souveränität statt Fremdbestimmung und Gehorsam, so viel war klar. Ich katapultierte mich aber auch aus einer sinnlosen Tätigkeit hinaus in ein sinnvolles Bewirken – um es abstrakt auszudrücken. Ich mag junge Menschen eigentlich von Herzen gern, und ich habe später an der Universität St. Gallen (HSG) oder an der European Business School (EBS) in Oestrich-Winkel das völlige Gegenteil erlebt wie zu meiner Beamtenzeit. Hier traf ich auf junge, ehrgeizige, interessierte, motivierte Studierende, voller Fragen und Neugier, die wollten wirklich etwas lernen.

Aber an der Fachhochschule? Da dackelte ich in die Vorlesung, wo diese vom Feiern bleichen Spätpubertierenden rumlümmelten und sich langweilten. Du servierst ihnen neueste Tests der Persönlichkeitsanalyse, sponserst dabei noch die Lizenzgebühr von 100 Mark pro Nase aus der eigenen Tasche und reißt dir, pardon, den Allerwertesten auf, um einen guten Job als Lehrender zu machen, und was machen die jungen Damen? Die holen das Strickzeug raus!

Das Desinteresse und unmotivierte Verhalten unserer zukünftigen Bildungselite haben mich irgendwann nur noch genervt. Eine Stunde davon hat mich emotional so angestrengt wie eine ganze Woche Seminare mit »aufgestellten« jungen Menschen, wie man in der Schweiz sagt – es war wie Tag und Nacht. Was war der Unterschied? Warum weht an den Privathochschulen so ein völlig anderer Wind?

Der Unterschied ist ganz banal. Im Schwäbischen heißt es: »Was nix koscht, isch au nix wert!« – Die **Studiengebühren** machen den Unterschied. Dort, wo für das Studienangebot ein Preis bezahlt werden muss, funktionieren die Lehre und

Ein raffiniertes System!

das Lernen, dort, wo man zum Nulltarif rumhängen kann, muss man die schlappen Hunde zum Jagen tragen. Heute bin ich ganz klar der Meinung, dass das Gratisstudium abgeschafft gehört. Und zwar nicht aus Gründen der Bildungsfinanzierung, sondern aus Gründen der Motivation. Studiengebühren sorgen für die richtige Einstellung zum Bildungsangebot: Bildung ist wertvoll, kostbar und erstrebenswert. Kein Allerweltsgut, das sowieso da ist, das einen umspült und in dem man badet, um sich auszuruhen.

Was sich viele ganz normale junge Menschen auf den vielen ganz normalen Universitäten leisten und herausnehmen dürfen, empfinde ich als eine bodenlose Frechheit und als Schlag ins Gesicht des Lehrpersonals und der Steuerzahler, die diese kollektiven Selbsterfahrungstrips und mehrjährigen Lebensorientierungsbiotope finanzieren.

Natürlich gibt es auch auf ganz normalen Gratis-Universitäten Studierende, die mit Motivation und Einstellung glänzen, keine Frage. Und natürlich ist nicht jeder Studierende in St. Gallen oder an der European Business School top. Aber der Unterscheid zwischen den beiden Lagern ist so auffällig und hat mich so gewaltig gestört, dass ich hier ganz bewusst ein wenig polarisieren möchte.

Übrigens bin ich sehr wohl der Meinung, dass niemand aufgrund seiner Herkunft beziehungsweise aufgrund der finanziellen Ausstattung des Elternhauses diskriminiert werden sollte. Wer das Geld nicht hat, muss die Chance bekommen, über gute Leistungen ein Stipendium zu bekommen. Und wer weder genügend Geld hat noch zu den Besten gehört, muss immer noch die Möglichkeit haben, durch einen Nebenjob genügend Geld aufzutreiben, um die entsprechend moderat dimensionierten Studiengebühren zu finanzieren. Jobben ist übrigens auch eine gute Lebensschule, insbesondere im Service und im Verkauf, aber das nur nebenbei.

Bei meinem Lehrauftrag an der Universität St. Gallen, den ich einige Jahre innehatte, war die Atmosphäre unter den Studierenden noch ambitionierter, noch motivierter als auf der European Business School. Die Schweizer haben so ein cleveres Credit-Point-System: Nur wenn ein Studierender durch seine Leistungen genügend Punkte erworben hat, kann er Kurse buchen. Gut gebuchte Kurse haben einen höheren Preis, man muss sich also mehr anstrengen, um hineinzukommen. Das ist ein marktwirtschaftliches, leistungsorientiertes System, bei dem auch die Lehrenden am Preis ablesen können, welches die gefragtesten Kurse sind und welcher Dozent somit den höchsten Wert schafft. Der Effekt: Ich habe noch nie so viele hoch motivierte, interessierte und aufnahmebereite junge Menschen auf einem Haufen gesehen wie in St. Gallen. Und noch nie so viele gute, engagierte und ambitionierte Lehrende. Ein raffiniertes System!

Diese freie, marktwirtschaftliche Welt, in der meine Leistung als Bildungsanbieter etwas wert ist und auch angenommen und umgesetzt wird, das war das Neuland, das ich mir durch meinen Verzicht auf den Beamtenstatus eröffnete. Ich spürte plötzlich, wie sinnlos mein Wirken zuvor war und wie sinnvoll meine Arbeit jetzt sein konnte. *Sinn* war die eine große Veränderung, die mein Schritt in das *selbstbestimmte Leben* mit sich brachte.

Aber es gab noch andere Faktoren. Ich musste und wollte plötzlich viel mehr arbeiten als vorher. Da ich aber das tat, was ich ohnehin wollte, machte mich das glücklich. Ich kann sagen, dass ich nach meiner Kündigung ein viel glücklicherer Mensch wurde, als ich vorher in meiner abhängigen Stellung jemals war, obwohl ich seitdem viel mehr arbeitete als je zuvor in meinem Leben.

Mein neues Leben entspricht auch viel besser meinen Fähigkeiten, Neigungen und Vorlieben als vorher. Es passt mir wie ein Handschuh. Oder andersherum betrachtet: Zuvor hatte mein Leben überhaupt nicht zu mir gepasst. Ich merkte das eigentlich eher indirekt, nämlich als mir irgendwann auffiel, dass viele Ärgernisse, Frustrationen und Ungemach aus meinem Leben verschwunden waren: Die unsägliche Verwaltungsbürokratie, die in ihrer Sinnlosigkeit und in ihrer quälenden Zähigkeit für jeden mental einigermaßen beweglichen Menschen einer Art geistigen Vergewaltigung gleichkommt. Oder die Prüfungen, bei denen ich Oberpolizist spielen musste und erwachsene Menschen zu beaufsichtigen und zu kontrollieren hatte wie ein Büttel. Weil ich mich dabei nicht hinter der *FAZ* verstecken wollte wie viele meiner Kollegen, musste ich mit ansehen, wie Studenten pfuschten und betrogen, und als ich deswegen einem ausländischen Studenten einmal die Klausur wegnahm, wurde ich von ihm als »Nazi« beschimpft und von seinen Kumpels bedroht. Es ist unsäglich! In »richtigen« Hochschulen wie in St. Gallen wird man als Lehrkraft mit so etwas nicht belästigt. Da mailt man die Klausur hin und bekommt die fertigen Ausarbeitungen von den Studierenden zurückgemailt. Willkommen im 21. Jahrhundert. Jedenfalls war die Befreiung von solchen hässlichen Pflichten wie Aufsicht, Kontrolle und Prüfung für mich eine Wohltat.

Willkommen im 21. Jahrhundert.

Was sich auch verändert hatte: Ich musste nicht mehr so viel warten. Eine der übelsten Qualen zuvor waren die beliebigen, dümmlichen, langatmigen Sitzungen wegen nichts und wieder nichts: hingefahren, rumgesessen, abgesessen, dumm geschaut, nichts bewegt, heimgefahren. Das Leben ist entschieden zu kurz, um solcherart verschwendet zu werden. Im Nachhinein fühlte ich mich um die in Sitzungen verlorene Lebenszeit betrogen.

Und noch in anderer Hinsicht war ich plötzlich frei geworden. Beispielsweise war ich schon während meiner aktiven Professorenzeit mehrfach in den Club 55 eingeladen worden. Das ist eine Vereinigung der 55 besten europäischen Experten in Marketing und Vertrieb, in die man nur hineinkommt, wenn man von den anderen Mitgliedern vorgeschlagen und eingeladen wird und wenn eben gerade ein Platz frei wird. Dieser exklusive Zirkel besteht seit über 50 Jahren und hat seinen Sitz in Genf; eine wirklich ehrenvolle

Ich mache eine Woche Fortbildung auf Mallorca. Mitten im Semester.

Angelegenheit und eine echte Auszeichnung, dazuzugehören. Und durch den Kontakt mit den Besten der Besten in der Weiterbildung ausgesprochen lehrreich.

Nun tagten die 55er aber immer in einer Woche im Juni an irgendeinem schönen Ort auf der Welt, und da konnte ich nie richtig mitmachen, denn da lief ja noch das Sommersemester, währenddessen ich nicht einfach eine Woche fehlen konnte. Niemand

dort an der Hochschule hätte mir geglaubt, wenn ich gesagt hätte, ich mache eine Woche Fortbildung auf Mallorca. Mitten im Semester. Es war also Teil meiner Leibeigenschaft, dass ich nicht einfach irgendwo hinfliegen konnte. Ich brauchte für alles Genehmigungen, Erlaubnisse, Freistellungen – ich war ein Gefangener.

Ich kann auch heute nicht einfach machen, was ich will. Ich habe schließlich Kunden, ich habe Termine. Und wenn ein Termin fix gemacht worden ist, dann steht dieser Termin und ist unverrückbar.

So etwas Heldenhaftes zu tun, war genau mein erster Impuls.

Dann gibt es auch heute noch für mich ein »Muss« – aber dieses Müssen ist ein freiwilliges. Ich kann, wenn ich will, einem Kunden immer sagen: Tut mir leid, das mach ich nicht. Um 19 Uhr rede ich nicht. An diesem oder jenem Tag will ich nicht. Für diesen Preis trete ich nicht auf. Ich bin in der glücklichen Lage, frei entscheiden zu können, ob ich bestimmte Bedingungen akzeptiere oder nicht. Wenn ich mich binde, dann nur deshalb, weil ich das will. *Selbstbestimmung* ist also nicht zu verwechseln mit Beliebigkeit. Ich bin mir sogar sicher, dass ich viel pflichtbewusster geworden bin, seit ich Pflichten freiwillig eingehen kann.

Freiheit, Selbstbestimmung, Sinn, Wertschätzung, Passgenauigkeit, Effizienz, Flexibilität, Freiwilligkeit – war also nach dem Entschluss, den ich in San Francisco getroffen hatte, plötzlich alles eitel Sonnenschein in meinem Leben? So einfach ist es nicht ...

Voll im Wind

Wenige Tage nach meiner Entfesselung, bei einem meiner ersten Aufträge als Trainer für Zeitmanagement, rutschte ich auf einem Parkplatz neben der geöffneten Tür meines Autos auf einer Eisplatte aus. Vor meinem inneren Auge kann ich die Sequenz wie einen Film ablaufen lassen: Ich sehe mich dissoziiert von außen, wie mein Schuh nach vorne weggleitet, ich liege für einen kurzen Moment schwerelos waagrecht in der Luft, alle vier Gliedmaßen weit von mir gestreckt, die Krawatte flattert fast senkrecht in die

Höhe, die Papiere, die ich in der Hand gehalten habe, und mein Autoschlüssel fliegen von mir weg, ich strecke instinktiv den Kopf nach vorne, um ihn möglichst weit weg vom Ort des Aufpralls zu bringen, meine Arme bewegen sich hinter meinen Körper, die Beine befinden sich noch in der schwungvollen Aufwärtsbewegung, während mein Oberkörper bereits abwärts beschleunigt, da bekommt meine nach unten ausgestreckte rechte Hand bereits Kontakt mit dem harten, blanken Eis und mein Körper kracht schräg rückwärts auf meinen rechten Arm, der unter der Wucht zusammenknickt.

Als alle motorischen Reflexe ihren Dienst getan hatten und mich insbesondere vor einer schweren Kopfverletzung bewahrt hatten, saß ich auf meinen vier Buchstaben und sammelte meine Einzelteile wieder zusammen. Ich rappelte mich auf und setzte mich auf den Fahrersitz, die Tür war ja offen. Mein rechter Arm hing schlaff herunter, der schien kaputt zu sein. Er hing neben mir wie ein fremdes Anhängsel, ich spürte ihn überhaupt nicht, dem blitzartig ausgeschütteten Hormoncocktail in meinem Blut sei Dank.

In Kürze war mir klar, dass ich nicht mehr fahren konnte. Mein erster Impuls war gewesen, selbst ins Krankenhaus zu fahren. Man kennt ja diese Geschichten vom Schreiner, der versehentlich die Hand in die Kreissäge bekommen hat, daraufhin kurzerhand ins Auto steigt und mit der abgetrennten Hand im Eisbeutel und dem notdürftig abgebundenen, blutenden Armstumpf auf dem Schoß ins Krankenhaus fährt, weil das die schnellste Art und Weise ist, um die Hand wieder angenäht zu bekommen.

So einen Trümmerhaufen von Oberarm hatten sie schon lange nicht mehr gesehen.

So etwas Heldenhaftes zu tun, war genau mein erster Impuls. Aber ich musste mir eingestehen, dass es nicht funktionierte.

Trotzdem: Ich wollte so schnell wie möglich weg von diesem einsamen Parkplatz und ins Krankenhaus. Aber bloß nicht in irgendein Provinzkrankenhaus zu irgendeinem Schlächter! Bloß

keinen Krankenwagen, denn ich wollte die Verantwortung, was mit meinem Körper wo und von wem gemacht wird, auf gar keinen Fall abgeben. Nein, ich wollte so schnell wie möglich in die ATOS-Klinik nach Heidelberg. Das waren die Topspezialisten für Hand, Fuß, Rücken und Schulter, und dorthin gingen auch Steffi Graf oder der Bremer Torwart Oliver Reck, das wusste ich, denn ich las ja immer aufmerksam den Sportteil.

Zu dieser Zeit gab es noch keine Handys, ich hatte aber ein eingebautes Autotelefon, also rief ich meine damalige Lebensgefährtin an. Sie holte mich zusammen mit einem Mitarbeiter ab. Meine Freundin fuhr das Auto heim, und der Kollege fuhr mich nach Heidelberg. Das war keine kleine Strecke. Und während wir die A 3 zwischen Köln und Frankfurt entlangfuhren, dann beim Flughafen kurz auf die A 67 an Rüsselsheim vorbei, rüber zur A 5 bei Darmstadt, schrie ich immer lauter, jedes Mal wenn es in eine Kurve ging. Ich merkte plötzlich, welche Fliehkräfte eigentlich im Auto wirken, was man sonst ja nie mitbekommt. Die zusammen mit dem Adrenalin während der Stressreaktion bei meinem Sturz ausgeschütteten Endorphine, die mein Schmerzempfinden unterdrückt hatten, bauten sich immer weiter ab, und die Schmerzen wurden nach und nach unerträglich. Irgendwann waren wir endlich in Heidelberg, und ich konnte mich in die Obhut von Professor Habermeyer begeben, der einen vierfachen Oberarmbruch diagnostizierte.

Professor Peter Habermeyer ist so etwas wie der Müller-Wohl-
fahrt der Schulterverletzungen, eine echte Koryphäe, er hält auf
der ganzen Welt Vorträge und ist insofern ein Kollege von mir.
Als er das Röntgenbild sah, ließ er sofort seine ganze Assisten-
tenschar kommen, um das Bild zu studieren: So einen Trümmerhaufen von Oberarm hatten sie schon lange nicht mehr gesehen.

Ich hatte sofort einen guten Draht zu meinem Arzt, wir verbrach-
ten in den folgenden Wochen ja auch einige Zeit miteinander,
und später durfte ich durch diesen Kontakt auf einem Kongress
vor über 1.000 Unfallchirurgen in Berlin einen Vortrag halten. Jedes Problem ist eine Chance.

Na gut, es war eine üble Verletzung. Na gut, ich war versichert.
Na gut, dann bleibt man eben zu Hause und kuriert sich aus. Als
Beamter, der ich noch wenige Wochen zuvor gewesen war, hätte
man sich ungefähr zwei Jahre dafür genommen, Reha, Nachkur,
noch eine Nachkur und die Folgekur. Alles schön bezahlt von Nor-
bert Normalverbraucher und Marion Mustersteuerzahlerin.

Aber ich war kein Beamter mehr. Ich hatte keine Zeit für eine aufwändige Rekonvaleszenz. Ich musste mich so schnell wie möglich
wieder ins Auto setzen und vor die Seminarteilnehmer stellen können. Mein eigenes Geschäft war ja gerade erst gestartet, und ich
war mitten in der Aufbauphase. Den Ausfall
meiner Arbeitskraft in genau dieser Zeit
konnte mir keine Versicherung auf der Welt
ersetzen. Jeder Tag Fehlzeit kostete mich ein Vermögen.

*Kurzerhand organisierte
ich jemanden, der mir
Schuhe und Krawatte
band.*

Also wollte ich von Professor Habermeyer die schnellste Heilung,
die es gibt. Und die bekam ich. Ohne Gips! Es wurde ein aufwän-
diges Verschlaufungs- und Bindesystem angewendet, das auf die
Indios im brasilianischen Regenwald zurückgeht und verhindert,
dass die Muskulatur zu sehr abbaute und die Bewegungsmuster
vom Körper verlernt wurden. Ich konnte den Druck der Bänder
selbst regulieren und flexibel nachstellen. Es funktionierte, und
ich hatte einen optimalen Heilungsverlauf, und vor allem: Ich war

schnell wieder mobil und einsatzfähig. Ich bin Professor Habermeyer bis auf den heutigen Tag dankbar für seine grandiose Heilkunst!

Mein Glück war also, dass ich mich schnell zurückkämpfen und den Zeitraum, in dem ich ohne Einkünfte blieb, auf drei Monate begrenzen konnte. Selbstständig heißt: Die Kosten für Auto, Büro, Assistenz und so weiter liefen natürlich während dieser drei Monate weiter. Ich startete in meine Selbstständigkeit mit einem sofortigen Minus von ungefähr 50.000 Mark gegenüber dem Plan.

Und wissen Sie was? Ich fand das nicht schlimm. Ich verbuchte das unter »dumm gelaufen«, so was passiert eben, so wie ein Blechschaden beim Auto. Kurzerhand organisierte ich jemanden, der mir Schuhe und Krawatte band, mich zu den Terminen fuhr und mir während der Trainings das Flipchart beschriftete. Einen solchen Assistenten zu haben gefiel mir sogar ziemlich gut.

Auch wenn ich kurzfristig Sorgen hatte, beispielsweise ob mein Arm wieder zu 100 Prozent bewegungsfähig werden würde oder wie ich die Lücke finanziell überbrücken sollte: Die plötzliche Härte des echten Lebens zu spüren, zu merken, dass ich in keinster Weise abgepuffert bin, wenn es hart auf hart kommt, am eigenen Leib ganz konkret zu erfahren, was mir theoretisch und abstrakt vorher auch schon klar gewesen war, dass ich nämlich so schnell wie möglich wieder leistungsfähig werden musste, weil niemand da war, der mich durchfütterte, das war eigentlich, im Nachhinein betrachtet, ein Segen für mich gewesen.

Da waren sie wieder, die Zwänge und Fesseln eines unfreien, planwirtschaftlichen Systems.

Denn ich wurde aus der Euphorie des Starts in die Selbstständigkeit sofort auf den Boden der Tatsachen zurückbefördert, im wahrsten Sinn des Wortes. Ich wurde demütig, bescheiden und dankbar. Demütig, denn ich wusste plötzlich, dass ich nicht alles selbst bestimmen kann, sondern dass meine Macht an Grenzen stößt – es gibt Kräfte, die sind mächtiger als ich. Und damit meine ich nicht nur die Schwerkraft auf einem vereisten Parkplatz.

Bescheiden, denn ich bekam hautnah zu spüren, wie begrenzt meine Mittel sind und wie wenig ein Mensch alleine ausrichten kann. Dankbar, denn ich spürte, wie wichtig das Geschenk der Gesundheit ist und wie wichtig andere Menschen für mich werden können, die mir in entscheidenden Momenten helfen.

Als ich dann die Rechnung von der ATOS-Klinik bekam, war ich empört und rief Professor Habermeyer an. Ich rügte ihn, ich war mit der Rechnung nicht einverstanden, denn – die Rechnung war viel zu niedrig!

Für das, was er mit seinem Team tagtäglich leistet, was er an mir geleistet hatte, war die Abrechnung ein schlechter Witz. Wir schrieben die 1990er-Jahre, und auf der Rechnung standen nicht einmal 1.000 Mark. Das muss man sich mal vorstellen! Ich hatte damals ein Büro mit mehreren Arbeitsplätzen und einem Apple-Netzwerk. Wenn mein IT-Spezialist den Server einrichtete, verlangte der den gleichen Betrag. Das fand ich teuer. Aber den Arzt fand ich zu billig! Ich verlangte von ihm eine höhere Rechnung, aber es war nicht möglich, denn das Gesundheitssystem, genauer: die Gebührenordnung ließ das nicht zu.

Die Planwirtschaft im Gesundheitswesen hat völlig aus den Augen verloren, welche Leistungen wie viel wert sind. Da werden unnötige Rehas und Kuraufenthalte bezahlt ohne Ende, aber wenn ein Arzt einen wirklich guten Job macht und die Leistungsfähigkeit eines Patienten in null Komma nichts wieder herstellt, bekommt er einen Appel und ein Ei. Da waren sie wieder, die Zwänge und Fesseln eines unfreien, planwirtschaftlichen Systems, das genauso schlecht funktionierte wie das marktfreie, planwirtschaftliche Bildungswesen, das ich gerade erst verlassen hatte.

Ich bin der Meinung, dass heute fast alle Ärzte zu wenig verdienen. Bis auf die Schönheitschirurgen, die verdienen angemessen. Na klar, die können den Preis ja auch selbst bestimmen.

Freiheit zieht im Allgemeinen mehr Gerechtigkeit nach sich als Unfreiheit, die nur auf Gleichmacherei abzielt, aber Maßlosigkeit erzeugt. Und so ging es auch mir: Meine neue Freiheit lehrte mich Gerechtigkeit und eine realistische Einschätzung.

Natürlich war der Unfall reichlich unpraktisch, schmerzhaft und unangenehm gewesen. Und einen dooferen Zeitpunkt hätte ich mir nicht aussuchen können. Aber wirklich schlimm war es nicht. Profisportler wie Giovane Elber, Bernhard Langer oder Henry Maske hatten ständig solche Scherereien. Die flogen mit ihrem Meniskusschaden dann nach Colorado zu Kniepapst Dr. Richard Steadman, legten sich auf den OP-Tisch, wurden von dort direkt in die Reha geschoben, standen auf und machten weiter. Ich lernte, mein Problem ganz realistisch einzuschätzen. Ich hatte ja nicht Krebs oder so etwas Furchtbares!

Dafür hatte ich mit voller Härte nach nur wenigen Tagen gelernt, was es heißt, selbstständig zu sein. Es war wie ein Test: Schau, so ist das, voll im Wind zu stehen, willst du das wirklich?

Ja, ich wollte!

Was ich hinter mir gelassen habe

Als ich noch mehrtägige Seminare gegeben habe, zeigte ich immer am Vorabend den Film *Die Möwe Jonathan* von Hall Bartlett nach dem Roman von Richard Bach aus den 1970er-Jahren und mit der Musik von Neil Diamond »Jonathan Livingston Seagull«. In dem Film sind nur Tiere zu sehen, mit menschlichen Stimmen synchronisiert. Jonathan will höher fliegen und seine fliegerischen Fähigkeiten vervollkommnen. Der Führer der Möwen verbietet das: Das hat noch nie jemand gemacht! Wir Möwen fliegen nur, um Fische zu fangen, als Mittel zum Zweck. Und das können wir gut genug, mehr ist nicht nötig und nicht erwünscht! Deine Bestimmung ist Fische jagen, nicht Akrobatik! Du verstößt gegen die Würde und die Traditionen der Möwensippe! Füge dich ein!

Aber Jonathans Leben ist mehr, als nach Fischen zu jagen. Und so wird er vom Ältestenrat des Möwenschwarms verbannt. Was Jonathan nicht davon abhält, seiner Bestimmung zu folgen. Er ist alleine, aber er ist frei und er hält an seinen Zielen fest.

Die Geschichte von der Möwe Jonathan ging mir damals sehr nahe, denn ich fühlte mich genau in einer solchen Situation wie sie. Auch die Widerstände meines Umfelds und die Reaktionen auf meinen Freiheitstrieb waren in der Geschichte wunderbar gespiegelt. Sie beantwortet auch, warum nicht alle Menschen diesen Schritt *von der Fremdbestimmung in die Selbstbestimmung* wagen, den ich, besser spät als nie, endlich getan hatte.

Da war beispielsweise mein Professorenkollege und die Geschichte mit dem Berliner Professorenmodell. Das war so: Als beamteter Professor auf Lebenszeit litt ich schon eine Weile unter diffusem Unbehagen und einer latenten Unzufriedenheit, mit ansteigender Tendenz, aber weil ich noch nicht in der Buchhandlung in San Francisco gestanden hatte, war mir nicht klar, was die Lösung meines Problems war. Ich war auf der Suche nach einem Ausweg, und da stieß ich auf das so genannte *Berliner Professorenmodell:* Zwei Professoren, die inhaltlich zusammenpassen, gehen gemeinsam für drei Jahre auf jeweils eine Zweidrittelstelle zurück, dadurch wird eine weitere Zweidrittelstelle frei. Jeder der drei Professoren arbeitet zwei Jahre voll und macht dann ein Jahr frei. Die beiden Stellen sind dadurch ganz regulär mit Vollzeit-Professoren besetzt, trotzdem wird auf diese Weise eine weitere Stelle

Du verstößt gegen die Würde und die Traditionen der Möwensippe! Füge dich ein!

geschaffen, was damals politisch gewünscht war. Die Einschränkung für jeden der drei: ein wenig Gehaltsverzicht. Das Plus für jeden der drei: Jedes dritte Jahr ein volles Jahr geschenkt, bei durchgehenden Bezügen!

Das schien mir hoch attraktiv, ich sehnte mich geradezu nach einem solchen freien Jahr. Wie wunderbar, diese Vorstellung! Was könnte ich da alles machen: drei Monate Segeln in der Südsee. Mit dem Rucksack durch Südamerika wandern. Afrika bereisen. Mich in mein Arbeitszimmer einschließen und ein Buch schreiben. Zwei Bücher schreiben. Einen Dauerrekord im Bergwandern aufstellen. Vorträge halten. Und das bei voller finanzieller Sicherheit!

Ein wenig wunderte ich mich, dass das Berliner Modell so wenig im Gespräch und anscheinend so wenig attraktiv war. Wo war der Haken? Natürlich musste man sich die Reduzierung im unvermeidlichen Antrag erschleimen und erlügen, wie das bei solchen Anträgen nun mal üblich und anscheinend gewünscht ist. Ich musste also irgendeine für den Staat sinnvoll klingende Begründung hineinschreiben, in Richtung Fortbildung, Gemeinnützigkeit oder Ähnliches. Aber das war ja in Wahrheit nur ein praktisches Problem, das kein wirkliches Hindernis darstellte.

Freiheit? Das machte ihm vor allem eines: Angst!

Ich fand nach einigem Suchen einen passenden Fachkollegen, der es sich überlegen wollte. Er lebte mit seiner Frau in einem Doppelverdienerhaushalt, nach Steuern hätte er ungefähr genauso viel gehabt wie vorher, er nahm also nicht einmal substanzielle finanzielle Einbußen in Kauf. Über Weihnachten wollte er sich die Sache überlegen. Nach Neujahr sagte er mir ab. Ich verstand ihn zuerst überhaupt nicht. Seine Begründung: Er wisse nicht, was er in den Antrag reinschreiben solle.

Auf mein Nachfragen präzisierte er dann. Er wisse nicht, was er überhaupt in dem freien Jahr machen solle.

Es war sein Ernst: Er konnte mit der Freiheit überhaupt nichts anfangen!

Das Dinner-for-One-Szenario, das mich zermürbte, war sein Rettungsanker. Ich verstand so langsam, dass das, was sich nach und nach als mein schlimmster Albtraum entpuppte, für ihn die rettende Insel im Chaos war. Freiheit? Das machte ihm vor allem eines: Angst!

Angst ist es, was die Möwensippe davon abhält, frei wie Jonathan zu leben, und **Angst ist der Grund, warum so viele Menschen sich davor scheuen, frei und selbstbestimmt zu leben**. Aber Angst ist dann auch das, was die Leute ein Leben leben lässt, das sie nach und nach kaputtmacht.

Umgekehrt wird ein Schuh daraus: Anstatt zu überlegen, was alles Schlimmes passieren könnte, wenn man die Sicherheit gegen Freiheit tauscht, sollte man sich überlegen, auf was man alles verzichten würde, wenn man diesen Tausch *nicht* macht. Für mich gälte dann: Ich wäre niemals Bestsellerautor geworden, ich wäre niemals Präsident der German Speakers Association geworden, ich wäre 2010 nicht zum Kongress der National Speakers Association nach Orlando geflogen und hätte dort auch nicht die Auszeichnung des Certified Speaking Professional (CSP) erhalten, ich wäre im April 2011 nicht Opening Keynote Speaker bei der Convention der Südafrikanischen Speakers Association gewesen, ich wäre nicht mit Tiki Küstenmacher nach Japan geflogen für eine einwöchige Promotion-Tour für unser Buch *Simplify your Life,* ich wäre nicht ins Madrider Bernabéu-Stadion gekommen zum Finale der Champions-League, ich hätte nicht mit Reiner Calmund zusammensitzen können beim Stuttgarter Wissensforum, und so weiter und so weiter ... Mein Leben wäre grau geblieben.

> »Anstatt zu überlegen, was alles Schlimmes passieren könnte, wenn man seine Sicherheit gegen Freiheit tauscht, sollte man sich überlegen, auf was man alles verzichten würde, wenn man diesen Tausch *nicht* macht.«
>
> *Lothar Seiwert*

ESSENZEN

✔ In der Mitte des Lebens entwickeln viele Menschen den Wunsch, ihr Leben selbst in die Hand zu nehmen.

✔ Sicherheit und Routine einerseits, Freiheit und Verantwortung andererseits – das ist eine Entweder-oder-Entscheidung.

✔ Jede Krise birgt eine Chance.

✔ Was einen Preis hat, wird als wertvoll erachtet.

✔ Zur Freiheit gehört Verantwortung.

✔ Freiheit zieht Gerechtigkeit nach sich, Planwirtschaft Maßlosigkeit.

✔ Wer die Selbstbestimmung scheut, hat Angst vor der Freiheit in voller Verantwortung.

II. Teil

Würde

Manche Menschen sehen die Welt mit anderen Augen als die meisten. Sie sehen viel mehr. Sie kommen zurecht, immer und überall und egal mit wem. Sie verstehen alle anderen, ohne unbedingt einverstanden zu sein. Sie finden sich in einer verwundeten, zerrissenen, zersplitterten, komplexen Welt zurecht, sie schwimmen im 21. Jahrhundert wie der Fisch im Wasser.

Diese flexiblen, selbstbewussten Individualisten machen ihr Ding, aber dabei achten sie sensibel darauf, keinen Schaden für andere zu verursachen. Sie können von sich abstrahieren und die Folgen ihres Tuns sehen, sie wissen, was sie bewirken, und das ist ihnen nicht egal.

Können wir alle ein bisschen so sein?
Geht es uns dann besser?
Haben wir dann keinen Stress mehr?

FlexFlow

»80 Meter rechts 3 minus lang macht zu …

… 50 Meter mittel links 2 plus plus Kuppe 2 …

… 70 Meter Gravel links 5 minus Eingang 4 minus minus …«

Das betet Copilot Christian Geistdörfer ins Headset seines Helmes, den Aufschrieb mit beiden Händen fest im Griff, während Pilot Walter Röhrl, seinen Hinweisen exakt folgend, den Fiat 131 Mirafiori Abarth in die Kurven wirft und rechtslenkend um die Linkskehren driftet. Röhrl weiß genau, was er zu tun hat. Die Zahl nach der Richtungsangabe gibt ihm die Information über den Radius der Kurve, die Länge der Strecken zwischen den Kurven in Metern kann er im Geiste abzählen … 1, 2, 3, 4, dann einlenken … Auch die Informationen über die Bodenbeschaffenheit und die richtigen Schaltzeitpunkte und die Beschaffenheit von Kurven, die ihren Radius verringern oder erweitern, zumachen oder aufmachen, stehen im »Gebetbuch«, so dass er genau weiß, ob er aus der Kurve heraus beschleunigen kann oder verzögern muss.

Walter Röhrl ist eine Ausnahmeerscheinung. Er gilt noch heute, lange Jahre nach seinem Karriereende, als bester Rallyefahrer aller Zeiten. Formel-1-Weltmeister Niki Lauda bezeichnete den heute über 60-Jährigen als »Genie auf Rädern«. Mit seinem kongenialen Copiloten Christian Geistdörfer wurde Röhrl zweimal Weltmeister und gewann viermal die berühmte Rallye Monte Carlo.

Immer wieder wurde von Röhrl behauptet, dass er seine Rennstrecken perfekt auswendig lernte, eine Art fotografisches Gedächtnis besaß, so dass er, theoretisch, auch ohne seinen Beifahrer, ja sogar mit geschlossenen Augen hätte fahren können. Seine Mitbewerber hielten das für eine maßlose Übertreibung. Bis zur Rallye Portugal 1980.

Neben der Rallye Monte Carlo war es das wichtigste Rennen der Saison, die Rallye Portugal hatte Weltmeisterschaftsstatus. Die

Besonderheit: 32 der insgesamt 47 Sonderprüfungen wurden nachts gefahren! Es war eine der härtesten und gefährlichsten Rallyes überhaupt, nur die Besten kamen durch. Am Ende würden von den 122 gestarteten Teams nur 16 ins Ziel kommen. Ausfallquote: 87 Prozent.

Auch die Etappe, die durch die Kleinstadt Arganil im Herzen Portugals führte, war eine Nachtetappe. Knapp 50 Kilometer durch die Dunkelheit auf schwierigem Terrain. Noch dazu war Nebel aufgezogen, der immer dichter wurde. Die Sichtweite sank auf unter zehn Meter, und die Scheinwerfer blendeten, weil deren Licht den Nebel reflektierte. Das war praktisch ein Blindflug. Wie soll das gehen?

3 – 2 – 1 – Start! Röhrl trat aufs Gas. Und blieb drauf, er wusste, dass dies seine Nacht werden würde.

Denn er war vorbereitet. Nachdem er die Strecke am Morgen abgelaufen und mit Christian Geistdörfer durchgesprochen hatte, war er nachmittags alleine im Hotelzimmer gewesen. Er hatte den Aufschrieb dabeigehabt und eine Stoppuhr. Er hatte sich auf das Bett gesetzt, die Augen geschlossen und war im Geiste die Strecke gefahren. Wieder und wieder, bis er jede Kurve gespürt und in seinem Körper abgespeichert hatte. Die Stoppuhr war mitgelaufen. Er war im Geiste durch jede Kurve gedriftet, über jede Kuppe gerast, hatte gebremst, geschaltet, beschleunigt, gekuppelt, gelenkt, mit größter Präzision, er hatte alle Abstände zwischen den Kurven, alle Kurvenradien, alle Geschwindigkeiten, alle Schaltvorgänge, jede Bewegung der schaltenden und lenkenden Arme und der pedaletretenden Beine verinnerlicht. Als Röhrl mit seinem Bett ins Ziel gekommen war, hatte er die Stoppuhr gedrückt: 35 Minuten, 50 Sekunden.

Das war praktisch ein Blindflug. Wie soll das gehen?

In der realen Nebelnacht von Arganil war Röhrl schneller. Als er durchs Ziel bretterte, glaubten die Streckenposten zuerst an einen technischen Fehler: 35 Minuten, 14 Sekunden.

Wie unglaublich diese Leistung war, konnte man an der Zeit-differenz erkennen, mit der sein schärfster Konkurrent, der Finne Markku Alén, ins Ziel kam: Röhrl hatte ihm in dieser einen Prüfung über fünf Minuten abgenommen. Das reichte zum Gesamtsieg. Röhrl war zum ersten Mal Weltmeister.

Mit Routine vor die Wand

Was Walter Röhrl zum besten Rallyefahrer der Welt machte, war seine unglaubliche Präzision. Er hatte das Lesen der Strecke und das Auswendiglernen der Prüfungen perfektioniert. Keiner konn-te das verinnerlichte Programm so exakt abspulen wie Walter Röhrl. Die minutiöse Vorbereitung, die perfekte Planung, die ge-naue Ausführung kann man mit einem Wort beschreiben: *Röhrl machte aus einer Aufgabe eine Routine.*

Wer routiniertes Handeln perfekt beherrscht, schafft Dinge, die für Andere wie ein Zaubertrick aussehen. Nicht umsonst ist das Wort »Routine« auch ein Fachbegriff aus der Zauberei. Die besten Magier beherrschen jeden kleinsten Handgriff, jeden Blick, jede Geste, jede Fingerbewegung so genau, dass für den Zuschauer die irrwitzigsten Illusionen entstehen.

Ganz offensichtlich ist Routine, Auswendiglernen, Perfektio-nieren, Abspulen eine hervorragende Strategie, um in der Welt zurechtzukommen. Zumindest in manchen Situationen. Diese Vorgehensweise hat nur einen gravierenden Nachteil: Der rou-tinierte Magier muss alle Randbedingungen komplett im Griff haben.

Liegt die Spielkarte nicht exakt so, wie es geplant war, misslingt der Zaubertrick und alle Karten fallen auf den Boden. Ist eine Pfütze, die Walter Röhrl am Mittag gesehen und ins Gebetbuch aufgenommen hat, in der Nachtprüfung wegen gefallener Tem-peraturen gefroren und zur Eisplatte geworden, dann fliegt er mit seinem Fiat aus der Kurve und knallt gegen einen Baum.

Gegen einen Baum ist auch der Verlagsleiter eines renommier-ten Verlages geknallt, aber damit meine ich nicht einen realen

Baum: Er ist im übertragenen Sinne in Bezug auf die Meinung, die ich von ihm hatte, hochkant aus der Kurve geflogen. Und das kam so:

Ich war direkt aus den USA angereist, war noch nicht einmal zu Hause gewesen und kam nach einem langen Tag, Jetlag inklusive, beim Verlag an, wo ich einen wichtigen Besprechungstermin mit Chef, Lektorat und Marketing hatte. Es ging um mein neues Buch, das demnächst erscheinen sollte und das ein Bestseller werden sollte, jedenfalls war das meine erklärte Absicht, und die Voraussetzungen waren ziemlich gut.

Vom Flughafen war ich direkt mit dem Auto in die Stadt gefahren und hatte den Stau, für den ich einen Zeitpuffer eingeplant hatte, nicht gehabt. Ich war also zu früh da, statt 13:30 Uhr war es 13:03 Uhr. Also wartete ich im Auto, direkt vor der Eingangstür. Denn wenn der Gast zu früh kommt, ist das manchmal für den Gastgeber noch unangenehmer, als wenn er zu spät kommt.

> *Wer routiniertes Handeln perfekt beherrscht, schafft Dinge, die für Andere wie ein Zaubertrick aussehen.*

Als ich noch überlegte, womit ich die knappe halbe Stunde sinnvollerweise füllen könnte, kam der Verlagsleiter zu Fuß auf mein Auto zu, vermutlich aus der Mittagspause. Ich freute mich, ihn zu sehen, wir kannten uns ja mittlerweile schon seit Jahren. Doch bevor ich aussteigen konnte, hatte er mir schlicht grüßend zugenickt, hatte die Haustür geöffnet und war im Verlagshaus verschwunden. Ich war baff.

Ich konnte mir im ersten Moment überhaupt nicht erklären, wie dieser gebildete, intelligente Mann, mit dem ich Geschäfte in nicht unerheblichem Umfang machte, so unfreundlich, unhöflich, ungastlich sein konnte. Einigermaßen verstört ging ich um kurz vor halb alleine durch die Tür und meldete mich ordnungsgemäß am Empfang.

Später im Gespräch konnte ich nicht anders, ich fragte ihn, ob er mich denn vor dem Eingang nicht im Auto hatte sitzen sehen. Doch, sagte er, aber wir waren ja auf halb zwei verabredet, nicht auf eins.

Stimmt. Er hatte alles korrekt gemacht, präzise, routiniert. Aber hier war eben eine Randbedingung anders gewesen als beim normalen Ablauf: Der Gast war schon früher da. Nun hatte er abseits der Routine keinerlei Repertoire, um mit dieser Situation angemessen umzugehen. Diese Abweichung von der Routine war in seiner Welt einfach nicht vorgesehen. Der Zaubertrick war misslungen, die Spielkarten waren auf dem Boden.

Denn natürlich fragte ich mich, ob dieser Verlag mit dieser auf Routineabläufe, Planung, Normalverläufe und eine vorhersehbare ideale Welt eingestellten Führung für mich der richtige war. Immerhin: Die Welt funktioniert ja bisweilen auch ganz anders. Beispielsweise haben Autoren manchmal gute Vorschläge, wie man die Vermarktung eines Buches noch besser machen kann. Im Normalverlauf eines Buchprojekts kommt ein solcher Vorschlag bei diesem Verlag aber nicht vor, denn Buchvermarktung ist vertrags-

gemäß Sache des Verlags. Was passiert also mit jedem Vorschlag, den ein Autor bei diesem Verlag, die Vermarktung des eigenen Buches betreffend, macht? Natürlich, er wird von vornherein unbesehen und ungeprüft abgelehnt. Immer. Und tatsächlich, so erstaunlich es klingt, aber dieser Verlag, der seine Routinen perfekt beherrscht, kennt auf Vorschläge, die nicht aus dem Verlag selbst kommen, nur eine Antwort: Nein.

Diese Abweichung von der Routine war in seiner Welt einfach nicht vorgesehen.

Das ist zwar für den Autor, der nur den Erfolg des Buches im Auge hat, extrem unangenehm, aber wenn man verstanden hat, wie der Chef tickt, versteht man auch, warum er nur Mitarbeiter hat, die genauso ticken wie er (sie würden es sonst ja dort nicht aushalten) und warum der Verlag insgesamt so tickt. Nämlich nicht aus Unfreundlichkeit oder Unhöflichkeit, sondern weil dort das Programm »Routine« die vorherrschende Methode ist, um mit der Welt klarzukommen. Und wenn man das verstanden hat, kann man ja damit umgehen.

Beispielsweise sich an einen anderen Verlag wenden, wenn man glaubt, dass der Buchmarkt anders funktioniert als eine Rallyestrecke, die man auswendig lernen und abspulen kann.

Strategiewechsel

Als vor 40 Jahren der Marokkaner, der gleich mein Gegner sein würde, sich tänzelnd und den Nacken abwechselnd links und rechts beugend lockerte, wusste ich, dass der mir bevorstehende Karatekampf anders verlaufen würde als eine Rallye-Sonderprüfung. Ich hatte die Randbedingungen nicht im Griff, ganz und gar nicht.

Der böse ausschauende Marokkaner war ein Hüne, und er war extrem schnell. Sein Mawashi-geri war unglaublich. Ansatzlos. Er hatte das drauf, wie ich das bei keinem zuvor gesehen hatte. Ein Mawashi-geri ist ein »Halbkreis-Fußtritt«: Der Karateka steht auf einem Bein, beugt sich mit dem Oberkörper vom Gegner weg und zieht das Knie des anderen, angewinkelten Beines hoch bis auf Hüfthöhe. Dann schnellt der Unterschenkel blitzschnell halbkreisförmig nach vorne in Richtung Oberkörper oder Kopf des Gegners. Nach dem Treffer mit den Fußballen zieht der Kämpfer den Unterschenkel schnell an den Körper, das Bein kommt wieder unter die Hüfte, der Oberkörper pendelt in die aufrechte Position zurück, die ganze Bewegung läuft quasi rückwärts ab, bis der Karateka wieder in Kampfposition dasteht wie zuvor. Dieser ganze Bewegungsablauf vollzieht sich bei den Besten in nur einem kurzen Augenblick. Bevor der Gegner reagieren kann, hat er schon eine vor den Bug geknallt bekommen und taumelt rückwärts. Und genau so hatte dieser Büffel von Marokkaner an diesem Wettkampftag bei den Hessischen Landesmeisterschaften bereits zwei Gegner schmerzhaft umgetreten, jeweils schon in den ersten Sekunden des Kampfes. Wenn Sie das beobachten und wissen, gleich sind Sie dran, werden Sie nicht ruhiger.

Der böse ausschauende Marokkaner war ein Hüne, und er war extrem schnell.

Es war also eine anspruchsvolle Situation – man könnte auch sagen, ich hatte schlicht eine Heidenangst, verprügelt zu werden. Der Stress, den ich in diesem Moment empfand, war ganz gesund und der Lage angemessen. Wie um Himmels Willen sollte ich aus den mir bevorstehenden drei Minuten Kampf nur heil herauskommen?

Mein gewöhnlicher Kampfstil, in dem ich bei meinen Wettkämpfen für den Budo-Club Biedenkopf am besten war, erforderte ein wenig Platz, damit ich agieren konnte. Ich legte mir die Gegner quasi zurecht, so dass ich sie sauber treffen konnte. Nur hätte ich gegen diesen Kämpfer keine Chance, wenn ich alleine auf meine Stärken setzen würde. Er würde einfach mit seiner Spezialwaffe dazwischenhauen, und ich würde auf der Matte liegen, bevor ich den ersten Treffer gelandet hätte. Mit meiner Routine hatte ich also keine Chance. Seine Stärke gegen meine Stärke, der Ausgang war vorhersehbar: Er würde gewinnen.

Ich musste also seine Schwachstelle finden. Ich musste den Kampf so gestalten, dass eine Situation entstand, in der er seine Stärke überhaupt nicht ausspielen konnte: Drei Minuten lang kein Mawashi-geri! Das bedeutete aber, dass ich von meiner *Routine* abweichen musste und selbst auf eine Weise kämpfen musste, die nicht meiner Stärke entsprach. Schwäche gegen Schwäche, das könnte möglicherweise gut für mich ausgehen ...

Ich schaute mir seinen letzten Kampf genau an. Wie macht der das? Wann genau setzt er zum Fußtritt an? Wo steht da der Gegner? Wie weit weg? Ich sah, dass er ein wenig Platz brauchte, um das Knie hochzuziehen und den Unterschenkel auszuklappen. Er war groß, seine Beine waren lang. Wenn ich unterhalb der Distanz bliebe, in der er treffen konnte, würde er es sein lassen. Ich musste ihm also auf die Pelle rücken.

Die anderen Kämpfer hatten es so gemacht, wie es auch meinem Instinkt entsprochen hätte: nur weg von diesem Monster, einen

Schritt zurück, vorsichtig sein. Aber im Nachsetzen war der eben besonders gut. Einen Schritt zurück und zack, hatte man den Fuß am Kopf. Also nahm ich mir vor, im Kampf immer einen Schritt auf ihn zuzugehen, ganz gegen meinen Impuls.

Der Kampf ging los, und ich stürmte sogleich vorwärts. Das sah sicher nicht elegant aus, es war auch ungewohnt, ich hatte noch nie so gekämpft. Ich trieb ihn immer vorwärts und versuchte recht planlos, hier und da einen Fausttreffer zu landen und ansonsten flexibel auf seine blitzschnellen Stöße und Tritte zu reagieren und abzublocken.

Schwäche gegen Schwäche, das könnte möglicherweise gut für mich ausgehen ...

Wie ging es aus? – Gewinnen konnte ich so nicht, dafür war mein Gegner einfach zu gut. Aber ich schaffte es auf diese Weise, mich in ein Unentschieden zu retten. Drei Minuten können unglaublich lang sein ...

Wenn man die Rahmenbedingungen nicht im Griff hat, braucht es die Abweichung von der Routine. *Routine* ist gut, auch ein Karatekämpfer übt jahrelang die idealen Bewegungsabläufe. Aber hinzu muss bei den Besten noch eine andere Fähigkeit kommen: die Flexibilität, auf die Situation angemessen zu reagieren. Wenn es wahr ist, dass sich die Welt immer schneller und immer komplexer um uns dreht, dann führt ein Beharren auf Routineabläufen immer häufiger zu einem unbeherrschbaren Zustand. Wenn eine Strategie nicht funktioniert, um ans Ziel zu kommen, dann ist meistens nicht die Perfektionierung der Strategie der richtige Weg, sondern der Wechsel der Strategie. Dazu braucht es *Flexibilität*.

Der Wunsch nach Sicherheit entspricht einem Grundbedürfnis des Menschen, so viel ist klar. Wenn es dieses Grundbedürfnis nicht gäbe, dann hätten wir als Spezies vermutlich nicht lange überlebt. Natürlich ist es sinnvoll, alles, was funktioniert, beizubehalten und noch besser zu machen. Wenn sich im Außen aber die Bedingungen immer schneller ändern, so wie derzeit in unserer Arbeitswelt, aber auch beispielsweise in unseren gesellschaftlichen Konventionen, dann verunsichert das die Menschen erheblich. Denn das Beibehalten von Routinen bringt uns dann in Schwierigkeiten, und das spüren wir.

Das Gefühl, dass nichts mehr sicher ist, ist eine logische Folge, wenn lebenslängliche Arbeitsverträge plötzlich zu Zeitverträgen werden, wenn die Arbeitsmittel (Schreibmaschine zu PC) sich immer schneller verändern, wenn Männer sich plötzlich in der Besprechung wie früher die Frauen benehmen und Frauen plötzlich die Positionen der Männer in der Chefetage bekleiden und viele weitere Veränderungen mehr. Die eingefahrenen Programme rasten dann nicht mehr ein, und die Sicherheit, die eine stabile äußere Umgebung bietet, ist dahin. Die Folge: *Stress!*

Wenn man die Rahmenbedingungen nicht im Griff hat, braucht es die Abweichung von der Routine.

Es gibt aber Menschen, die dann erst recht zu Hochform auflaufen, die unter solchen variablen Rahmenbedingungen gerade besonders gut zurechtkommen, die sich auch keineswegs unsicher fühlen, sondern im Gegenteil große Selbstsicherheit ausstrahlen. Diese Menschen beziehen ihre Sicherheit nicht aus dem äußeren Rahmen, sondern aus dem Inneren. Sie laufen quasi mit einem *inneren Kompass* durch die Welt und lassen sich deshalb nicht aus der Ruhe bringen, wenn außen die Wegweiser durcheinandergebracht worden sind.

Sie haben ein besonderes Merkmal, an dem man sie erkennen kann: Sie sind spontan.

Was ist?

Wie ist das, spontan zu sein? Was braucht es dazu? Und »spontan«, was heißt das überhaupt? – »Responsum« ist Lateinisch für »Antwort«, »Erwiderung«. Manchmal im Leben muss man die richtige Antwort geben, beispielsweise vor dem Traualtar, wenn der Priester die entscheidende Frage stellt. Dann ist die richtige Antwort eine Zusage, ein Versprechen: »sponsum« – darum heißt im Lateinischen der Bräutigam »sponsus«.

Der Wortstamm hat es in sich: Außer dem Aspekt des Antwortens steckt in dem Wort »spontan« auch »sponte« und das heißt »freiwillig«, »aus eigenem Antrieb«, »von selbst«. Wer also spontan reagieren kann, der schafft es, die richtige Antwort in sich selbst zu finden. Sprache ist weise.

Wenn diese **flexiblen, spontanen Menschen** also mit traumwandlerischer Sicherheit die Lösung für ein Problem in sich finden, dann deshalb, weil sie nicht in einem theoretischen oder ideologischen Gedankenmodell nach der Antwort suchen, denn das wären von außen vorgegebene Antworten. Diese Menschen sind ausgesprochen unideologisch, sie können heute so und morgen so entscheiden, aber immer der Situation angemessen. Auf ihre Umwelt wirkt das manchmal verwirrend, wenn Leute sich beispielsweise auf der einen Seite für Umweltschutz und Nachhaltigkeit einsetzen, gleichzeitig aber auf der anderen Seite nicht an die Klimakatastrophe glauben oder den Neubau des Stuttgarter Bahnhofs S21 befürworten. Aus ideologischer Sicht passt das nicht zusammen. Aber diese Menschen sind unabhängig von weltanschaulichen Standardmodellen.

Ganz entgegen dem Mainstream können sie beispielsweise demokratische Modelle befürworten, wenn Demokratie der Situation angemessen ist, aber eben auch autoritäre Führungsmodelle befürworten, wenn autokratisches Entscheiden der Situation angemessen ist. Ihre situative Flexibilität versetzt diese Menschen in die Lage, Probleme kurzerhand und auf einfachem Wege zu lösen. Sie **machen** einfach – *Sprache ist weise.* während die Anderen noch mit dem Auftreten des Problems an sich hadern, gegen das Problem protestieren und darüber lamentieren, theoretische Überlegungen anstellen und erst mal rational einordnen wollen, was da überhaupt passiert, einen Ausschuss gründen und darüber abstimmen wollen oder eine höhere Instanz anrufen, die sich doch bitte des Problems annehmen soll.

Ein schönes Beispiel dafür finden Sie, wenn Sie schauen, wie unterschiedlich Menschen auf das Phänomen der *Globalisierung* reagieren. Die Einen gründen Attac und bekämpfen die Globalisierung, die Nächsten werden arbeitslos und schimpfen auf die Globalisierung, die nächsten wollen über die Globalisierung abstimmen oder rufen nach den Politikern, die sich endlich der Globalisierung annehmen sollen. Während sich also ein fassettenreiches Schauspiel des Widerstands und der Verunsicherung angesichts der veränderten Welt ereignet, sagt ein weiser Mann: »Wem die Globalisierung nicht gefällt, der soll sie anrufen und sich beschweren.«

Vor allem:
Wie gehe ICH damit um.
Nicht:
Wie geht MAN damit um.

So oder so ähnlich soll das der Ex-Politiker, Ex-Manager und heutige Profi-Redner Lothar Späth gesagt haben. In diesem hübschen Statement steckt, dass Teil dieser spontanen, flexiblen Haltung, um die es mir geht, das Anerkennen dessen ist, was ist. Und das ist eine Einstellung zum Leben, die mir lieb und teuer geworden ist: Ich arbeite immer mit dem, *was ist*, nicht mit dem, *was soll*.

Wenn ich in einer sich verändernden Welt zurechtkommen will, muss ich die Sinne weit öffnen und wahrnehmen, was ich vorfinde. Die Dinge sind, wie sie sind, ich kann sie nicht unbedingt ändern. Der Karategegner ist groß, stark und schnell, daran kann ich nichts ändern, aber was mache ich jetzt damit? Die Globalisierung ist Realität. Ich kann das nicht ändern, also wie gehe ich jetzt damit um? Vor allem: Wie gehe ICH damit um. Nicht: Wie geht MAN damit um.

Die merkwürdige Instanz »man«, also das, was man gewöhnlich denkt und tut, ist die von außen, von der Gesellschaft, vom Common Sense vorgegebene Antwort, also gerade nicht die eigene, spontane, aus dem Inneren kommende Antwort. *Was »man« tut, ist für den Spontanen irrelevant.*

Das Gemeine daran ist, dass auch das jeweils neue »man« nicht die allgemein gültige Lösung ist. Als um das Jahr 2000 alle Welt sich in den Neuen Markt gestürzt hat, um Aktien von New-Eco-nomy-Unternehmen zu kaufen, dachten die Meisten im Wesent-lichen, dass *man* das jetzt eben so macht. Wer heute noch ein Sparbuch oder einen Festgeldvertrag besitzt oder in Immobilien investiert, ist doch von gestern! Heute macht *man* in Aktien – ganz offensichtlich war dieser neue Mainstream aber auf dem Holzweg unterwegs. Genauso wie die vielen Weiterbildungsan-bieter, die im letzten Jahrzehnt auf den scheinbar anfahrenden Zug »E-Learning«, also computerunterstütztes Lernen, aufsprin-gen wollten. Weiterbildung heißt heute E-Learning, dachten die. Das macht *man* heute so! – Heute sind diese Leute fast alle pleite, denn keiner hat mit dem Konzept E-Learning wirklich Geld ver-dient. Es funktioniert nicht, Weiterbildung scheint ganz anders zu funktionieren ...

Innovation um der Innovation willen, einfach um dazuzugehö-ren, wenn *man* mal wieder auf einer heißen Fährte ist, das ist ei-gentlich das Gegenteil von Spontaneität. Denn was gestern rich-tig war, ist morgen vielleicht falsch. Und was gestern falsch war, kann heute richtig sein. Was für Andere richtig ist, kann für mich selbst unangemessen sein, was ich für richtig halte, können An-dere doof finden. Na und? Hauptsache, es funktioniert.

Gut. Und was funktioniert genau, wenn nichts mehr funktioniert?

Entweder oder nicht

Eine Stunde vor der Veranstaltung ging ich in den Seminarraum, um zu überprüfen, ob alles an Ort und Stelle war und ob alles funktionierte. Ich hatte dem Veranstalter wie immer eine Check-liste zukommen lassen, wo alles draufstand, was nötig war: Ge-räte, Stecker, Licht, wo was stehen sollte und so weiter. Alle Vor-aussetzungen, alle Rahmenbedingungen, die ich brauchte, damit mein Auftritt reibungslos ablaufen konnte, waren detailliert und verständlich auf bewährte Weise darin aufgeführt.

Ich ging davon aus, dass die Veranstaltung optimal vorbereitet war, denn ich hatte extra nochmal angerufen, um zu fragen, ob

die Checkliste angekommen sei und ob es noch Fragen gäbe. Nein, alles okay, hatte es geheißen.

Und jetzt kam ich in den Raum und sah … nichts. Es war einfach gar nichts vorbereitet. Stecker hin oder her, da war ja nicht einmal ein Beamer! Es war überhaupt nichts okay, und ich bekam – natürlich – Stress. In solchen Momenten arbeitet die Zeit gegen Sie.

Nach einer Weile fand ich einen, der zuständig sein dürfte, der mir erzählte, er wisse nichts von einer Liste und schon gar nicht von einem Seminar, das jetzt stattfinden sollte. An dieser Stelle wäre es kontraproduktiv und viel zu Zeit raubend, mit so einem Hausmeister herumzustreiten. Ich brauchte einen Entscheidungsträger. Den Bankettchef. Der redete sich mit den Worten heraus: Ich habe das doch schon vor Tagen weitergegeben.

Klar war, dass ich auch mit ihm kaum mein Ziel erreichen würde, wenn ich mich jetzt auf Schuldzuweisungen oder Drohungen verlegte. Ich musste also noch eine Stufe nach oben gehen: zum Direktor. Ich sage Ihnen, in solchen Situationen könnte ich die Wut kriegen und die Leute schütteln. Aber es hilft ja nichts. Während ich vor meinem inneren Auge schwer gewalttätig wurde, blieb ich äußerlich einigermaßen unter Kontrolle, wobei ich trotzdem sicherlich nicht unter die Rubrik »freundlicher Zeitgenosse« fiel.

Stecker hin oder her, da war ja nicht einmal ein Beamer!

Erfolg versprechend war jetzt nur noch die Strategie, den Chef in mein Boot zu holen und ihn zum Mitrudern zu bewegen. Ich sagte: »Wir haben denselben Kunden. Ihr Tagungshotel ist der Dienstleister für die Zimmer, die Immobilie, die Hardware. Ich bin der Dienstleister für das Seminar, den Inhalt, quasi die Software. Lassen Sie uns gemeinsam versuchen, den Kunden glücklich zu machen und eine erfolgreiche Veranstaltung über die Bühne zu kriegen.«

Doch es war zu spät. Die ersten Seminarteilnehmer hatten sich bereits im Raum niedergelassen. Das war, wie in ein Restaurant zu gehen, in dem keine Tische gedeckt sind. In fünf Minuten sollte es losgehen. Es war unwägbar, ob irgendjemand in einer

Viertelstunde, einer halben Stunde oder in einer Stunde mit dem Equipment auftauchen würde. Dazu noch ohne die Garantie, dass es überhaupt funktionieren würde. Ich musste abwägen und entscheiden. Also schaltete ich alle Emotionen ab, strich für einen Moment den Soll-Zustand der Situation aus meinem Kopf und konzentrierte mich auf die Ist-Situation: Es ist, wie es ist. Lothar, das Seminar beginnt in drei Minuten und du hast keine Technik. Welche Alternativen hast du? Entweder die komplette Technik, aber ohne pünktlichen Beginn. Oder mit pünktlichem Beginn, aber ohne Technik. Einen Mittelweg konnte es nicht geben. Der Kompromiss, etwa maximal eine halbe Stunde Verspätung zu akzeptieren und zu versuchen, es in diesem Zeitraum hinzubekommen, war keine Option, denn dann gab ich ja beides aus der Hand: die Technik *und* den pünktlichen Beginn.

Ich befragte mein Inneres und bekam als Antwort: ***Es gibt keine zweite Chance für den ersten Eindruck!*** Und darauf konzentrierte ich mich jetzt.

Also begann ich das Seminar pünktlich, und zwar in etwa mit diesen Worten: »Wer von Ihnen arbeitet mit Windows? Ah, okay, also jeder von Ihnen. Und wer von Ihnen hatte noch nie einen Systemabsturz? Okay, na bestens, dann wissen Sie ja alle, wie es mir gerade geht, denn genau so einen Systemabsturz hatte ich gerade hier in diesem Seminarhotel. Totales Systemversagen. Wir machen dieses Seminar deshalb unplugged, ohne Mikrofon, ohne Computer, ohne Beamer. Und wenn auch noch das Licht ausfällt, dann habe ich hier in meiner Aktentasche ein paar Teelichter.« – Was soll ich sagen? Das Seminar lief gut, genauso wie immer, am Feedback war kein Unterschied zu sonst zu merken.

> *Es ist, wie es ist. Lothar, das Seminar beginnt in drei Minuten und du hast keine Technik.*

Das war einer der Momente, in denen ich meine *Spontaneität* abrufen konnte, und es hatte großartig geklappt. Was hatte ich dazu gebraucht?

- Ich brauchte erstens die Fähigkeit wahrzunehmen, was ist.

- Zweitens die Bereitschaft, die Routine zu verlassen.

- Drittens einen inneren Kompass, der mir sagte, was wichtig ist.

- Viertens die Energie, die notwendig ist, um jenseits der Komfortzone Leistung zu bringen.

- Fünftens die Fähigkeit, die eigenen Emotionen zu steuern und die zur Situation passenden Gefühle abzurufen.

Andererseits: Ich muss zugeben, dass auf den Punkt spontan und flexibel sein zu müssen wahnsinnig anstrengend ist. Das kann keiner auf Dauer aushalten, ich auch nicht. *Nur wenn ich genau wahrnehme, was gerade ist, kann ich die adäquate Antwort in mir selbst finden.* Dazu muss ich nicht nur Augen und Ohren aufsperren, sondern auch nach innen hellwach sein, damit ich genau spüre, wie es mir geht und wie ich empfinde. Anstrengend! Das Agieren ohne Netz und doppelten Boden ist selbstredend aufwändiger als das Abspulen von Routineabläufen. *Spontan sein braucht eine Menge Energie.*

Wenn ich mir da auf Dauer keinen Kolbenfresser holen will, muss ich dafür sorgen, dass es Lebensbereiche gibt, in denen ich der Routine frönen kann. Bei mir zu Hause brauche ich Stabilität, Struktur, Rhythmus, Ruhe und immer wiederkehrende Rituale. Das hat etwas von Yin und Yang. Je spontaner und flexibler ich im beruflichen Umfeld bin, desto routinierter muss mein Zuhause orga-

> »Je spontaner und flexibler ich im beruflichen Umfeld bin, desto organisierter muss mein Zuhause sein. Das ist die große Herausforderung: Die Kunst des Sowohl-als-Auch.«
>
> *Lothar Seiwert*

nisiert sein. Das ist auch möglich, denn dort habe ich ja maximalen Einfluss auf die Rahmenbedingungen.

Ich denke, genau das ist die Sorte Kunst, die heute gefordert ist: *Die Kunst des Sowohl-als-Auch.* Ich sollte heute sowohl flexibel und spontan auf das reagieren können, was da draußen gerade wieder Verrücktes passiert, als auch Oasen einrichten, in denen ich bestimmen kann, wie die immer gleichen Routinen abzulaufen haben. Beides sind Aspekte von *Selbstbestimmung*: Die selbstbestimmte spontane Reaktion und die selbstbestimmte Routine, beides zusammen ergibt ein Paar Schuhe für die moderne Welt, in der wir leben.

Die Theorie, die alles erklärt

In den USA wurde ein hochspannendes Konzept entwickelt, das dort auch viel einflussreicher und bekannter ist als bei uns. Es heißt *Spiral Dynamics.* Dazu gibt es ein gleichnamiges Buch aus den 1990er-Jahren, das das Konzept sauber erklärt. Der Autor ist *Don Beck*. Er ist Management- und Politikberater, lehrte an der Universität von Nord-Texas in Dallas/Fort Worth und arbeitete für das berühmte Gallup-Institut. Er beriet Politiker und Staatsführer wie Tony Blair und Nelson Mandela, Institutionen wie die Weltbank oder das Olympische Komitee der USA, Sportmannschaften wie die Dallas Cowboys oder die

> *Wenn ich mir da auf Dauer keinen Kolbenfresser holen will, muss ich dafür sorgen, dass es Lebensbereiche gibt, in denen ich der Routine frönen kann.*

New Orleans Saints und Unternehmen wie Fluggesellschaften, Banken und Energiekonzerne. Ein Mann mit einem extrem breiten Hintergrund und Überblick. Mit seinem Buch hat er dem bahnbrechenden Gedankengebäude seines Mentors Clare Graves eine gut kommunizierbare Form und pragmatische Präzisierung verliehen. Mit diesem Konzept kann man die Menschen verstehen lernen.

Im Prinzip gibt uns *Spiral Dynamics* ein Modell, um die *Wertesysteme und deren Wandel* zu erklären, und zwar sowohl die

Wertesysteme von *Individuen* als auch die Wertesysteme von *Kulturen*. Eine kanadische Zeitschrift titelte über Spiral Dynamics einmal: »The Theory that Explains Everything« – die Theorie, die alles erklärt.

Kurz gesagt, durchlaufen wir Menschen während unseres Lebens verschiedene *Phasen*, in denen bestimmte *Werte* vorherrschend und bestimmte *Denk- und Verhaltensmuster* dominant sind. Jede Phase bekommt in Don Becks Modell eine Farbe und einen Namen, damit man eine Terminologie bekommt und darüber reden kann. Diese Phasen gelten sowohl für das Individuum als auch für Gruppen und ganze Kulturen. Das Modell beleuchtet die Innenseite der Welt, sowohl die Innenseite des einzelnen Menschen, also die Psyche, als auch die Innenseite von sozialen Systemen, also deren Kultur. Dieser *integrale Ansatz* ist eine der Besonderheiten dieses Modells der Welt. Wie funktionieren diese Phasen nun im Einzelnen?

In der ersten *Phase*, im archaisch-individualistischen System mit der Farbe *Beige*, die bei Don Beck *SurvivalSense* heißt, spielen die *Instinkte* eine große Rolle. Hier geht es ums nackte Überleben. Ein Säugling beispielsweise muss schauen, dass er irgendwie überlebt. Dazu laufen in ihm die Programme ab, die dafür sorgen, dass er bekommt, was er braucht: Nahrung, Wärme, Schutz. Automatismen, Reflexe und autonome Reaktionen auf die Umwelt stehen hier im Vordergrund.

Mit diesem Konzept kann man die Menschen verstehen lernen.

Auch später im Leben können wir auf die Denkweise und die Handlungsmuster des beigen Wertesystems zurückgreifen, allerdings gibt es in unserer heutigen Welt kaum noch Situationen, in denen Beige im Vordergrund steht, außer wenn wir unsere *Grundbedürfnisse* befriedigen: Hunger, Durst, Lust auf Sex. Dagegen: Planen, Zukunft oder Kooperation sind Konzepte, die den Horizont von Beige weit übersteigen.

In der *zweiten Phase*, im animistisch-kollektivistischen System mit der Farbe *Purpur*, die bei Don Beck *KinSpirits* heißt, spielt die

Sicherheit eine große Rolle, und zwar die Sicherheit, die ein Clan bietet, dem man sich anschließt oder in den man hineingeboren wurde, beispielsweise eine Familie oder ein Fanclub oder die Hells Angels oder die Weight Watchers. In solchen Clans spielen *Rituale* und äußere Erkennungszeichen sowie sprachliche Codes eine große Rolle, außerdem Respekt vor den Älteren oder denen, die schon länger dabei sind, sowie der Zusammenhalt auch nach außen gegenüber der feindlichen Umwelt. Die Traditionen, die Denkweise des Clans und die

> *Das Konzept »Nach mir die Sintflut« regiert.*

Führer des Clans erklären dem Mitglied die Welt, die es ansonsten nicht verstehen würde. Die Welt erscheint verwirrend, aber die Familie und ihre spezielle Kultur bietet Sicherheit und Geborgenheit und sorgt für Orientierung. Das System ist kollektivistisch, denn das *Wir-Gefühl* steht stark im Vordergrund und das Individuum löst sich darin auf, beispielsweise, wenn wir im Stadion im Fahnenmeer stehen und »Zieht den Bayern die Lederhosen aus!« rufen oder wenn wir am Familientisch vor der Weihnachtsgans sitzen und das immer gleiche Programm abläuft.

Individualistische Phasen   **Kollektivistische Phasen**

7. FlexFlow   **8.** GlobalView

5. StriveDrive   **6.** HumanBond

3. PowerGods   **4.** TruthForce

1. SurvivalSense   **2.** KinSpirits

Spiral Dynamics nach Beck/Cowan

In der **dritten Phase**, im magisch-individualistischen System mit der Farbe **Rot,** die bei Don Beck **PowerGods** heißt, geht es ums **Gewinnen**, und zwar **um jeden Preis**, und sei es auf Kosten Anderer. In dieser Perspektive auf die Welt gibt es Habenichtse und Gewinner, und es geht lediglich um die Frage, zu welcher Gruppe man gehört. Die Welt erscheint als feindlicher Ort, ein Dschungel, in dem das Recht des Stärkeren gilt. Wer in dieser Welt klein beigibt, verdient keinen Respekt, sondern sollte sich schämen. Rot ist hoch aggressiv, wenn es darum geht, die eigenen Beschränkungen zu bekämpfen. Dabei spielt es überhaupt keine Rolle, welche Konsequenzen sich morgen aus dem Handeln von heute ergeben, denn wer weiß, ob es überhaupt ein Morgen gibt? Das Konzept »Nach mir die Sintflut« regiert, die Ellenbogengesellschaft, die Gier der Wall Street, Finanzhaie, Heuschreckenkapitalismus, Korruption, Drogenhandel, Krieg, all das sind die negativen Auswüchse von Rot. Die positiven Seiten sind die, die man braucht, wenn man körperlich bedroht oder auf kriminelle Weise in die Enge getrieben wird, wo kein Ruf nach dem Arm des Gesetzes hilft und man auf sich selbst gestellt ist: **Durchsetzungsfähigkeit**, wenn es darauf ankommt.

In der **vierten Phase**, im mythisch-kollektivistischen System mit der Farbe **Blau,** die bei Don Beck **TruthForce** heißt, geht es um **Recht und Gesetz**. Hier bietet eine Institution, die größer ist als wir und deren Teil wir sind, einen Sinn im Leben. Das kann die katholische Kirche sein oder eine Firma, das Römische Reich oder Greenpeace. Die Menschen, die sich diesem Höheren verschreiben, ordnen sich unter und ordnen sich ein, sie werden zu einem kleinen Rädchen, einem Schäfchen oder einer Wählerstimme, und sie erwarten vom überpersonalen »Big Brother« klare Vorgaben, wie man zu denken, zu reden und zu handeln hat. Da gibt es zehn Gebote, sieben Grundregeln, die Do's und Don'ts, die Prinzipien und die Etikette. Auf böse Taten sollen »die da oben« mit dem Arm des Gesetzes, der Staatsgewalt oder dem heiligen Zorn antworten, man selbst hält sich zurück, damit man Ruhe und Ordnung nicht gefährdet. Der Lohn: Jeder hat seinen Platz, man lebt in Stabilität und äußerer Sicherheit. Der Preis: Mund halten, fleißig sein und warten auf die Belohnung, auch wenn die erst im Jenseits folgt.

In der *fünften Phase*, im rational-individualistischen System mit der Farbe *Orange*, die bei Don Beck *StriveDrive* heißt, ist die Welt *logisch und vorhersehbar*. Der Mensch denkt selbst und strebt nach Unabhängigkeit, er sorgt für seinen eigenen materiellen Wohlstand, weil er gut überlegt, die Möglichkeiten abwägt und streng nach rationalen Gründen die beste Entscheidung trifft. *Wissenschaft und Technik* sind der Freund von Orange, mit ihnen kann sich der Einzelne, sofern er gut mit ihnen umgehen gelernt hat, dem Wettbewerb stellen und gewinnen. *Wettbewerb* ist ein sportliches Spiel, der Wille zu gewinnen ist selbstverständlich, allerdings bedeutet das nicht, den gegnerischen Sportsfreund vernichten zu müssen, gewinnen heißt ja nicht besiegen. Wer immer wieder ausprobiert und stetig versucht, sich zu verbessern, wird am Ende die Nase vorn haben. Verlassen kann sich der Mensch dabei nur auf sich selbst. Aber wenn jeder für sich sorgt, sind am Ende alle versorgt, darum können auch Gemeinschaften aus autonomen, selbstverantwortlichen Individuen gut existieren.

> *Entscheidungen werden im Konsens getroffen, widerstreitende Meinungen sind dabei nur ein Zeichen, dass man noch nicht genügend diskutiert hat.*

Wenn allerdings Orange etwas begegnet, das diese Weltsicht nicht rational erklären kann, wird das als nicht existent betrachtet, veralbert und beiseitegeschoben oder als esoterischer Blödsinn verunglimpft und zum Teil massiv bekämpft. Dadurch entgeht StriveDrive ein guter Teil der Welt.

In der *sechsten Phase*, im pluralistisch-kollektivistischen System mit der Farbe *Grün*, die bei Don Beck *HumanBond* heißt, steht das Wir über allem. Keiner darf vorauslaufen und keiner darf zurückbleiben. *Gleichheit* zählt für Grün mehr als Gerechtigkeit, weshalb in einer heterogenen Gemeinschaft weit reichende Umverteilungen notwendig sind, wobei es egal ist, auf welchem Wege die

Reichen sich ihren Vorsprung erarbeitet haben – fest steht, dass sie ihn hergeben müssen. Wenn im Kollektiv keine Balance herrscht, fühlt sich Grün unwohl und muss eingreifen. Wettbewerb und Konkurrenz sind diesen Gruppenmenschen suspekt, denn dabei gibt es Verlierer, was in ihren Augen die Welt zu einem schlechteren Ort macht. Wer etwas hat, muss teilen, egal ob es Dinge oder Gedanken sind. Dogmen und Gier müssen von der Welt verschwinden und werden ersetzt durch in sich konsistente Ideologien mit absolutem Welterklärungsanspruch.

Zurechtkommen ist die große Parole in dieser Phase.

Entscheidungen werden im Konsens getroffen, widerstreitende Meinungen sind dabei nur ein Zeichen, dass man noch nicht genügend diskutiert hat. Am Ende wird es möglich sein, auch jede abweichende Meinung im Kollektiv aufzusaugen, so dass allumfassende Harmonie hergestellt ist und keiner mehr ein ungutes Gefühl hat. So die Hoffnung von Grün. Das Gute an diesem Wertesystem ist die allumfassende *Humanität*, die Hilfsbereitschaft für Arme und Schwache, das Kooperationsbedürfnis. Das Schlechte an Grün ist die Tatsache, dass sich unter dem Deckmantel der Humanität gerne purer Egoismus und hochaggressive Machterhaltungsmechanismen versteckt halten: das weit verbreitete Phänomen der »Gutmenschen«.

In der *siebten Phase*, im integral-individualistischen System mit der Farbe *Gelb*, die bei Don Beck *FlexFlow* heißt, wird alles anders: FlexFlow ist das erste Wertesystem, das nicht nur das eigene Modell von der Welt versteht, sondern auch die Modelle der Anderen. Gelb kann blendend mit jedem kommunizieren, egal ob Grün oder Orange oder was auch immer für eine Färbung der Weltsicht. FlexFlow erkennt einfach an, was ist, und müht sich nicht damit ab, sich die Welt zurechtzuerklären, bis sie in eine Schablone passt. Vielmehr interessiert FlexFlow, was man aus der Situation machen kann. Zurechtkommen ist die große Parole in dieser Phase.

In gewisser Weise wiederholt sich in diesem Wertesystem das Grundthema aus dem ersten Wertesystem (Beige, SurvivalSense). Nur dass es diesmal nicht um das Klarkommen in der einfachen unmittelbaren Umgebung geht, sondern um das **Klarkommen auf einer höheren Ebene**, nämlich um das Klarkommen in einer komplexen, globalisierten, vernetzten und technisierten Welt. Gelb sieht sich einem Flickenteppich von Systemen und Subsystemen gegenüber, einer chaotischen und inkonsistenten Welt. Allerdings ist das für FlexFlow gar nicht groß zu bewerten, es ist eben so. FlexFlow hat die Fähigkeit, aus diesen Bruchstücken und losen Enden etwas Neues zu stricken, es durchschaut die momentane Situation und findet im Nu eine Lösung, die alle weiterbringt. Es agiert **flexibel und spontan**, darin begründet sich seine hohe Kompetenz.

Auch Gelb strebt nach Unabhängigkeit und will für sich selbst eine möglichst gute Situation erreichen, allerdings nie auf Kosten Anderer. Dieser Individualismus ist über das egoistische Rot, das formalistische Blau, das funktionalistische Orange und das egalitäre Grün hinausgewachsen und wurde so zu einer Art **sozialem Individualismus**. Aus Gruppierungen hält sich Gelb heraus, egal ob es sich um politische, weltanschauliche oder sonst wie verfasste Gruppen handelt, Gelb lässt sich nicht vereinnahmen, kann aber durch seinen Überblick und sein kommunikatives Geschick gut führen.

> *Sie ahnen es: FlexFlow, das ist für mich genau der richtige Code für die Haltung gegenüber der Welt.*

FlexFlow braucht offene Systeme und Freiheit, dort ist sein Wirken integrierend und versöhnend. Nelson Mandela und die Verhinderung des südafrikanischen Bürgerkriegs nach seiner Rückkehr in die Politik nach 27 Jahren politischer Gefangenschaft sind ein Paradebeispiel für das Wirken von FlexFlow. Don Beck war damals mittendrin und leistete seinen integralen Beitrag. Wo allerdings Gelb nichts ausrichten kann, dreht es sich um und geht, ganz ohne Groll, um sich lohnenderen Dingen zuzuwenden. Diese kühle Nüchternheit ist den Anderen suspekt.

Sie ahnen es: FlexFlow, das ist für mich genau der richtige Code für die Haltung gegenüber der Welt, die aus der Stress- und Burnout-Abwärtsspirale hinausführt, in der wir momentan in der westlichen Welt stecken. Das Problem: Niemand kann einfach für sich beschließen, fortan die Welt durch die gelbe Brille zu sehen. *FlexFlow* ist die Beschreibung eines psychischen und kulturellen Entwicklungszustands. Das heißt: Die einzige Möglichkeit, in diese Phase einzutreten, ist *persönliche Weiterentwicklung*.

Die meisten Menschen in unserer Gesellschaft stecken momentan in der rational-individualistischen Weltsicht von Orange oder in der pluralistisch-kollektivistischen Weltsicht von Grün fest. Die beiden Systeme können nicht besonders gut miteinander, beim Streit um den neuen Stuttgarter Bahnhof S21 beispielsweise stehen sich die beiden Gruppen in Demonstrationen bis hin zum Straßenkampf gegenüber oder sie sitzen einander am Verhandlungstisch gegenüber. Und man kann, wenn man ihnen zuhört, wunderbar erkennen: Die verstehen sich gegenseitig nicht mal im Ansatz, sie haben keine Ahnung, was der Andere eigentlich will. Es ist klar, dass beide Weltsichten, auch wenn sie momentan jeweils gar keine anderen Weltsichten wahrnehmen oder ernst nehmen können, sich weiterentwickeln müssen. Und dann werden sie irgendwann bei FlexFlow herauskommen. Ähnliche Konstellationen lassen sich bei Eurozentrikern und Euroskeptikern erkennen, bei denen, die die sozialen Systeme gesundschrumpfen, und denen, die sie ausbauen wollen, oder bei den Lagern, die sich gegenwärtig bei den Themen Klimawandel, Schulpolitik oder Energiepolitik bilden. Da werden wir noch spannende bis verbohrte Auseinandersetzungen erleben, bis die Mehrheit unserer Gesellschaft in die nächste Phase des gegenseitigen Verstehens eingetreten ist.

Phase	Farbe	Name	Merkmale
Eins	Beige	*SurvivalSense*	Überleben, Instinkte
Zwei	Purpur	*KinSpirits*	Sicherheit, Rituale, Wir-Gefühle
Drei	Rot	*PowerGods*	Gewinnen um jeden Preis, Durchsetzen
Vier	Blau	*TruthForce*	Recht und Gesetz, Ordnung
Fünf	Orange	*StriveDrive*	Wissenschaft und Technik, Wettbewerb
Sechs	Grün	*HumanBond*	Gleichheit und Gemeinschaft, Humanität
Sieben	Gelb	*FlexFlow*	Zurechtkommen, flexibel, spontan
Acht	Türkis	*GlobalView*	Spiritualität, holistisch, Intuition

Spiral Dynamics: Unterschiedliche Denkweisen nach Don Beck

Und damit ist die Entwicklung beileibe noch nicht zu Ende, als Nächstes steht die *achte Phase*, das spirituell-kollektivistische System mit der Farbe *Türkis* an, die bei Don Beck *GlobalView* heißt. Viel weiter können wir noch gar nicht schauen ...

Wenn wir also nicht einfach beschließen können, statt in Orange oder in Grün einfach künftig im gelben FlexFlow zu ticken, weil das eben besser funktioniert, wie schaffen wir es dann, uns weiterzuentwickeln? Wie habe ich selbst es geschafft, die »gelbe Sicht« in mir auszubilden, die ich heute schon ansatzweise erkennen kann und von der ich in diesem Buch bereits erzählt habe?

✔ Routine ist eine Erfolgsstrategie für Situationen, in denen alle Randbedingungen kontrollierbar sind.

✔ Dort, wo man nicht alles unter Kontrolle haben kann, führt Routine in die Katastrophe.

✔ Wenn eine Strategie nicht zum Ziel führt, muss man die Strategie wechseln, nicht das Ziel.

✔ Strategiewechsel erfordern Flexibilität.

✔ Flexibilität braucht Spontaneität, Offenheit, emotionale Kontrolle, ein verlässliches Wertegerüst im eigenen Denken, Kompetenz und viel Energie.

✔ Im rhythmischen Sowohl-als-Auch von aufwändiger Flexibilität und Energie sparender, regenera-
tiver Routine liegt der Schlüssel für eine Haltung,
die sowohl leistungsfähig als auch stressarm ist.

✔ Spiral Dynamics ist ein gedankliches Modell,
das die Psyche von Menschen und Gruppen von
Menschen sowie deren Entwicklung erklären
kann.

✔ FlexFlow ist innerhalb des Erklärungsrahmens
von Spiral Dynamics ein Wertesystem, eine
bestimmte Weltsicht, ein Entwicklungsstand,
der hilft, mit der Komplexität und der Dynamik
unserer Welt klarzukommen.

ESSENZEN

Wenn ich selbstbestimmt lebe, gibt es einfach ein paar Dinge, wofür ich mich nicht mehr hergebe, wofür ich mir zu schade bin. Alle machen dies oder jenes – ich nicht. Man macht das so – ich nicht.

Ich habe es aber auch nicht nötig, eine Anti-Haltung einzunehmen und gegen das zu sein, was alle machen oder man so macht. Mein Maßstab des Handelns ist nicht außen, sondern innen. Mein Kompass ist in mir, ich brauche keine Orientierung durch Institutionen, Gesellschaft, Moden oder Mainstream. Wenn ich 1899-Hoffenheim-Fan bin, dann aus meinen eigenen Gründen. Wenn ich iPhone-begeistert bin, dann, weil es mir so passt. Die Meinung der anderen ist nicht so wichtig.

Das längste Meeting meines Lebens

Deutschland ist ein ziemlich künstliches Gebilde. Weder leben alle Menschen, die Deutsch sprechen, in Deutschland, noch sprechen alle Menschen, die in Deutschland leben, Deutsch. Aus ersterem Grund hat beispielsweise das Marketing für den deutschsprachigen Markt das Kürzel »DACH-Länder« erfunden: Deutschland (D), Österreich (A) und Schweiz (CH) – lassen wir mal Liechtenstein, Luxemburg und Südtirol beiseite. Und Zweiteres können Sie am eigenen Leib erfahren, wenn Sie einmal mit einem Fanclub des FC Bayern nach Madrid fliegen ...

Nein, Spaß beiseite, Deutschland ist keine Steinfrucht wie ein Pfirsich oder wie Frankreich mit Paris im Zentrum, sondern eine Sammelnussfrucht wie eine Erdbeere, ein Zusammenschluss von Fürstentümern, Herzog- und Großherzogtümern, Königreichen, freien Städten und Hansestädten. Dieses am Verhandlungstisch zusammengesteckte Gebilde, das wir vor Länderspielen als »deutsches Vaterland« besingen, ist erst rund 140 Jahre alt – ein Klacks im Vergleich beispielsweise zu Frankreich oder England. Selbst die »oberflächlichen« USA, auf die wir so gerne mit Verweis auf unsere altehrwürdige Kultur herabblicken, sind als vereinigter Nationalstaat deutlich älter.

Aber jedem das Seine. Wenn die USA auch den deutlich »erfahreneren« Staat stellen, so können wir dafür auf eine wesentlich ältere Tradition der Bürokratie zurückschauen: Vor rund 200 Jahren, als es in den USA bereits eine funktionierende Staatsverwaltung, ein einheitliches Recht und eine freiheitliche Grundordnung gab – Einigkeit und Recht und Freiheit sozusagen –, da gab es in »Deutschland« beispielsweise noch 1.800 Zollgrenzen, Willkürherrschaft und eine überbordende Bürokratie – Uneinigkeit, Unrecht und Unfreiheit, könnte man auch sagen. Wer eine Ladung Bernstein von Königsberg mit der Kutsche nach Köln liefern wollte, wurde auf dem Weg dorthin gut 80 Mal kontrolliert.

227

Damals war es schon ein Riesenerfolg, dass es zumindest Bayern schaffte, einen einheitlichen Binnenmarkt zusammenzuflicken.

Erklärter **Feind der Bürokratie** war damals der Schwabe Friedrich List, einer der bedeutendsten Ökonomen der deutschen Geschichte. Er war Handwerkersohn, Verwaltungsbeamter, Professor, Unternehmer, Diplomat und Eisenbahn-Pionier, hatte also einen ziemlich guten Überblick. 1819 schrieb er über Zölle und Straßenmauterhebungen: »(Sie) lähmen den Verkehr im Innern und bringen ungefähr dieselbe Wirkung hervor, wie wenn jedes Glied des menschlichen Körpers unterbunden wird, damit das Blut ja nicht in ein anderes überfließe.«

Man sollte meinen, dass wir nach einer solch klugen Analyse zwischenzeitlich dazugelernt hätten, aber wenn auch der Deutsche Zollverein von 1834 einen Zusammenschluss der Zoll- und Handelspolitik der deutschen Bundesstaaten brachte, so geht es heute in unserer staatlichen oder bundesstaatlichen Verwaltung leider allzu oft noch genauso zu wie vor 200 Jahren. Anstatt die

Vorgänge des gemeinschaftlichen Zusammenlebens zu »managen« wie die Angelsachsen, also Hand (lat. *manus*) anzulegen, damit es vorwärtsgeht, wird in Deutschland so lange ge-waltet, bis die Dinge ver-waltet sind. Der Wortstamm *wal* ist urgermanisch und bedeutet »beherrschen«, »regieren«, »stark sein«, »können«. Kein Wunder, dass »verwalten« die gleiche sprachliche Wurzel hat wie »Gewalt« und »vergewaltigen«. *Verwalten* hat also viel von einer Demonstration der Stärke und Potenz

Dominieren bedeutet Freiheit rauben. Darin scheinen wir Spezialisten zu sein.

eines Staates oder einer Institution, es geht weniger darum, dass etwas passiert, als vielmehr darum, dass irgendetwas dominiert wird, am besten ein Untertan. Dominieren bedeutet Freiheit rauben. Darin scheinen wir Spezialisten zu sein.

Ich darf das behaupten, denn ich kenne die deutsche Bürokratie von innen. Sie ist sozusagen das Gegenteil von FlexFlow.

»... einen Antrag zur Erteilung eines Antragsformulars ...«

Ich saß im Auto und fragte mich: »Lieber Lothar, sei mal ehrlich. Hat der liebe Gott dir wirklich den Auftrag gegeben, deine kostbare und begrenzte Zeit auf diesem Planeten, die er dir geschenkt hat, mit so einem Schwachsinn zu verschleudern?«

Auf der einstündigen Fahrt nach Hause ging mir nicht nur der vergangene Tag durch den Kopf, sondern gleich mein ganzes Arbeitsleben. Ich kam von einer Sitzung des Fachbeirats der Hochschule, an der ich Professor war. Thema der Sitzung war die Prüfungsordnung: Innerhalb der Bundesprüfungsordnung hatte jedes Bundesland seine eigene Landesprüfungsordnung erlassen, innerhalb derer wiederum jede Hochschule dieses Bundeslandes seine eigene Rahmenprüfungsordnung erfand, innerhalb derer wiederum jeder Fachbereich nochmals seine eigene Prüfungsordnung erließ. Und in unserem Fachbereich war es nun an diesem Tag speziell um die Regelung der Prüfungen am Ende des Grundstudiums gegangen.

Wenn Sie jetzt glauben, dass sich da drei kompetente, entscheidungsfähige Führungskräfte gut vorbereitet an einen Tisch setzen und in einer einstündigen Diskussion die Eckpunkte festzurren und verabschieden, die dann im Nachgang von Assistenten formuliert und den Entscheidern zur Unterschrift vorgelegt werden, dann haben Sie noch nie eine Sitzung im deutschen föderalen Bildungswesen erlebt. So hätte man das in der Wirtschaft gemacht. Oder an einer amerikanischen oder schweizerischen Universität vielleicht. Oder auch an einer Privatuniversität. Aber nicht so in einer Einrichtung öffentlichen Rechts in Deutschland! Es saßen sage und schreibe 20 (!) mehrheitlich unvorbereitete und unmotivierte Personen pflichtschuldigst in diesem Sitzungssaal, und die »Besprechung« dauerte quasi den ganzen Tag.

So eine Note braucht kein Mensch.

Ich fuhr morgens hin und abends wieder heim, und ich hatte schon am Morgen gewusst, dass ich am Abend nichts geschafft haben würde. Nichts. Gar nichts. Der komplette, teure Tag war völlig umsonst, ohne jedes Ergebnis, eine reine Sinnlosigkeit, um zu »walten«, weil das mein Amt war. Wer sich ein Paradebeispiel für Ineffizienz hätte ausdenken wollen, wäre nicht einmal in seinen kühnsten Überzeichnungen auf so eine abstruse Sitzung gekommen. Leider war das keine Ausnahme, sondern die Regel.

Ein zentraler Punkt der Tagesordnung waren diesmal die Benotungen im Grundstudium gewesen, die durch die diversen Verordnungen vorgeschrieben waren. Wenn wir schon nicht in der Lage sind, eine einheitliche Prüfungsordnung für alle Universitäten in Deutschland zu verfassen, sondern jede untergeordnete Verwaltungseinheit das Rad nochmal neu erfinden muss, dann wäre dieser Umstand wenigstens eine Chance gewesen, in der individuellen Prüfungsordnung unserer Universität die Benotung im Grundstudium ganz zu streichen. So dachte ich. Denn etwas Unsinnigeres kann ich mir gar nicht vorstellen: So eine Note braucht kein Mensch. Niemand wird jemals einen Blick auf diese

Note werfen, sie spielt für den Abschluss und das weitere Berufsleben ohnehin keine Rolle. Oder könnten Sie sich vorstellen, dass ein Arbeitgeber einen Kandidaten einstellt, weil er im Grundstudium eine Zehntelnote besser war als ein anderer Bewerber?

Dafür kostete die Benotung eine Unmenge Zeit und Nerven. Ich hatte als gut bezahlter Professor bisweilen 500 bis 600 Klausuren pro Semester zu korrigieren, eine dumme und sinnlose und für den Steuerzahler unmäßig teure Arbeit, denn man musste – jedenfalls wenn man streng nach Vorschrift vorging – die Klausur komplett durchkorrigieren, um die Note zu vergeben, auch wenn man schon auf der zweiten Seite sehen konnte,

Das ist wie 80 Mal Zoll bezahlen für die Lieferung einer leeren Kiste.

dass bei dem Studenten Hopfen und Malz verloren war oder man schon nach drei Seiten sehen konnte, dass der junge Mensch auf Zack war und das Prinzip begriffen hatte. Und wenn ich auf der dritten Seite noch nicht beurteilen konnte, ob der Student bestanden hatte, dann doch spätestens auf der vierten oder fünften Seite von zwölf Seiten oder nach einer Stichprobe im hinteren Teil.

Ich ging ganz rational vor, denn Zeit ist endlich: Ich bildete drei Stapel. Bestanden. Nicht bestanden. Grenzfälle. Nur die letzteren ging ich akribisch durch und prüfte kritisch. Zwei Drittel zumindest waren leicht zu entscheiden, das letzte Drittel erforderte etwas mehr Mühe. Das war effizient.

Aber die anderen Professoren wollten das nicht verstehen. Sie lesen allen Ernstes jede einzelne Grundstudium-Klausur von vorne bis hinten durch. Jeden Buchstaben. Auch wenn es vollkommen sinnlos ist, sie machen es, weil es Vorschrift ist. Das macht man eben so. Eine vollkommen unwirtschaftliche Praxis, und das in einem ökonomischen Studienfach. Das ist wie 80 Mal Zoll bezahlen für die Lieferung einer leeren Kiste.

Während ich in der Sitzung saß und die endlosen Ausführungen der lieben Kollegen im Hintergrund vorbeiplätschern ließ, hörte ich mit meinem inneren Ohr Gitarrenklimpern und dann die angenehm weiche Stimme von Reinhard Mey, der in meinem Kopf sang:

> »... einen Antrag auf Erteilung eines Antragsformulars,
> zur Bestätigung der Nichtigkeit des Durchschrift-
> exemplars, dessen Gültigkeitsvermerk von der Bezugs-
> behörde stammt, zum Behuf der Vorlage beim
> zuständ'gen Erteilungsamt.«

Ich seufzte.

Ein Kollege ergriff das Wort und nahm sich wichtig, die anderen spielten mit Stiften, rutschten auf ihren Stühlen herum, gähnten oder blätterten in ihren Unterlagen, lasen ihre Post und nahmen den Redner nicht wichtig.

Ich driftete wieder ab. Mir ging eine kafkaeske Szene durch den Kopf: Stockdunkle Nacht, Nieselregen, eine einsame Kreuzung auf dem Land, weit und breit keine Menschenseele zu sehen, freie Sicht nach allen Seiten, ringsum kein Auto in der Nähe. Aber die Ampel steht auf Rot. Und ich sah mich in dem Auto sitzen. Mein rechter Fuß drückt ungeduldig auf das Gaspedal. Erst kurz und schwach, dann immer stärker. Aber das Auto rührt sich nicht vom Fleck, denn mein linker Fuß steht schwer und unbeweglich auf der Kupplung. Mein rechter Fuß will losfahren, rote Ampel hin oder her, er drückt das Gaspedal durch bis zum Boden, der Motor heult auf. Aber der linke Fuß ist wie gelähmt, gefühllos, schwer wie ein Zentner Zement, ich schaffe es nicht, ihn auch nur einen Millimeter zu heben. Irgendwann schaltet die Ampel auf Grün, mein rechter Fuß schlägt den linken vom Kupplungspe-

Mir kamen die 29 Sekunden von Borussia Dortmund in den Sinn.

dal, der Wagen macht einen Satz nach vorn, der Motor wird abgewürgt, der Wagen steht. Die Ampel schaltet wieder auf Rot.

Ich schüttelte die Szene ab, zwang mich aus dem merkwürdigen Alphawellen-Zustand zurück in den kompletten Wachzustand, stand auf und holte mir einen Kaffee, einen von der übelsten Bürokaffeesorte, der von einer schlechten Plastikthermoskanne auf die Mitte zwischen lauwarm und halbwarm heruntergekühlt worden war und sich möglicherweise als Teil eines Experiments der Kollegen aus der Fakultät Naturwissenschaften erweisen würde, in dem getestet wurde, ab welchem Bitterstoffgehalt Beamte aus Gründen der Lebenserhaltung aufhören müssen, Kaffee zu konsumieren.

Der Bitterstoffgehalt dieses Kaffees war im Sinne der Versuchsanordnung hinreichend, ich schob die Tasse von mir weg und schweifte in Gedanken schon wieder ab, ich konnte mich einfach nicht auf die sinnleere, miefige Veranstaltung konzentrieren, deren Teil ich pflichtgemäß war, ganz im Sinne der »akademischen Selbstverwaltung«. Es ging noch immer um die Benotung im Grundstudium. War es wirklich so, dass sich intelligente Menschen, die die Wahl zwischen einer sinnvollen, aber nicht vorgeschriebenen Option einerseits und einer sinnlosen, aber vorgeschriebenen Option andererseits selbst dann für die sinnlose vorgeschriebene Option entscheiden, wenn sie selbst die Vorschriften ändern können?

Mir kamen die 29 Sekunden von Borussia Dortmund in den Sinn. Am 5. Dezember 2010 flog die Bundesligamannschaft des damaligen Tabellenführers und späteren Deutschen Meisters Borussia Dortmund mit einer Turboprop-Maschine von Nürnberg heim nach Dortmund. Die Mannschaft hatte das Auswärtsspiel bei den Franken mit 2:0 gewonnen. Weil die Witterung schlecht war, war die Mannschaft bereits 40 Minuten nach Abpfiff in den Bus gestiegen und um 20:43 Uhr angeschnallt auf ihren Sitzen im Flugzeug gesessen. Aber das Flugzeug hatte nicht abheben dürfen. Vielleicht hatte sich Nürnberg für die drei entführten Punkte rächen wollen, jedenfalls hatte der Flughafen sich bis um 22 Uhr alle Zeit der Welt gelassen, um dann erst mit der Enteisung der Tragflächen zu beginnen, obwohl bekannt war, dass beim Flughafen Dortmund um 23 Uhr Schluss war.

Schwäche gegen Schwäche, das könnte möglicherweise gut für mich ausgehen ...

Um 22:14 Uhr hob die Maschine endlich ab. Der Flugkapitän gab alles, und tatsächlich: Um kurz vor 23 Uhr schwenkte der Flieger auf den Landeanflug ein. Das letzte Flugzeug des Abends, an Bord die prominentesten Repräsentanten der Stadt.

Kurz vor der Landung bekam der Flugkapitän vom Tower den Befehl zum Durchstarten. Landung verweigert! Der Flugkapitän sah auf die Uhr: 23 Uhr und 29 Sekunden. Die Maschine stieg mit dröhnenden Motoren wieder auf, natürlich um ein Vielfaches lauter, als es im Falle der Landung gewesen wäre, die verweigert wurde, um die Anwohner per Nachtflugverbot vor der Lärmbelästigung zu schützen. *29 Sekunden!*

Was war passiert? Der Dortmunder Flughafen hatte kurz vor 23 Uhr eigens einen Antrag auf Ausnahmegenehmigung bei der Flugaufsichtsbehörde in Münster gestellt, um das Zeitfenster für die Landung einmalig und ausnahmsweise von 23 Uhr auf 23:01 Uhr zu erweitern. Der diensthabende Amtsschimmel dort reagierte streng nach Vorschrift und lehnte den Antrag ab, obwohl er befugt gewesen wäre, die Minute zu gewähren. Hätte der Flughafen das Flugzeug trotzdem landen lassen, dann hätte es ein unangenehmes Verfahren gegeben. Und hätte der Flugkapitän die Landung auf eigene Verantwortung durchgeführt, wäre er seine Lizenz los gewesen.

Stattdessen flog die Mannschaft weiter nach Paderborn, 90 Kilometer entfernt, und musste von dort aus um Mitternacht über die Autobahn mit dem spontan organisierten Mannschaftsbus des Zweitligisten SC Paderborn zurück nach Dortmund fahren. Bei spiegelglatter Fahrbahn. *Wegen 29 Sekunden.*

Wie war das? Ver-walten: Macht und Potenz demonstrieren, Menschen zu etwas zwingen, nur um sie bezwungen zu haben ...

Ich war dran und trug meinen Vorschlag vor, die differenzierte Benotung im Grundstudium in der Prüfungsordnung gleich ganz wegzulassen. Ich zog den Vergleich mit der Olympianorm für den Weitsprung heran: Hatte der Leichtathlet die Normweite übersprungen, war es völlig egal, wie weit der Satz war, Olympia war gebucht. Und hatte der Athlet die Norm nicht geschafft, war es völlig egal, um wie viele Zentimeter er darunter blieb, Olympia würde ohne ihn stattfinden müssen. Logisch, oder?

Ver-walten: Macht und Potenz demonstrieren.

Aber es kam wie erwartet: Alle sahen mich nur mit leeren Gesichtern an. Das war aus einer gewissen Sicht zu erwarten gewesen, denn ich war in diesem festen Machtgefüge der Newcomer und hatte nichts zu melden. Um auch ein Bestimmer zu werden, hätte ich noch mindestens ein Jahrzehnt meinen Beamtenhintern in diversen Gremien und Sitzungen breitsitzen müssen, so aber war ich erst zehn Jahre dabei und hatte höchstens den Status des schwarzen Schafs, der einzige Selbstbestimme unter 20 Fremdbestimmten.

Man ließ mich wenigstens ausreden. Anschließend wurde weiterverwaltet und am Ende des Tages selbstredend beschlossen, die Benotung weiterhin in der Prüfungsordnung festzuschreiben. Landung verweigert. Es war Abend, ich durfte gehen.

Als ich vor meinem Haus ankam, stieg ich aus und schlug die Autotür zu.

Aus. Erledigt.

Ich wusste: Ich werde nie wieder, nie wieder einen Tag in Unfreiheit verbringen.

Damals wusste ich nur noch nicht, wie ich das anstellen würde. Aber ab diesem Moment verfolgte mich die Frage: Wie geht das? Was muss ich tun und wie muss ich sein, um frei zu sein?

Glücklose Erfinder

Als Erstes: *Wer frei sein will, muss Nein sagen können, wenn alle Ja hören wollen*.

Das musste ich erst mühsam lernen. Im Neinsagen war ich kein Naturtalent. Zu Beginn meiner Laufbahn als Autor, Trainer und Redner habe ich mich auf jede Anfrage gestürzt, alles angenommen, was des Weges kam. Ein Vorwort schreiben für das Buch eines Anderen? Aber klar. Ein Testimonial abgeben, um jemandem im Marketing zu helfen? Gerne doch. Ein Interview geben? Ja. Mitfotografiert werden? Immer.

Mittlerweile wähle ich aus. Konkret: Neulich fragte der Mitteldeutsche Rundfunk an. Das Fernsehen. Wo ich früher Herzklopfen bekommen hätte und ohne nachzudenken Himmel und Hölle in Bewegung versetzt hätte, um auf die Mattscheibe zu kommen, schalte ich heute mein Großhirn hinzu und überlege, welche Gewichte auf den beiden Waagschalen liegen:

Der einzige Selbstbestimme unter 20 Fremdbestimmten.

Einerseits die Publicity, viele tausend Zuschauer, eine Chance, mein Image und meine Bekanntheit zu steigern. Sicher wären auch einige neue Buchkäufer zu gewinnen. Andererseits der Aufwand: Anreise nach Erfurt, da bin ich insgesamt zwei Tage unterwegs. Und dann wird wohl realistischerweise nicht sonderlich viel dabei herauskommen: Die Zuschauer des MDR sind nicht unbedingt mehrheitlich meiner Kernzielgruppe zuzuordnen, ohne dass ich damit jemandem auf den Schlips treten will. Aber ich weiß zumindest, wer da *nicht* zuschaut. Die Waage neigt sich. Ich muss nicht überall mitmischen. Also habe ich das freundliche Angebot gewürdigt und genauso freundlich abgesagt.

Das war ein klares Nein, ein ausgeschlagenes Angebot. Und ich fühlte mich großartig dabei. Genauso sagte ich *Nein*, als mich mein Verlag auf eine Buchpromotiontour über zwei Tage in die bayrische Provinz schicken wollte. Eine ganz ähnliche Situation, Kosten-Nutzen-Relation in meiner subjektiven Bewertung negativ, und nur auf meine subjektive Bewertung kommt es an – wieder sagte ich ab.

Nur verstand das mein Verlag nicht und war sauer. Klar, die Kosten, und zwar gar nicht nur die finanziellen, waren ja eher auf meiner Seite, während der Nutzen eher auf der Seite des Verlags war, zum Beispiel der positive Saldo auf dem Beziehungskonto des

Verlags bei den betreffenden Buchhandlungen. Meine Entscheidung war aber gar keine Entscheidung gegen den Verlag – sondern eine Entscheidung für mich. Dabei bin ich gewiss der letzte Autor, der sich für den Erfolg seines Buches nicht anstrengt. Beispielsweise schlug ich vor, gemeinsam mit einem Kooperationspartner, den ich bereits mit im Boot hatte, ein Webinar zur Promotion des Buches zu veranstalten. Ein Webinar ist ein Seminar im Web, also im Internet. Der große Vorteil: Ich kann als Referent von jedem Internetzugang der Welt aus das Webinar leiten, zum Beispiel von meinem Home Office aus. Ich verursachte so keine Reisekosten. Und ich erreichte in einer Stunde viel mehr Leute aus meinem Kernpublikum als bei einer Buchhandelstour durch halb Bayern.

Nur auf meine subjektive Bewertung kommt es an.

Aber mein Verlag verstand mich nicht. Buchhandel war eben das gewohnte Terrain, Internet dagegen ein Buch mit sieben Siegeln. Nur bin ich mittlerweile Gott sei Dank so weit, dass mir die Harmonie nicht mehr so wichtig ist wie meine Freiheit. Das ist schon das ganze Geheimnis: Ich gewichte den Wert *Freiheit* in meinen Entscheidungen einfach höher.

Das hat natürlich auch zur Folge, dass mein Telefon, meine E-Mail und mein Haus nicht mehr offen sind wie ein Scheunentor. Ich versuche, nicht unhöflich zu sein, aber ich lasse mir auch nicht mehr die Zeit stehlen. Leid tut es mir bisweilen für die *glücklosen Erfinder*, die sich immer wieder bei mir melden. Die schicken mir Briefe und manchmal sogar Modelle ihrer Erfindungen und wollen sich dann mit mir treffen. Natürlich: Sie wollen meine Anerkennung und sicherlich auch mein Geld, um zum Beispiel die Vermarktung ihrer Erfindung zu finanzieren oder zu promoten. Aber vor allem wollen sie meine Zeit! – Ein Softwareentwickler hat eine neue Zeitplansoftware programmiert. Ein anderer hat ein neues Zeitplanbuch gebastelt. Und so weiter. Sie glauben gar nicht, wie viele Hobby-Erfinder es hier zu Lande gibt, die der Menschheit dazu verhelfen wollen, Zeit zu sparen.

Mein Kollege Richard David Precht erzählt Ähnliches. Nur ist es bei ihm nicht das Thema Zeit, sondern das Thema Philosophie. Er bekommt ganze Manuskripte zugeschickt, hauptsächlich von Männern, die sich für einen bedeutenden Philosophen halten und verzweifelt auf der Suche nach einer Bestätigung ihres Selbstbilds sind. Diese Leute glauben beileibe nicht, dass Richard David Precht ein Verlag ist, nein, sie wollen einfach mal seine Meinung hören zu ihren 495 eng beschriebenen Seiten über Gott und die Welt, die sie sich in mühevoller Kleinstarbeit über dreieinhalb Jahre hinweg neben dem Sachbearbeiter-Job her abgerungen haben. Und da Philosophie ja ohnehin Herrn Prechts Thema zu sein scheint und er sicher jeden Tag 25 Stunden Zeit für seine Leserpost hat ...

Sie glauben gar nicht, wie viele Hobby-Erfinder es hier zu Lande gibt, die der Menschheit dazu verhelfen wollen, Zeit zu sparen.

Einmal bedrängte mich ein Grazer Tüftler, der eine mechanische Uhr erfunden hatte, die die Zeit in Zeitsegmente unterteilen und diese anzeigen konnte. So konnte der Nutzer nicht nur auf einen Blick erfahren, dass es 18 Uhr ist, wie das schon seit dem Mittelalter nach der Erfindung der Räderuhr prächtig funktioniert, sondern zusätzlich auch noch, dass es Zeit war, um joggen zu gehen. Oder Zeit, sich mit der Zeitplanung zu befassen.

Dass diese Erfindung kein Mensch haben will, war mir schon nach einer Minute klar. Aber dieser arme Mensch hatte 20 Jahre seines Lebens damit verbracht, das Ding auszutüfteln! Ein mechanischer Apparat im Zeitalter der Elektronik. Ich zeigte ihm mein iPhone: Schauen Sie mal, das gibt es doch schon. – Aber das war gar nicht der Punkt: Da er zwei Jahrzehnte mit dieser Uhr verbracht hatte, war er der Meinung, dass ich wenigstens zwei Stunden mit ihm verbringen musste. Ich war nicht der Meinung.

Früher hatte ich viel zu viel Zeit mit solchen Leuten verbracht. Ich war viel zu offen für Versuche, mich auszunutzen. Einmal war eine Frau der Meinung, ein sensationelles Zeitplanbuch erfunden zu haben. Mag ja sein, aber bevor sie mir gegenüber das Geheimnis lüften wollte, was ich damit zu tun habe, verlangte sie, dass ich eine fünfseitige Geheimhaltungsvereinbarung lesen und unterschreiben sollte, die ihr Anwalt aufgesetzt hatte. Doch. So etwas gibt es wirklich!

Aber ich muss zugeben, dass ich in den ersten Jahren, sozusagen meiner *Lehrzeit in Freiheit*, bestimmt 20 derartiger Fälle erlebt habe, bevor ich darauf gekommen bin, dass ich mich eigentlich mit solchem Schwachsinn keine Sekunde lang abgeben möchte. Übrigens bin ich überhaupt nicht der Meinung, dass diese Leute schwachsinnig wären oder sich mit schwachsinnigem Zeug beschäftigen. Das möchte ich schon klarstellen. Ich finde es wunderbar für diese Menschen, wenn sie ihr Leben einer Erfindung widmen und stolz darauf sind. Dafür habe ich große Sympathie. Deshalb tut es mir ja auch immer ein wenig leid, wenn ich ihnen bildlich gesprochen meine Türe vor der Nase verschließe – zwar sanft, aber dafür sofort. Mit »Schwachsinn« meine ich nur die Vorstellung, dass ich dafür zuständig sei, diesen Leuten Zeit, Geld und Anerkennung zu geben. Dieser verschrobene Irrglaube bringt sie dazu, sich auf dem soliden Boden berechtigter Ansprüche zu fühlen, wenn sie mich mit ihrem Zeugs vereinnahmen, das nur ihnen selbst etwas bringen kann.

Wenn sich jemand bei mir meldet mit dem Wort »kooperieren«, dann ist mir mittlerweile klar, dass damit gemeint ist: »Ich will von dir profitieren!« Mein geschätzter Freund und Kollege Nikolaus B. Enkelmann ist da noch klarer als ich. Er sagt solchen Menschen direkt: »Sie wollen, dass ich etwas für Sie tue. Aber was tun Sie für mich?« – Dann herrscht immer Stille.

Sie können es auch so sehen: Wer selbstbestimmt leben will, muss einen Sinn für zwischenmenschliche Asymmetrie entwickeln und bei Ungleichgewichten zu seinen Ungunsten sofort die Reißleine ziehen. Dabei muss ich in Kauf nehmen, dass die Abge-

> *Dass diese Erfindung kein Mensch haben will, war mir schon nach einer Minute klar.*

wiesenen mich arrogant finden. Wenn aber das Freiheitsbedürfnis größer ist als das Harmoniebedürfnis, lässt sich das verkraften. Ich lernte es ...

Ich schon!

Als Zweites: *Wer frei sein will, muss Ja sagen können, wenn alle Nein hören wollen.*

Auch das war ein Lernfeld. Und lernen bedeutet immer, nacheinander drei Schritte zu machen. Der *erste Schritt* führt vom Stadium der unbewussten Inkompetenz zum Zustand der *bewussten Inkompetenz*. Wenn Sie also in einer Friseurlehre das Haareschneiden erlernen, ist die erste Erkenntnis, die für Sie wichtig ist, dass Sie das Haareschneiden noch nicht beherrschen. Sich Ihre Inkompetenz bewusst zu machen, schützt Sie nämlich davor, Ihren Kunden aus Versehen die Ohren abzuschneiden oder Streifen auf die Stirn zu färben. Und es macht Sie aufnahmebereit, denn nur wenn Sie wissen, dass Sie etwas nicht können, sind Sie bereit dazuzulernen.

Der *zweite Schritt* ist der Übertritt von der bewussten Inkompetenz in die *bewusste Kompetenz*. In diesem Stadium können Sie schon Haare schneiden, denn Sie haben schon geübt und Sie haben viel von Ihrem Meister gezeigt bekommen und sich viel von ihm abgeschaut. Sie machen also prinzipiell alles richtig, nur ist es wahnsinnig anstrengend, denn Sie müssen sich ungeheuer konzentrieren, eine gerade Kante zu schneiden, keine Löcher in die Stufen zu zaubern, den Kunden nicht mit der Scherenspitze zu pieksen, sich nicht ständig in die eigenen Finger zu schneiden, auf der linken Kopfhälfte des Kunden zumindest ungefähr das gleiche Schnittmuster zu hinterlassen wie auf der rechten und so weiter. Am Abend tun Ihnen dann nicht nur die Finger und die Sehnen im Arm und alle Muskeln im Kreuz, im Nacken und in den Schultern höllisch weh, sondern Ihr Kopf ist auch

> *Nur wenn Sie wissen, dass Sie etwas nicht können, sind Sie bereit dazuzulernen.*

noch ganz leer. Sie sind platt – aber glücklich, denn Sie haben etwas geleistet.

Der **dritte Schritt** des Lernens ist der Eintritt in das Stadium der **unbewussten Kompetenz**. Wenn Sie so weit sind, können Sie mühelos am Kopf des Kunden herumschnippeln und -schnappeln und sich währenddessen und mit Spaß mit ihm über alles Mögliche unterhalten. Nebenher sorgen Sie noch mit traumwandlerischer Sicherheit dafür, dass der Kunde seinen Kaffee oder Orangensaft bekommt, dass ihm keine Härchen in den Ausschnitt rutschen, dass die Frisur noch viel besser wird, als der Kunde es sich vorstellen könnte, dass das Telefon nicht unbeantwortet bleibt und dass der Kunde rechtzeitig fertig ist, damit der nächste nicht lange warten muss. Am Abend sind Sie entspannt und voller Energie, denn Sie haben einen wunderbaren Job, den Sie mit Bravour beherrschen, ohne sich zu schlauchen.

Muss denn ein Professor einen roten Anzug anhaben?

Kompetenz-Stufen

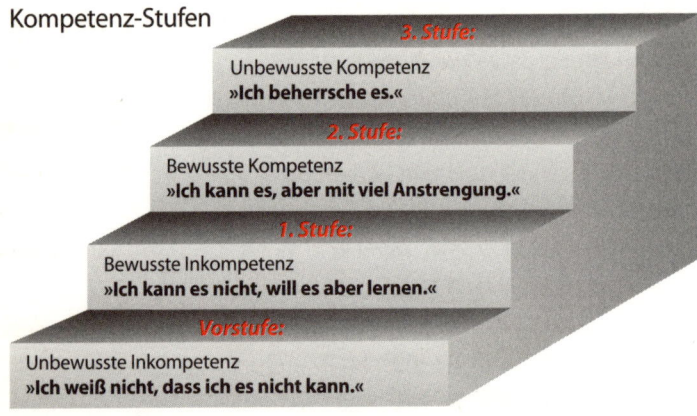

3. Stufe:
Unbewusste Kompetenz
»Ich beherrsche es.«

2. Stufe:
Bewusste Kompetenz
»Ich kann es, aber mit viel Anstrengung.«

1. Stufe:
Bewusste Inkompetenz
»Ich kann es nicht, will es aber lernen.«

Vorstufe:
Unbewusste Inkompetenz
»Ich weiß nicht, dass ich es nicht kann.«

Als ich noch Beamter war, befand ich mich noch im ersten Stadium des Erlernens der Freiheit: Unbewusste Inkompetenz, also unfrei, ohne das zu wissen. Nach dem längsten Meeting meines Lebens war ich im Stadium der bewussten Inkompetenz angekommen: Ich hatte zumindest kapiert, dass ich unfrei war und dass ich daran etwas ändern wollte. Dann kam San Francisco und mein Besuch in der Buchhandlung, in der mir das Buch *New Passages* von Gail Sheehy in die Hände fiel. Das katapultierte mich in das Stadium der bewussten Kompetenz: Ich hängte meinen Beamtenstatus an den Nagel und begann das Freisein zu üben.

Zu Beginn ging es mir wie dem Friseurlehrling: Die ersten Versuche sind zwar vollkommen richtig, die Ausführung aber ist ungelenk, hölzern und bisweilen schmerzhaft. Ich übte, das zu tun, was ich selbst wollte, anstatt das zu tun, was die anderen von mir wollten, egal wie unelegant das vorerst ankam. Beispielsweise hatte ich mir in den Kopf gesetzt, dass Rot meine Farbe ist, meine Marke, mein Erkennungszeichen. Also ging ich im knallroten Anzug ins Fernsehstudio, in die *NDR-Talkshow*. Macht man so was? Das war mir völlig egal. Kurz vor der Sendung fragte ein leicht pikierter Dieter Kronzucker, der neben Ute Ohoven und Helge Schneider und mir ebenfalls Talkgast war: »Muss denn ein Professor einen roten Anzug anhaben?« – Ich antwortete lachend: »Ich schon!«

Heute genügt mir das rote Einstecktuch oder die rote Krawatte, aber zu Beginn war es wichtig für mich, gewissermaßen pastos zu malen. Auch zum Beispiel, wenn es darum ging, mich gegen Killerfeedback zu behaupten. Wenn nach einem Seminar sich ein Teilnehmer profilieren wollte mit Worten wie »Nichts Neues« oder »Enttäuscht« oder »Kannt' ich schon«, dann übte ich mich darin,

Dann kommt der Wunsch, nicht mehr alles selber zu machen.

mir das nicht bieten zu lassen: »Schön für Sie, dass Sie das alles schon wissen.« – Heute klingt das für mich ziemlich hölzern. Aber damals war es entscheidend für mich, überhaupt Position zu beziehen gegen die ewigen Nörgler.

Einmal bot ich einer betont unzufriedenen Teilnehmerin einer offenen Veranstaltung, für die ich als Redner engagiert worden war, an, ihr Eintrittsgeld aus eigener Tasche zurückzuzahlen und das ihrer beiden Mitarbeiterinnen, die sie mitgebracht hatte,

243

gleich noch dazu. Dreimal 99 Euro. Damit die Buchhaltung stimmte, schlug ich ihr vor, mir eine Rechnung zu schicken. Und wissen Sie was? Sie hat das wirklich gemacht! Ich habe das Geld überwiesen und fertig.

Es allen recht machen zu wollen, das habe ich mir abgeschminkt. Es gibt immer welche, denen ist es zu theoretisch, Anderen ist es zu praktisch. Manchen ist es zu laut, zu leise, zu warm, zu kalt ... Wer versucht, nicht anzuecken, bleibt zwangsläufig mittelmäßig. Und macht sich zum Sklaven der Launen anderer.

> »Wer versucht, nicht anzuecken, macht sich zum Sklaven der Launen anderer.«
>
> *Lothar Seiwert*

Als ich dann hinterher bemerkte, dass die Kritik dieser Frau und der ganze für sie doch etwas peinliche Vorgang im Anschluss an den Vortrag mich in keinster Weise persönlich getroffen hatte, war ich richtig fröhlich. So fühlte sich also Freiheit an! Das vierte Stadium des Lernprozesses hatte begonnen: Das Stadium der *unbewussten Kompetenz*. In Bezug auf die persönliche Freiheit: das Stadium der Souveränität.

Kooperation, Stufe 1

Als Drittes: *Wer frei sein will, muss aus dem Ich ein Wir machen.*

Sich durchsetzen, sein Ding machen, wissen, was man will, das ist alles richtig und wichtig. Und doch können wir auf Dauer nicht alleine auf der Welt existieren. Immer alle Gipfeltouren alleine zu unternehmen, ohne Sauerstoff und ohne Sherpa, ist auf lange Sicht viel zu anstrengend. Irgendwann ist das Ich so gefestigt und souverän, dass es in der Lage ist, wieder weicher zu werden. Dann kommt der Wunsch, nicht mehr alles selber zu machen. Dann bekommt das Wort *Kooperation* eine ganz neue Bedeutung. Dann wächst der Wunsch, Teil eines Netzwerks zu sein, Teil eines Ganzen, das größer ist als man selbst.

Kooperation beginnt mit *Arbeitsteilung*. Nehmen Sie die Steuererklärung. Am Anfang der Selbstständigkeit verspüren viele den

Wunsch, alles selbst im Griff zu haben. Also macht man sogar die Steuererklärung selber. Sie kaufen sich Bücher darüber, die Sie angelesen weglegen, weil es schlicht zu langweilig ist, sich mit Steuertricks zu beschäftigen. Dann nehmen Sie sich den überquellenden Schuhkarton vor, in den Sie die Belege so lange geworfen haben, bis die Steuerbehörde nach Verstreichen auch der letzten Mahnfrist Zwangsmittel angedroht hat. Also versuchen Sie an einem Sonntag nachzuvollziehen, wie Sie das vor knapp drei Jahren mit den Reisekosten gehandhabt haben, welcher Beleg was, wann und wie und mit wem. Weil Sie es nicht schaffen, sich zu disziplinieren, quartieren Sie sich bei einem Freund ein, den Sie bitten, Sie anzutreiben. Sie versuchen wirklich jeden Trick und jede Methode. Ich habe das so gemacht, ich gebe es zu. Es war furchtbar. Es war grausam. Ich habe es gehasst wie die Pest. Es war eine reine Strafaktion. Und wer hatte mir die Strafe aufgebrummt? – Ich selbst!

Ich sah mich von oben und musste herzhaft lachen. Wie idiotisch!

Das wurde mir erst klar, als ich auf dem Boden meines Büros saß, inmitten der übrig gebliebenen Belege, die ich zur Übersicht ausgebreitet hatte. Ich sah mich von oben und musste herzhaft lachen. Wie idiotisch! In den Stunden, die ich mit einer der für mich schlimmsten Tätigkeiten, die es überhaupt gibt, verbrachte, hätte ich ein Vielfaches des Geldes verdienen können, das ein Buchhalter und Steuerberater kostet.

Ich schloss mit diesem Kapitel ab, stand auf, ging zum Telefon, und zehn Minuten später hatte ich das Prinzip der Arbeitsteilung angewendet. Seit diesem Moment habe ich nie wieder Verwaltungsdinge selbst gemacht.

Seitdem sammle ich nichts mehr an. Ich notiere auf jedem Beleg sofort meinen Kommentar, kennzeichne beispielsweise privat und geschäftlich, vermerke die bewirteten Personen und so weiter und gebe den Zettel weiter. Meine Steuererklärungen gehen seitdem immer umgehend, korrekt und sauber an das Finanzamt.

Ich habe keinerlei Druck, ich merke das im Alltag überhaupt nicht mehr. Die Rechnung des Steuerberaters kommt regelmäßig, wie die Stromrechnung oder die Müllgebühren, einfach eine nicht änderbare Notwendigkeit, an der keinerlei Emotionen haften außer dem guten Gefühl, dass alles in Ordnung ist.

Der Rasen ist akkurater gemäht, die Briefe sind besser formuliert, die Steuererklärung ist korrekter.

Nach diesem Prinzip habe ich dann meinen kompletten Alltag arbeitsteilig organisiert: Geschenke besorgen – darin tue ich mich schwer, also lasse ich mir dabei helfen. Das Auto in die Waschanlage bringen – macht mir keine Freude, muss ich nicht selbst machen. Gartenarbeit – keine Entspannung für mich, aber für andere. Briefe tippen, E-Mails – ich diktiere die meisten lieber oder lasse sie gleich komplett formulieren. Ja, ich lasse viele Telefonate sogar in meinem Sinne führen, weil ich selbst für mich Wichtigeres machen will.

Dass man sich das leisten können muss, steht außer Frage. Aber das Prinzip der Arbeitsteilung ist ja gerade, dass man in der gesparten Zeit mehr Wertschöpfung erbringen kann, als die Dienstleistungen kosten. Unterm Strich profitieren also nicht nur das Nervenkostüm und das Zeitkonto, sondern auch das Bankkonto von diesem Prinzip.

Und was mir dabei genauso wichtig ist: Wenn ich die richtigen dienstbaren Geister gefunden habe, dann sind die Ergebnisse auch besser, als wenn ich es selbst gemacht hätte. Der Rasen ist akkurater gemäht, die Briefe sind besser formuliert, die Steuererklärung ist korrekter.

Allerdings spielt auch der reine *Spaßfaktor* eine Rolle: Spielereien bei technischen Geräten beispielsweise machen mir Freude. Da will ich selber durchblicken. Alles, was mit dem Internet zu tun hat oder mit Grafik und Layout. Da hänge ich mich selbst rein. Weil es mich interessiert. Da ist es mir dann auch egal, dass andere es vielleicht noch schneller oder besser können als ich.

Es ist erstaunlich, wie viel man sich abnehmen lassen kann. Für alles gibt es Profis. In Frankfurt habe ich zum Beispiel den Chef einer dieser professionellen Service-Agenturen kennengelernt. Jens Schlangenotto heißt er, seine Firma heißt Agent CS. Das sind Berufsermöglicher. Gut, dachte ich, wollen wir doch mal sehen, was die draufhaben.

Vorgeschichte: In einem Männermagazin hatte ich eine Anzeige von Ralph Lauren entdeckt mit einem Outfit, für das ich nur ein Wort hatte: geil! Ein Anzug mit Weste, Hemd, Krawatte, Einstecktuch, so was von geschmackvoll! Den wollte ich haben. Ich hatte nachgeschaut, wo in Frankfurt der Ralph-Lauren-Flagship-Store ist: Opernplatz 8, tolle Adresse. Ich hatte mich auf den Weg gemacht. Im Laden hatte sich dann Ernüchterung eingestellt: Den Anzug gab es noch gar nicht. Ich fragte mich, warum die Werbung für etwas machen, was sie nicht liefern können, aber gut, der Anzug gefiel mir so sehr, dass ich ihn bestellte. Größe 52, ich ließ meine Karte da. Nach sechs Wochen rief ich an und musste hören, dass Ralph Lauren den Anzug nun doch nicht produziert habe, sie würden ihn mir also nicht verkaufen können. Ich legte auf und wählte gleich noch mal: Jens Schlangenotto. Können Sie mir den Anzug besorgen? Ich wollte ihn unbedingt in der Bamberger Basketball-Arena anziehen, wo ich einen Vortrag vor 4.000 Leuten hatte. Es gab also einen klaren Auftrag mit einem fixen Datum. Jens Schlangenotto sagte Ja. Ich war gespannt.

Es nahm einfach kein Ende. Und es war so lustig.

Dann startete eine fast nicht enden wollende Geschichte: Agent CS telefonierte mit Paris, dann mit USA, bis sie herausbekamen, dass die Werbekampagne international ausgerollt worden war, der Anzug aber nicht für Europa gedacht gewesen war. Da ich den aber genau so wollte, wurde er einzeln importiert. Ich wollte ja aber nicht nur den Anzug, sondern das komplette Outfit. Das Hemd musste als Einzelstück in Italien nachproduziert werden. Das Einstecktuch wurde aufgetrieben. Dann musste noch die Krawatte nachgebaut werden, denn die war als Einzelexemplar extra für das Fotoshooting angefertigt worden. Auch die Weste war nicht dabei gewesen, denn der Stoff der Weste wurde gar nicht mehr hergestellt, wie Agent CS herausbekam. Trotzdem wurde eine Weste geschneidert, die dem fotografierten Objekt möglichst nahe kam. Zwischendurch gab es noch Probleme mit dem Bezahlen, denn ich hatte nicht beachtet, dass am 14. Juli Nationalfeiertag in Frankreich ist, die Abbuchung wurde abgelehnt. Dadurch sprang ein Sicherheitssystem an, das die Abbuchung am nächsten Werktag ablehnte, weil ich mit der Karte noch nie in Paris etwas gekauft hatte, der Vorgang in Verbindung mit der recht hohen Summe also ein ungewöhnliches Bewegungsmuster darstellte. Als dann die Authentizität der Transaktion bestätigt war, war wiederum das Zeitfenster für den eingegebenen Code abgelaufen ... es war ein Theater ohne Ende.

Arbeitsteilung oder Delegieren ist aber nur die erste Stufe der Kooperation.

Und wissen Sie was? Das hat mir furchtbar Spaß gemacht!

Es war ein Riesenprojekt, mein Service-Agent hat keine Ruhe gegeben, bis alles geregelt war. Am Ende klappte es gerade noch rechtzeitig vor meinem Auftritt.

Und der Anzug ist wirklich vom Feinsten. Die Weste begeistert mich nicht ganz so, sie ist keine komplette Weste, sondern hat hinten nur so ein Band, das immer aufgeht. Agent CS hat mir deshalb hinterher noch einen Schneider besorgt, einen Italiener. Der war aber verreist, als ich mit meinem Teil dort ankam. Keiner wusste wohin und wie lange. Irgendwann war er dann wieder da und ging an die Arbeit. Die bestellten Knöpfe waren dann die falschen, es musste wieder etwas geändert werden, dann saß am Ende ein Knopf nicht ganz gerade, ich musste es nochmal ändern lassen und so weiter und so weiter, es nahm einfach kein Ende. Und es war so lustig. Ich hatte ja keinen Stress, denn ich hatte Jens Schlangenotto und seine Leute, die machten alles möglich, sie blieben am Drücker, bis alles erledigt war.

Warum ich Ihnen das alles erzähle? – Weil mit diesem Beispiel klar wird, dass ein *Leben in Freiheit kein Stress* ist. Die selbstbestimmte Freiheit zeigte sich ja schon darin, dass ich diesen Anzug nicht nur begehrte, sondern ihn am Ende hatte. Unfreie Menschen wünschen sich genauso viel wie freie Menschen, der Unterschied ist, dass sie sich die Wünsche selbst dann nicht erfüllen, wenn sie die finanziellen Mittel dazu durchaus hätten. Meine Freiheit drückte sich auch darin aus, dass ich den Anzug nicht brauchte. Ich habe genügend gute Anzüge, es war kein Muss. Deshalb hatte ich auch keinen Stress, als sich herausstellte, dass es jede Menge Schwierigkeiten gab, die zu überwinden waren. Außerdem bestand meine Freiheit auch darin, dass ich jemanden engagiert hatte, der sich darum kümmerte.

Natürlich drückt sich die Freiheit auch in dem Umstand aus, die Rechnung bezahlen zu können. Aber erstens ist die Höhe der Transaktion nicht entscheidend für den Freiheitsgrad. Sie können einen Service-Agenten auch für viel geringere Anlässe buchen, zum Beispiel um eine Geburtstagsfeier in kleinem Kreise zu organisieren. Das muss überhaupt nicht teuer sein. Und zweitens kenne ich etliche Leute, die es sich eigentlich leisten könnten, sich einen Wunsch erfüllen zu lassen, die das aber nicht tun. Die fangen sogar an, ihr Auto selbst zu reparieren oder die Winterreifen selbst aufzuziehen, obwohl ihnen das gar keine Freude macht. Vielleicht haben sie einfach kein Gefühl für die Kosten-Nutzen-Ratio beim Delegieren.

Arbeitsteilung oder Delegieren ist aber nur die erste Stufe der Kooperation. Für mein Empfinden steigt der Freiheitsgrad mit der zweiten Stufe nochmal erheblich an ...

Kooperation, Stufe 2

Durch die German Speakers Association, deren Präsident ich war, und deren Einbettung in die Global Speakers Federation, also den Weltverband, habe ich in den letzten Jahren eine große Zahl von interessanten Persönlichkeiten aus der ganzen Welt kennenlernen dürfen.

 **249**

Einer davon war Doug Stevenson. Er hat mich wirklich begeistert. Ich hatte in den USA einen Workshop über Storytelling bei ihm besucht. Das war eine der spannendsten Erfahrungen überhaupt. Natürlich fragte ich ihn sofort, ob er auch mal nach Deutschland kommen würde. Nach England käme er ab und zu, sagte er. »Dann häng doch beim nächsten Mal ein paar Tage in Deutschland dran«, sagte ich, »Ein Seminar bekomme ich zusammen.«

Robyn, ich habe einen Auftrag für dich! Go to Vienna!

Ich schlug einfach in meinem Bekanntenkreis ein paar Leuten das Seminar vor: »Da musst du hin! Wenn es nicht gut ist, zahle ich dir die Seminargebühr zurück. Und erzähl es weiter!«

Die Seminargebühr hat keiner zurückverlangt, und ich bekam nicht nur ein Seminar voll, sondern auch noch ein zweites.

Genau für den Zeitpunkt des ersten Termins erhielt ich dann die recht kurzfristige Anfrage einer finnischen Firma, einen englischsprachigen Vortrag in Wien zu halten. Eigentlich eine tolle Veranstaltung, aber sie kollidierte terminlich mit meinem Doug-Stevenson-Workshop.

Früher hätte ich den Termin in Wien einfach abgesagt. Aber mittlerweile war ich schon im Kooperationsmodus, Stufe 2, angekommen. Ich kontaktierte meine geschätzte Kollegin Robyn Pearce, die ehemalige Weltpräsidentin der Global Speakers Federation. Ihr Spitzname: *Time Queen*. Sie ist sozusagen mein neuseeländisches Pendant. Ich wusste, dass sie zu diesem Zeitpunkt in Saudi-Arabien unterwegs war. »Robyn, ich habe einen Auftrag für dich! Go to Vienna!«

Es war ein guter Auftrag, auch in Bezug auf das Honorar. Ich ebnete ihr den Weg mit der finnischen Firma, die sehr erfreut war, dass ich einen so prominenten Ersatz präsentieren konnte und dass sie keine weitere Mühe hatte, einen guten Redner aufzutreiben. Robyn war ebenfalls sehr erfreut, denn das Unternehmen war noch nicht auf ihrer Kundenliste. Außerdem war ich selbst sehr erfreut, denn einige meiner Bücher gibt es auch ins Finnische übersetzt, und Robyn sorgte dafür, dass der Büchertisch in Wien mit den richtigen Titeln bestückt war. Und das Beste an alledem: Ich konnte ohne schlechtes Gewissen bei meinem Spezialworkshop mit Doug Stevenson sein, ohne das Gefühl, etwas verpasst zu haben. Alle hatten gewonnen. Und es hatte mich keinerlei Mühe gekostet; die drei, vier Telefonate und Mails waren ja eher ein Vergnügen.

Diese Art der Kooperation ist mehr als Arbeitsteilung oder Delegieren. Sie ist das, was man *synergetische Kooperation* nennen könnte.

Noch ein anderes Beispiel: Meine Kollegin Claudia Enkelmann bekam eine Anfrage für einen Vortrag vor einem deutschsprachigen Publikum in Südafrika. Sie konnte da aber nicht, also gab sie die Anfrage an mich weiter. Ich war aber erst eine Woche vorher in Südafrika eingeladen. Was ich mir nicht vorstellen konnte: Ein paar Tage später schon wieder da runter zu reisen. Das fühlte sich zu stressig an. Außerdem: Wegen des Reiseaufwands hätte ich das Dreifache dessen nehmen müssen, was mein normaler Preis gewesen wäre. Das machte keinen Sinn, auch für den Veranstalter nicht. Aber: Ich habe ja einen tollen Kollegen direkt vor Ort in Südafrika, nämlich den Präsidenten der dortigen Dependance der Speakers Association, den deutschstämmigen Wolfgang Riebe. Wenige Telefonate später war Wolfgang gebucht, und neben ihm, dem Veranstalter und Claudia Enkelmann war auch ich glücklich.

Das sind *Win-Win-Win*-Situationen. Das ist typisch FlexFlow, denn »Win-Win-Win« berücksichtigt über das klassische »Win-Win« hinaus auch noch die Anderen, die Umgebung, die Stakeholder, die ganze Situation all jener, die von der Entscheidung betroffen sind. Dafür braucht es nur wenige Zutaten: ein gutes Netzwerk, Verständnis für diese Art der Kooperation auf allen Seiten und einen guten Blick für solche synergetischen Kooperationen. Ich sage dazu auch: *vernetzt denken*. – »It is simple, but not easy« – es ist einfach, aber nicht leicht, wie meine amerikanischen Kollegen sagen ...

Die meisten Menschen verstehen das nicht oder haben keinen Sinn dafür. Beispielsweise die Redakteurin eines privaten Radiosenders aus Bayern, die mich für ein Interview engagieren wollte. Eigentlich eine tolle Sache, ich mag auch den Sender, aber sie machte zur Bedingung, dass ich ins Studio nach München kommen sollte.

> *Es ist, als ob es kein Dazwischen gäbe, entweder man kann so denken oder man kann es nicht.*

Ich schlug ein telefonisches Interview vor, aber sie blieb strikt. Ich sagte: »Aber überlegen Sie doch mal, da bin ich vier Stunden hin und vier Stunden zurück unterwegs, acht Stunden, ein ganzer Tag, und das für ein halbstündiges Interview, bei dem man nur meine Stimme hört. Dazu muss ich doch nicht körperlich anwesend sein!« – Nein, sie bestand darauf. Dann schlug ich vor, in ein Heidelberger Studio zu gehen, so dass sie meine Stimme dazuschalten konnte, was für den Hörer keinerlei Unterschied machte zu der Klangqualität als leibhaftiger Studiogast. Beim WDR hatte ich das mal so gemacht, das war toll: Ich saß im Studio in Mannheim, die Sendung wurde aber in Köln produziert. Das ging wunderbar. Aber eben leider nur bei den öffentlichen Sendern. Die Dame vom bayrischen Privatsender informierte mich, dass sie nicht mit den Öffentlichen kooperierten. Ich sagte ab. Die Redakteurin wollte das aber überhaupt nicht verstehen. Ich sagte: »Dafür ist meine Zeit zu wertvoll.« Damit konnte sie nichts anfangen, so ein Gedanke war ihr fremd.

Ich habe mich immer gefragt, wieso diese Form der *synergetischen Kooperation* nur mit manchen Menschen oder Unternehmen möglich ist und mit anderen nicht, warum es für die Einen eine Selbstverständlichkeit ist und für die Anderen ein Ding der Unmöglichkeit. Es ist, als ob es kein Dazwischen gäbe, entweder man kann so denken oder man kann es nicht. An oder aus. Schwarz oder Weiß. Ja oder Nein.

Heute weiß ich, woran das liegt, Don Beck kann es mit *Spiral Dynamics* erklären (siehe Kapitel 7, S. 215). Wer das Wertesystem *FlexFlow* in seiner Entwicklung als Persönlichkeit oder als Organisation noch nicht erreicht hat, der kann nur sein eigenes Wertesystem und die damit verbundene Weltsicht verstehen:

- Ein Mensch, bei dem das pluralistisch-kollektivistische Wertesystem *HumanBond* im Vordergrund steht, denkt in einer solchen Konstellation: Wenn dieser arrogante Seiwert seinen Vorteil sucht, muss ja jemand Anderes auf der Strecke bleiben. Das ist unfair. Auf gar keinen Fall gehe ich auf seinen Vorschlag ein!

- Einer, bei dem das rational-individualistische System *StriveDrive* im Vordergrund steht, denkt: Was interessiert mich, was dieser Seiwert davon hat? Wichtiger ist: Was funktioniert für mich selbst am besten, wo ist mein Gewinn optimal?

- Einer, bei dem das mythisch-kollektivistische System *TruthForce* im Vordergrund steht, denkt: Das entspricht aber nicht den Vorschriften beziehungsweise meinem Auftrag. Es hat geheißen, ich soll den Seiwert ins Studio holen, jetzt muss das auch so passieren.

- Einer, bei dem das magisch-individualistische System *PowerGods* im Vordergrund steht, denkt: Wenn der Zeitmanagement-Papst ins Studio kommt, sammle ich Punkte beim Chef, dann kriege ich vielleicht den Posten, den ich anstrebe, dann habe ich die Kollegin ausgestochen.

- Einer, bei dem das animistisch-kollektivistische System *KinSpirits* im Vordergrund steht, denkt: Der Seiwert ist keiner von uns, der spricht ja nicht mal Bayrisch. Soll er wegbleiben!

- Und einer, bei dem das archaisch-individualistische System *SurvivalSense* im Vordergrund steht, denkt: Ich hab Hunger. Also lege ich besser auf und gehe was essen.

So ist es nun mal: Wir sollten uns keinen Kopf machen, wenn einer nicht begreift, was gemeint ist, wenn wir eine synergetische Kooperation, eine Win-Win-Win-Lösung vorschlagen. Er kann nichts dafür. *Kein Wertesystem ist besser als das andere*, alle haben ihren Sinn und sind völlig gleichberechtigt. Wer als Beamter sich zum Mitspieler des Bürokratiemonsters macht, ist beileibe kein schlechter Mensch oder ein Vollidiot, sondern er lebt so, wie es der Kombination seiner Wertesysteme angemessen ist. Wahrscheinlich ist bei ihm in der aktuellen Lebensphase das blaue System *TruthForce* dominant, das heißt, er mag sich gerne einem großen System unterordnen, das die Weltsicht und klare Regeln vorgibt. Denn würde bei ihm zum Beispiel das orangefarbene *StriveDrive* dominieren, dann würde er es mit der unglaublichen Ineffizienz der Behörden nicht aushalten. So aber ist es für ihn das richtige Biotop. Alleine das zu erkennen, ist schon stresslösend.

Arroganz ist hier völlig fehl am Platze. Die Welt ist bunt, es ist gut, dass die Menschen unterschiedlich sind, denn so lernen wir immer weiter voneinander. Wenn es nicht klappt mit dem Kooperieren, dann ist das nicht schlimm: »Where FlexFlow can't do anything, it simply walks away ...!« – Wo FlexFlow nichts bewirken kann, ist es einfach weg. Auch das ist Freiheit.

Der Konsul von Hintertupfingen

Ich erzähle Ihnen noch ganz kurz, was mein *Ideal der selbstbestimmten Freiheit* ist. Und bitte überlesen Sie dabei nicht das Augenzwinkern, es ist ein bisschen ein Kleiner-Jungen-Traum ...

Alle sechs Wochen würde ich dann einen arubischen Pass abstempeln.

Also: Ich hätte gerne einen Diplomatenpass! Und ein entsprechendes Autokennzeichen, also CD, »Corps Diplomatique«. Dann müsste ich Botschafter oder der Leiter einer Ständigen Vertretung eines Staates sein. Konsul würde auch gehen, dann wäre ich Mitglied im »Corps Consulaire«, und das Autokennzeichen wäre nicht CD, sondern CC.

Sagen wir, ich würde zum Konsul von Aruba ernannt werden. Dann könnte ich mein Home Office als Konsulat definieren, was dann automatisch hoheitliches Gebiet des Königreichs der Niederlande wäre, zu dem der karibische Inselstaat gehört. Wenn die Steuerfahndung käme, dürften die Beamten mein Büro nicht betreten. Nicht dass ich etwas zu verbergen hätte, aber es würde mir eine königliche Freude machen, nicht unter der Fuchtel der Beamten zu stehen. Ich wäre sozusagen unverwaltbar, der Verwaltungsapparat könnte mich nicht dazu benutzen, seine Macht zu demonstrieren. Ich könnte eine Flagge an meine Tür heften und Sprechzeiten aushängen. Alle sechs Wochen würde ich dann einen arubischen Pass abstempeln.

Parken könnte ich immer direkt vor der Tür, in die ich gerade hinein will. Knöllchen gäbe es keine mehr, denn die diplomatische Immunität würde das verbieten. Ha! Daran hätte ich Spaß! Das Einzige, was dann noch fehlen würde, wäre so eine Kojak-Leuchte, die ich mir aufs Autodach heften könnte, wenn ich lustig bin, um schneller durch das Verkehrsgewimmel zu düsen.

Am Frankfurter Flughafen würde ich direkt durch die Schleuse ins Flughafengelände ans Terminal ranfahren. Ich würde mein Auto auf dem Diplomatenparkplatz parken, würde aussteigen und direkt zur Gangway gehen. Bei der Einreise in die USA oder nach Thailand oder wo auch immer würde ich an der langen Schlange der stundenlang wartenden Menschen vorbeigehen und dürfte mit dem Diplomatenausweis sofort einreisen …

Das würde mir manchen Stress ersparen!

✔ Deutschlands Verwaltung ist bürokratisch.

✔ Bürokratische Verwaltung macht Menschen unfrei, denn sie will Menschen dominieren.

✔ Bürokraten beschließen Widersinniges, ohne mit der Wimper zu zucken, wenn es Vorschrift ist.

✔ Wer Beamter ist, für den ist Freiheit mit großer Wahrscheinlichkeit kein hoher Wert. Das ist aber keine Abwertung: Für diese Menschen wäre es furchtbar, ständig selbstbestimmt unterwegs sein zu müssen.

✔ Wer frei sein will, muss Nein sagen können, wenn alle Ja hören wollen.

✔ Wer frei sein will, muss Ja sagen können, wenn alle Nein hören wollen.

- ✔ Wer frei sein will, kann auch Ja sagen, wenn alle Ja hören wollen, und Nein, wenn alle Nein hören wollen. Was die Anderen denken, ist kein Kriterium.

- ✔ In Freiheit kann man sich hineinentwickeln – in drei Stufen.

- ✔ Die 1. Stufe: Unfreiheit wahrnehmen.

- ✔ Die 2. Stufe: Üben, zu denken und zu reden und zu tun, was man selbst will.

- ✔ Die 3. Stufe: Souverän sein.

- ✔ Kooperation macht frei.

- ✔ Delegieren ist die 1. Stufe der Kooperation, Synergie die zweite.

- ✔ Kooperieren können die meisten Menschen noch nicht.

- ✔ Freiheit macht Freude.

ESSENZEN

 **257**

Work-Life-Balance ist ein veraltetes Konzept. Es ist absurd, das Leben und das Arbeiten voneinander zu trennen und beides gegeneinander aufzuwiegen. Arbeit ist Leben, und Leben ist Arbeit. Wo ist da der Unterschied?

An meinen Projekten arbeite ich auch nachts im Schlaf. Darum dauert meine Woche 7 x 24 = 168 Stunden. Niemand sagt mir, dass und wann ich zu arbeiten habe. Ist das Luxus? Nein, das kann heute jeder. Würde nicht alles zusammenbrechen, wenn jeder so leben würde? Das glaube ich nicht. Ganz im Gegenteil.

Die 168-Stunden-Woche

Die letzten Takte der Hintergrundmusik verklingen. Die Bühne ist leer. Langsam wird das Licht heruntergedimmt. Die Gespräche verstummen.

Kunstpause.

Leise Musik mit einem treibenden Rhythmus wird hörbar, schwillt an – ein Stück, das irgendwie vertraut klingt: Ein satter Slapping-Bass, mit dem Daumen gespielt. Eine Rhythmusgitarre, die die abgedämpften Saiten nur kurz anschlägt. Eine Bass Drum und eine geschlossene Hi-Hat. Dahinter ein ganz leichter Synthesizer-Sound. Eine Musik wie eine Katze, die auf dem Sprung ist.

Von rechts kommt ein Mann im schwarzen Anzug. Spot an. Er hat ein Mikrofon in der Hand und geht schnell bis in die Mitte der

Der Rhythmus treibt.

Bühne. Dort bleibt er stehen. Er wendet sich nach vorn, geht drei Schritte in Richtung Bühnenrand. Dann blickt er strahlend ins Publikum.

4.000 Menschen sind da, vor der Bühne an zwei großen runden Tischen, daneben längs gestellte Tische, dahinter Sitzreihen und alle anderen auf den Rängen ringsherum – sie alle warten gespannt darauf, was nun passiert.

Der Bühnenhintergrund wird dunkel. Weißer Nebel steigt auf. Die Musik wird lauter.

Der Mann auf der Bühne hebt das Mikrofon zum Mund.

»Meine Damen und Herren, liebe Freunde – wir kommen zum Höhepunkt dieses wunderbaren Tages!«

Die Musik wird noch lauter. Scheinwerfer gehen im Hintergrund an, erhellen langsam, aber stetig die Nebelwand von Grau nach Weiß bis Gletscherschneeweiß.

Der Ansager hebt die Stimme: »Wir haben die Ehre und die Freude ... einen Mann für Sie gewonnen zu haben ...«

Der Rhythmus treibt. In der Mitte der Bühne im Hintergrund der strahlenden Nebelwand ist eine Gestalt auszumachen.

»... einen Mann, über dessen Ruf und Fähigkeiten nicht nur in Deutschland, sondern auf der ganzen Welt mit höchster Anerkennung und Respekt gesprochen wird ...«

Die Gestalt tritt durch die leuchtenden Nebelschwaden. Die Bässe aus den Lautsprechern beginnen zu hämmern, als die Musik laut wird, dann drei harte Schläge des Schlagzeugs. Tam-tam-tam!

Und dann die grandiose, unverwechselbare, wunderbare, vertraute Stimme von Tina Turner: »YOU'RE SIMPLY THE BEST.«

Der Mann kommt nach vorne, man kann ihn noch nicht genau erkennen.

»BETTER THAN ALL THE REST ... BETTER THAN ANYONE ... ANYONE I'VE EVER MET.«

Die Leute beginnen zu jubeln.

Dann der Ansager: »Professoooor! Doktooooor! Lothaaaar! Seiweeeeeert!«

»YOU'RE SIMPLY THE BEST!«

Plötzlich reißt es jeden der 4.000 Menschen von den Sitzen: Stehende Ovationen. Alle klatschen im Takt der Musik.

»I'M STUCK ON YOUR HEART ... I HANG ON EVERY WORD YOU SAY ... YOU'RE SIMPLY THE BEST!«

Volles Scheinwerferlicht. Ich stehe ganz vorne. Das Publikum feiert mich. Alle klatschen im Rhythmus. Ich klatsche mit. Ich lächle, nein, ich lache. Ich heule beinahe. Ich winke in die Menge. Die spielen das Lied aus, volle drei Minuten, und der Jubel ebbt nicht ab, alle singen mit: »YOU'RE SIMPLY THE BEST.«

Dann fange ich an.

Warum Arbeit kein Vergnügen ist ...

Das soll *Arbeit* sein? Das ist keine Arbeit, das ist Adrenalin pur. Mein Vortrag auf dem Jahrestreffen der Amway Corporation in der Jako-Arena in Bamberg, der Heimspielstätte des Deutschen Basketball-Meisters Brose Baskets Bamberg, war ein Job, ein Engagement, ohne Zweifel. Amway, ein so genanntes Netzwerk-Marketingunternehmen, hatte mich gebucht und bezahlte meinen Tagessatz. Ich war eindeutig arbeiten an diesem grandiosen Abend. Aber es war gleichzeitig das pure *Hochgefühl*, wie wenn ich auf Wolken durch diese Halle geschwebt wäre, so wie sich ein Sänger im Opernhaus fühlt, wenn die Menge minutenlang klatscht und »Da capo« skandiert, oder wie bei einem Politiker, der bei den Wahlen einen erdrutschartigen Sieg errungen hat. – Nein, besser noch: Es war, wie im Camp Nou in Barcelona vor 100.000 Menschen beim Stand von 3:0 als bester Spieler auf dem Platz und dreifacher Torschütze in der 89. Minute von Pep Guardiola ausgewechselt zu werden, damit die Fans ihrem Star mit Standing Ovations huldigen konnten.

> *Arbeit ist das, was keinen Spaß macht, was aber gemacht werden muss.*

War das also *Arbeit*? Natürlich nicht! Aber aus einer anderen Perspektive betrachtet selbstverständlich schon! Also, es ist ein Sowohl-als-Auch, Arbeit und nicht Arbeit zugleich.

Das Problem ist unser Begriff von Arbeit. Wir haben das Wort mit negativen Gefühlen aufgeladen: Arbeit ist das, was keinen Spaß macht, was aber gemacht werden muss. Arbeit ist das Ding, dem die Politiker bitte schön gefälligst Vorfahrt zu geben haben, wie der später an seiner Arbeit gescheiterte Bundespräsident Horst Köhler 2005 in einer Rede vor dem Arbeitgeberforum in Berlin forderte. Er sprach davon, was getan werden muss, von Zurückhaltung, die geübt werden muss, von Verantwortung, die getragen werden muss, von dicken Brettern, die gebohrt werden müssen, von Vorangehen, Anpacken, Konzentration. – Wir Deutschen scheinen mit der Muttermilch aufgesaugt zu haben, dass Arbeit etwas Schweres, Hartes, Schwieriges sein muss, nicht das, was man will, sondern das, was man muss.

Diese Sorte *Arbeit* habe ich ganz sicher nicht »erledigt« oder »abgeleistet«, als ich in Bamberg auf der Bühne stand. Ich habe einfach getan, was ich am liebsten tue. Da ich damit einen Mehrwert geschaffen habe, bekam ich fairerweise Geld dafür. Hat dieser Umstand, also das Tauschgeschäft Leistung gegen Geld, meinen Vortrag zu einem Teil der Wirtschaft gemacht und damit zu Arbeit? Arbeiten wir immer dann, wenn wir Geld für etwas bekommen?

Aber das kann auch nicht ganz richtig sein. Wir bekommen ja auch Geld, ohne zu arbeiten. Zum Beispiel als Eigentümer von Aktien. Oder als Hartz-IV-Empfänger. Und ich kann mich an Gelegenheiten erinnern, wo ich genau dasselbe tat wie in Bamberg, aber kein Geld dafür bekam. Im Gegenteil: Als ich im Frühjahr 2011 in Südafrika auf dem Kongress der Professional Speakers Association of Southern Africa (PSASA) die Eröffnungs-Keynote »Slow Down to Speed Up« hielt, hatte ich die Anreise selbst bezahlt, und ich hatte sogar die Teilnahmegebühr für die Veranstaltung bezahlt, weil das dort so üblich ist. Das ist übrigens auf der ganzen Welt so üblich: *You pay to play*. Nur in Deutschland nicht, merkwürdigerweise. – Ich habe also bezahlt, um arbeiten zu dürfen. War das verrückt? Nein, es war mir eine Ehre. Und außerdem war es für mich ein Bildungsurlaub und ein Netzwerktreffen, auf dem ich neue Kontakte knüpfen konnte. Also doch *Arbeit*?

Sagen Sie mal, Herr Seiwert, wieviel arbeiten Sie denn in der Woche?

Wissen Sie was, ich kann mit dem Begriff einfach nichts mehr anfangen. Das ist ein wenig unpraktisch, denn bei jedem Interview werde ich unausweichlich gefragt: »Sagen Sie mal, Herr Seiwert, wie viel arbeiten Sie denn in der Woche?«

Wenn ich ehrlich sein will, dann muss ich darauf sagen: »7 mal 24 gleich 168 Stunden.«

Dann kommt die nächste Frage, so sicher wie das Amen in der Kirche: »Und wie viel Freizeit haben Sie dann, Herr Seiwert?«

»Na, 168 Stunden.«

»Aber wo ist denn da der Unterschied? Sie haben genauso lange Freizeit wie Arbeit?«

»Ja, ich arbeite immer. Und ich habe immer Freizeit. Es ist beides dasselbe.«

»Hmmm, ist das nicht ein wenig überheblich?«

»Nein.«

Das ist nur ehrlich. Ich kann nämlich auch mit dem Begriff *Freizeit* nichts mehr anfangen. Denn der Begriff setzt voraus, dass die andere Zeit eine unfreie Zeit ist. Ich bin aber nicht unfrei, auch nicht dann, wenn ich arbeite. Ich glaube also, dass die Begriffe »Arbeitszeit« und »Freizeit« nicht nur für mich, sondern für immer mehr Menschen in unserer Gesellschaft keine sinnvolle Bedeutung mehr haben. Sie scheinen Begriffe aus dem letzten Jahrhundert zu sein, als noch fast jeder seine Zeit in freie und unfreie Stunden einteilen konnte.

Das erinnert mich beispielsweise an meine Zeit bei Mannesmann, wo es Teil der Kultur war, dass viele am Montagmorgen schon gejammert haben, dass es noch fünf Tage bis zum Wochenende sind, viele, die sich von Wochenende zu Wochenende geschleppt haben, von Jahresurlaub zu Jahresurlaub bis in die Pension.

Im Grunde ist das die Fortsetzung des *Lebenskonzepts* gewesen, das wir in der Schule eingeübt haben. Dort haben wir alle über Jahre hinweg täglich mehrfach den Wechsel zwischen frei und unfrei einstudiert: In den Pausen durften wir so sein, wie wir sind, da durften wir reden, spielen, lachen. In den Schulstunden ging das nicht, denn da mussten wir arbeiten – also nicht mehr reden, spielen und lachen, eben nicht frei sein, nicht leben. Wenn Sie diesen Modus jeden Tag achtmal hin- und herwechseln, dann haben Sie das über 10.000 Mal geübt, bis Sie das Abitur in der Tasche haben. Dann sind Sie mit Sicherheit ein Experte in der Verknüpfung von Arbeit und Unfreiheit einerseits versus Leben und Freiheit andererseits. Das bringen Sie dann nicht mehr durcheinander – es ist kein Wunder ...

> »Arbeit ist Leben und Leben ist Arbeit. Zu behaupten, dass man nicht lebt, während man arbeitet, und auf keinen Fall arbeitet, wenn man lebt, führt werktags zu nichts anderem als zu innerer Kündigung oder Unzufriedenheit.«
>
> *Lothar Seiwert*

Eine Konsequenz davon: Jahrzehntelang haben sich die Ratgeber auf zig Millionen Druckseiten mit der **Work-Life-Balance** beschäftigt. Alleine das Wort »Balance« zu den Begriffen »Leben« und »Arbeit« zu setzen, markiert schon deren angenommenen Gegensatz. Aber zu behaupten, dass man nicht lebt, während man arbeitet, und auf keinen Fall arbeitet, wenn man lebt, das ist ein veraltetes, angelerntes, unpraktisches Konzept, das zu nichts anderem führt als zur eigenen Ohnmacht werktags zwischen 9 und 17 Uhr. Das Gefühl der Machtlosigkeit aber ist Stress pur.

Der Seiwert hat gut reden, mit voller Windel ist bekanntlich gut stinken!

Das Ziel, ein gutes Leben zu führen, erreicht niemand dadurch, dass er ein möglichst guter Jongleur wird, der die beiden Bälle Leben und Arbeit elegant abwechselnd in die Luft wirft und darauf achtet, dass ihm keiner von beiden auf die Füße fällt. Vielmehr führe ich dann ein gutes Leben, wenn ich es geschafft habe, den Unterschied aufzulösen: Arbeit ist Leben und Leben ist Arbeit. Dann komme ich wieder dahin zurück, wo ich vor der Schule schon mal war: Bevor ich mir die Differenz von Leben und Arbeit mühsam eingebläut habe.

Selbstverständlich gefällt das nun all den dispositiv angestellten Arbeitnehmern überhaupt nicht. Das sind all diejenigen, die einen Job haben, bei dem sie nur wenig selbstständige Entscheidungen treffen dürfen, sondern deren Arbeit von anderen bestimmt wird. Abhängig beschäftigte Arbeitnehmer, die Anordnungen empfangen und ausführen und die als Arbeitskraft von anderen verplant werden. Also fast alle Teilnehmer der Wirtschaft. Sie könnten jetzt anmerken: Der Seiwert hat gut reden, mit voller Windel ist bekanntlich gut stinken! Und: Das ist ja klar, dass so etwas einer sagt, der irgendwie ein bisschen prominenter ist und deshalb Applaus bekommt. Unsereiner muss tagein, tagaus am Arbeitsplatz erscheinen, ob wir wollen oder nicht, um unseren Lebensunterhalt zu verdienen! Und zwar ohne Applaus!

Und dann kommt immer auch das unverzichtbare Argument: Das kann schließlich nicht jeder so machen. Wenn alle nur noch auf der Bühne stünden, dann stünde keiner mehr im Parkett, dann gäbe es für Leute wie euch Redner kein Publikum! Es kann und will nicht jeder ein Häuptling sein, es muss auch Indianer geben! Und wenn jeder nur noch machte, was er wollte, dann würden alle Arbeiten liegenbleiben, die eben auch gemacht werden müssen. Wer fährt denn dann noch den Müll? Und wer putzt dann noch die Toiletten?

Verstellt

Toiletten putzen, das ist ein gutes Beispiel. Klomann ist nun wirklich nicht der beste Job in unserer Zeit. Ich verstehe jeden, der das nicht gerne macht. Trotzdem ist es *Einstellungssache*, was einer daraus macht. Der eine geht missmutig zur Arbeit und ärgert sich den ganzen Tag über die blöden »Kunden«, die ständig Sauerei machen und dann nicht mal Trinkgeld ins Schälchen werfen. Der andere denkt sich: »Es ist, wie es ist, ich bin Klomann. Jetzt mache ich was draus!« Er beginnt die Gäste freundlich zu grüßen, laut und deutlich, aber nicht aufdringlich. Dann hat er eine Idee und organisiert sich Parfümfläschchen, diese kleinen Proben, und verschenkt sie an freundliche Gäste und stellt immer welche sorgfältig am Waschbecken auf. Er achtet auf sein Äußeres und gibt sich Mühe mit der Sprache. Es dauert drei Monate, da ist seine Toilette in der Stadt bereits bekannt. Das Trinkgeld wird mehr. Wenig später bekommt er das erste Job-Angebot seines Lebens: Klomann in einem Fünf-Sterne-Hotel. Und dort legt er erst richtig los. Weil er gesehen hat, dass es sich lohnt, sich Mühe zu geben und aus seiner Situation das Beste zu machen, ist er hoch motiviert. Er reicht jedem »Gast« freundlich das Handtuch und lernt, lustige Smalltalk-Gespräche zu führen. Hemmungen gegenüber Leuten aus der Oberschicht hat er schon lange keine mehr, die tägliche Übung hat sie abgebaut. Er

Und wer putzt dann noch die Toiletten?

übt die Wendungen, die er hört, und verbessert sein Deutsch. Seine Trinkgelder wachsen weiter. Wenig später wird er befördert ... Natürlich geht es für so jemanden bergauf. Und wetten, dieser Mann würde mit der Trennung zwischen Leben und Arbeit nichts anfangen können? Das ist keine Frage des Geldes oder des Status, sondern alleine der *inneren Einstellung*.

Und noch mal: Würde alles zusammenbrechen, wenn jeder plötzlich seinen *Job* nicht als mühsame *Arbeit* und als lästiges Lebensverhinderungsprogramm betrachtet, sondern als sein *Leben*? Ja, warum sollte denn das passieren? Warum sollte dann irgendetwas unerledigt bleiben? Selbstverständlich kann nicht jeder Mittelfeldstratege sein. Es braucht auch den Platzwart und den Zeugwart und den Mann im Kassenhäuschen. Aber ich glaube überhaupt nicht, dass jeder Mittelfeldstratege werden will. Es geht nicht darum, einen tolleren Job haben zu wollen, sondern darum, den Job, den man gerade hat, so gerne zu machen, dass er keine Last mehr ist. Es geht nicht darum, zu machen, was man will, sondern darum, zu wollen, was man macht.

Ich will aber nichts überzeichnen. Selbstverständlich ist es nicht so, dass jede einzelne Minute meines Lebens ein Highlight ist. Natürlich habe ich Aufträge, die ich lieber mache als andere. Natürlich bin ich manchmal genervt, ich bin kein Sunnyboy, der stets mit Smiley im Gesicht durch die Gegend läuft. Aber ich bleibe trotzdem dabei, dass der entscheidende Dreh in meinem Leben der ist, im Großen und Ganzen das zu tun, was ich am liebsten tue.

Es geht nicht darum, zu machen, was man will, sondern darum, zu wollen, was man macht.

Ja, wenn Sie einen doofen Chef haben, dann können Sie wieder sagen, der Seiwert hat gut reden, mein Chef ist an allem schuld. Sie könnten aber auch zum Äußersten greifen und mit dem Chef reden und ihm erklären, wie sehr es Sie demotiviert, dass er immer negativ über Leute spricht, die nicht anwesend sind, oder was auch immer es ist. Vielleicht bürdet er Ihnen immer zu viel Arbeit auf. Dann könnten Sie zu ihm gehen und ihm sagen: »Das und das mache ich gerne. Aber das und das schaffe ich nicht. Was würden Sie mir raten, was hat Vorrang und was lasse ich besser weg: Das eine oder das andere?« Zur Not holen Sie sich eine dritte Person als Beistand dazu. Und wenn bei Ihrem Chef Hopfen und Malz verloren ist, dann müssten Sie vielleicht darüber nachdenken, sich in Ruhe etwas Besseres zu suchen.

Es gibt eine nette Regel, die ich aufgeschnappt habe, leider weiß ich nicht, wer sie aufgestellt hat: Wenn Sie sich länger als drei Minuten über etwas ärgern, dann ist die Wahrscheinlichkeit groß, dass es etwas mit Ihnen zu tun hat ...

Um klarzumachen, dass das Opfer bisweilen unbewusst selbst dafür sorgt, Opfer zu sein, erzähle ich bei Firmenseminaren manchmal Folgendes: »Als ich vorhin auf das Firmengelände gekommen bin, habe ich den Pförtner gefragt, wie viele Leute denn hier arbeiten. Der sagte: Etwa 30 Prozent.«

Dann lachen die Leute erst mal. Ich gehe als Nächstes zum Flipchart und male drei Männchen, etwa so:

Diese drei hier sind ungefähr gleich gut qualifiziert. Es ist Freitagmittag, und der Chef kommt rein. Er sagt: »Wir haben hier einen äußerst wichtigen Vorgang, der unbedingt erledigt werden muss. Am Montagmorgen ist Aufsichtsratssitzung, ich brauche das bis spätestens Montag früh um 9Uhr, damit ich das auf der Sitzung präsentieren kann. Es tut mir furchtbar leid, aber das wird ein ganzer Batzen Arbeit sein. Wahrscheinlich wird es das ganze Wochenende in Anspruch nehmen. Vielleicht sogar bis kurz vor der Sitzung.«

Was glauben Sie? Wer von den dreien wird schlussendlich diesen Vorgang am Hals haben?

95 Prozent aller Seminarteilnehmer sagen: der Mitarbeiter in der Mitte. Auf die Frage »Warum?« kommt immer dieselbe Antwort. Das ist der, der nicht Nein sagen kann. Das sieht man doch! Stimmt: Arbeit zieht noch mehr Arbeit an.

Ich stelle die *nächste Frage*: Welcher von den dreien wird am schnellsten Karriere machen? Auch bei dieser Frage fallen die Antworten ziemlich eindeutig aus: die Mitarbeiterin rechts. Richtig. Sie ist am Wochenende vielleicht auf einem Golfturnier, während ihr Kollege schuftet. Auf dem Golfplatz knüpft sie Kontakte für ihre Karriere. Sie weiß, wo ihre Prioritäten liegen und was sie voranbringt.

Die *dritte Frage* lautet: Von welcher der drei Sorten ist die zahlenmäßig größte Gruppe hier in der Firma? Klar, dass die meisten wie der Kollege auf der linken Seite im Bild sind. Sie fallen nicht besonders auf, machen ihre Arbeit, sind einigermaßen pünktlich und werden routinemäßig alle paar Jahre befördert.

Arbeit zieht noch mehr Arbeit an.

Nun kommt die *vierte Frage*, und auf die kommt es an: Woran liegt es, dass jemand zur linken, zur mittleren oder zur rechten Kategorie gehört? Was entscheidet darüber? Liegt das a) am Sternzeichen oder b) am Schulabschluss oder c) an der eigenen Einstellung zur Arbeit?

Gut, ich gebe zu, das kratzt knapp an einer Suggestivfrage vorbei. Aber es funktioniert. Alles, was ich will, ist, dass sich die Teilnehmer mit dem Gedanken vertraut machen, dass vielleicht *Sie selbst es sind*, die darüber entscheiden, ob sie ihre Arbeit routinemäßig abspulen, ob sie gar unter ihr leiden oder ob sie fröhlich das Beste daraus machen.

Freiheit verdienen

Es gibt durchaus unterschiedliche Konzepte, wie man die lästige, schwere, unfreie Arbeit loswerden kann. Wie ich »ins Freie« gekommen bin, das wissen Sie ja jetzt. Der Weltenbummler, Tangotänzer, Kickboxer und erfolgreiche Unternehmer Timothy Ferriss schlägt in seinem Megabestseller *Die 4-Stunden-Woche* einen anderen Weg vor: Alles, was sich als schwierig, teuer oder unangenehm erweist, einfach eine andere Person machen lassen. Das ist das bereits angesprochene Prinzip des Delegierens.

> *Kann es sinnvoll sein anzustreben, möglichst viel Zeit für Hobbys zu haben?*

Neulich habe ich Tim Ferriss in New York für GSA-TV, den Video-Kanal der German Speakers Association, interviewt. Dabei erklärte er mir eindringlich, wie er das bis ins Extrem treibt: Da wird alles, aber auch alles als *Auftrag* vergeben, so dass man selbst am Ende überhaupt nichts mehr selbst tut, sondern nur noch überwacht, ob alle Beauftragten getan haben, wofür sie bezahlt werden wollen. Ferriss achtet dabei auf die Wertschöpfung, so dass ein vergebener Auftrag nicht mehr kostet, als das Ergebnis plus die frei gewordene Zeit zusammen wert sind. Das ist alles wunderbar gedacht, aber ich glaube, das Konzept ist nicht zu Ende gedacht. Kann es sinnvoll sein anzustreben, möglichst viel Zeit für Hobbys zu haben?

Angenommen, alle meine persönlichen Prozesse sind so weit optimiert, dass ich genügend Ressourcen besitze, um für den Rest meines Lebens nie mehr gezwungen zu sein, neue Ressourcen zu sammeln. Kurz gesagt: Ich bin reich genug, um nie wieder arbeiten zu müssen. Entweder weil andere das für mich tun oder weil mein Geld, das ich angelegt habe, für mich arbeitet. Ich kann in diesem Zustand der finanziellen Freiheit theoretisch unendlich lange einen angemessenen Lebensstandard aufrechterhalten. Eine schöne Vorstellung, oder?

Meine Frage ist: Was würde ich dann tun?

Nichts tun? Oder anders gefragt: Was tun eigentlich Warren Buffett oder Steve Jobs oder Richard Branson oder Oprah Winfrey oder Dietmar Hopp? All diese Leute sind finanziell frei. Keiner von ihnen muss arbeiten. Sie alle sind Milliardäre, aber keiner von ihnen tut *nichts*. Mehr noch: Sie alle tun genau das, was sie vorher auch getan haben, also das, was sie so reich gemacht hat. Warum? Weil der Kern dessen, was sie getan haben, keine lästige Arbeit war, sondern *weil Leben, Arbeit und Freizeit für sie ein und dasselbe war* – und immer noch ist. Diese Leute tun nichts anderes als einfach weiterleben – selbstbestimmt, souverän und von Herzen gerne. Und sie leisten heute noch immer mindestens das Gleiche wie zu der Zeit ihres Aufstiegs.

Es geht nicht um Geld, es geht um Freiheit.

Auch mir ginge es nicht anders: Besäße ich mehr Geld, als ich zählen könnte, würde ich immer noch Vorträge halten und Bücher schreiben. Aus demselben Grund macht auch ein Tony Robbins weiter. Auch der Multimillionär T. Harv Eker, den ich kürzlich in Berlin kennengelernt habe, reist nicht deshalb durch die Welt und hält Vorträge über sein Buch *So denken Millionäre*, weil er Geld braucht.

Und ich bin sicher, diese Leute sind nicht frei, weil sie viel Geld haben, sondern sie haben viel Geld, weil sie schon immer frei gelebt haben. Es geht nicht um Geld, es geht um Freiheit.

Je unfreier die Menschen, desto weniger Wohlstand wird erarbeitet.

Götz Werner, der Gründer der dm-Drogeriemärkte, ist sogar Milliardär. Aber er schlägt heute ein Modell der gesellschaftlichen Umverteilung vor, das meinem Verständnis, wie die Welt funktioniert, völlig widerspricht. Ich bin zwar der Meinung, dass seine Idee ohnehin schon zu viel Aufmerksamkeit bekommt, aber weil mir das Thema »Freiheit« so wichtig ist, möchte ich sein Modell hier erwähnen und klar machen, wo der Hase im Pfeffer liegt: Sein *Bedingungsloses Grundeinkommen* sieht vor, dass jeder Mensch in unserem Land einfach jeden Monat eine Überweisung vom Staat bekommt, so in der Größenordnung zwischen 600 und 1.000 Euro. Im Gegenzug würden alle anderen Transferleistungen abgeschafft, alle Steuern abgeschafft, nur die Mehrwertsteuer hochgesetzt. Götz Werner reduziert die Machbarkeit letztlich auf eine Rechenaufgabe. Ich glaube ihm, dass so ein Gießkannen-Geldverschenke-Modell finanzierbar wäre. Zumindest am Anfang. Aber die Gesellschaft ist eben nicht statisch, sondern dynamisch. Die Frage ist: Wohin entwickelt sich ein System unter einem solchen Einfluss?

In meiner Denke folgt Geld der Freiheit. Bei Götz Werner ist es andersherum: Freiheit ist für ihn die Folge davon, Geld geschenkt zu bekommen. Weil man dann nicht mehr arbeiten *muss*. Sondern arbeiten kann, wenn man will.

Wenn ich aber Recht habe und Geld der Freiheit folgt, dann folgt umso weniger Geld, je unfreier eine Gesellschaft ist. Anders gesagt: Je unfreier die Menschen, desto weniger Wohlstand wird erarbeitet, desto schwächer die Wirtschaft, desto ärmer die Menschen. Beispiele dafür sind die Vergleiche des Wohlstands zwischen Südkorea und Nordkorea, zwischen der Sowjetunion und den USA, zwischen der Bundesrepublik und der DDR: Je unfreier, desto ärmer. Denn Geld folgt der Freiheit.

Eine Gesellschaft, in der ein solches Szenario Realität würde, wäre für mich keine lebenswerte Gesellschaft mehr, sondern ein Grund zur Flucht.

Ich glaube, das Konzept des Bedingungslosen Grundeinkommens basiert auf einem großen Irrglauben. Beim Nachdenken darüber habe ich mich an eine Stelle in einem Schulbuch erinnert, die mich schon als Schüler verblüfft hat: Stellen Sie sich einen Markt vor. Dort haben sich ein Bäcker, ein Metzger und ein Winzer eingefunden. Jeder hat zwei Münzen. Der Bäcker bekommt Hunger und Durst. Er kauft sich beim Metzger eine Wurst und beim Winzer eine Flasche Wein, jeweils für ein Geldstück, dazu isst er eines seiner Brötchen und freut sich, dass er satt ist. Dem Metzger geht es ähnlich, er kauft beim Bäcker ein Brötchen und beim Winzer eine Flasche Wein, dazu isst er von seiner Wurst, da geht es ihm schon besser. Der Winzer kauft Wurst und Brötchen bei seinen Kollegen, öffnet eine Flasche Wein und ist bald zufrieden. Am Ende ist jeder versorgt. So funktioniert im Prinzip der Wirtschaftskreislauf. Stimmt das? Denn das Geld ist ja im Umlauf und wird nicht weniger. Es wechselt zwar die Besitzer, aber am Ende hat jeder profitiert. Richtig?

Falsch!

So funktioniert keine Wirtschaft. Denn am Ende hat zwar jeder der drei genau die gleiche Summe Geld wie am Anfang, nämlich zwei Münzen, aber die Ware ist weg! Dieser Kreislauf ist kein Kreislauf, also nichts, was sich selbst am Leben erhält, sondern rangiert eher unter der Kategorie »kollektiv Vorräte verzehren«.

Was in diesem Szenario komplett fehlt, ist die Wertschöpfung. Durch das Ausgeben und Verteilen von Geld oder Waren entsteht **kein Mehrwert**. Es wächst nichts. Aber nur da, wo etwas wächst, ist Leben. Ein solches Modell ist quasi tot. Es dreht sich rein mechanisch, aber es entsteht nichts Neues. Genau so ein lebloses Modell hat Götz Werner vorgeschlagen. Denn Geldgeschenke erzeugen Abhängigkeit. Sich von klein auf an eine Summe von 1.000 Euro jeden Monat zu gewöhnen, ohne dass man etwas dafür tun müsste, das erzeugt einen gewohnheitsmäßigen Anspruch ohne Gegenleistung. Solche bedingungslosen Geldgeschenke entwerten die Persönlichkeit, sie machen die Leute fertig, sie rauben ihnen den Stolz und den Antrieb und den Mut, sie hören auf, an sich selbst zu glauben und daran, dass sie etwas bewirken können. Sie gewöhnen sich daran, dass sie existieren können, ohne etwas zu leisten. Eine *fatale Abwärtsspirale*!

Der mächtige Staat verschenkt, der ohnmächtige Untertan nimmt – das ist das Gegenteil von Freiheit, die perfekte Maschinerie, um willenlose Drohnen heranzuzüchten. Jeder Jagdtrieb, jeder Ehrgeiz, jeder Sinn für Gerechtigkeit wird von Anfang an aus den Gehirnen gewaschen. Eine Gesellschaft, in der ein solches Szenario Realität würde, wäre für mich keine lebenswerte Gesellschaft mehr, sondern ein Grund zur Flucht.

Hinter allen Ideen, die auf dem Prinzip »Leistung ohne Gegenleistung« basieren, steckt das Konzept, die Kuh zu schlachten und zu verteilen, statt sie zu füttern und zu melken. Die Welt wird nicht dadurch besser, dass man einem Hungerleider jeden Tag einen Fisch gibt. Sie wird erst dann besser, wenn man ihm eine Angel in die Hand drückt.

Eine Vollkaskoeinstellung ist für den Einzelnen kein Glücksfall, sondern eine Glücks-Falle. Nochmal: *Freiheit ist keine Frage des Geldes!* Der Grundfehler, den Tim Ferriss genauso macht wie Götz Werner: Sie trennen das Leben von der Arbeit und versuchen dann, die Arbeit irgendwie wegzubekommen.

Kein schlechter Job

Wenn Arbeit und Leben für einen Menschen ein und dasselbe sind, dann entsteht ein merkwürdiger Effekt: eine *Aufwärtsspirale des Selbstwertgefühls*. Denn wenn ich mit meinem Leben,

mit dem, was ich am liebsten tue, Werte schaffe, die anderen Menschen sichtbar etwas wert sind, dann bekomme ich bei jeder Transaktion, bei jedem Geschäftsvorgang zurückgemeldet, dass ich etwas wert bin. Ich nehme sozusagen jeden Euro Umsatz persönlich. Geld ist dann ein guter Indikator für den Marktwert meiner Leistungen und Ergebnisse, aber es ist nicht der einzige.

Sie wissen ja bereits, dass ich den von mir erzeugten Wert unter anderem auch in Applaus-Intensitäten, Auflagenhöhen, Saalgrößen und Auszeichnungen messe. Da darf jeder seinen Werten gemäß eigene Messgrößen haben. Wie wäre es zum Beispiel mit der Messgröße, jeden Tag mehrfach zurückgemeldet zu bekommen, dass Sie zu den wichtigsten Mitarbeitern des weltgrößten und berühmtesten Freizeitparks gehören?

Disney World ist eine riesige, perfekt organisierte und gut geschmierte Maschine, die nur ein einziges Ziel hat: Service. Aus Service-Orientierung folgt der so genannte *Magical Moment*.

Dieser Magical Moment macht aus dem Besucher einen glücklichen Besucher. Ein glücklicher Besucher kommt wieder, erzählt seinen Freunden und Nachbarn von seinem Erlebnis, und am Ende tragen alle ihr Erspartes nach Orlando und geben es gerne im Park aus. Wie schön!

Na ja, es ist einfach ein geniales Geschäftsmodell. Im Park gibt es eine »Disney-Universität«, in der man Seminare zum Thema Service-Orientierung besuchen kann. Ich war dort. Und ich lernte nachzuvollziehen, worin der Erfolg dieses extrem gut durchdachten Systems besteht. Während des Seminars wohnt man im Park. Die Wissensvermittlung wurde in zwei Abteilungen aufgeteilt: »Classroom« und »Outdoor«. Zuerst lernte man etwas im Seminarraum, um es dann draußen direkt im laufenden Betrieb bei echten Kunden und Mitarbeitern anzuwenden und nachzuarbeiten. Theorie und Praxis also.

Was wir lernten: Für jeden Besucher des Parks gibt es eine Art Erfahrungslinie. Das bedeutet, wenn er sich zum Beispiel vom Parkplatz zum Hotel, dann zum Mittagessen, dann zu einer Attraktion und schließlich zum Feuerwerk und zur großen Parade bewegt, gibt es entlang dieser Bewegungslinie kleinere oder größere Erlebnisse, die den Besucher angenehm überraschen sollen. Diese Erlebnisse geschehen nicht zufällig, sondern werden bewusst herbeigeführt und inszeniert, sie folgen einer festgelegten Dramaturgie. Selbst innerhalb einzelner Attraktionen folgen diese Erfahrungslinien derselben Logik. Während des Seminars wurden wir in Zweiergruppen hinter die Kulissen dieser Erfahrungslinien und Attraktionen geführt, um deren Mechanismen und Abläufe evaluieren zu können. Jeder sollte dann einen kleinen Report darüber anfertigen, um ihn im Seminarraum vorzutragen.

Deshalb gibt es in Disney World viele Straßenkehrer.

Jeder einzelne Abschnitt im Park ist für jede Teilzielgruppe perfektioniert. Das Ziel ist es, jedem beliebigen Besucher es so einfach wie möglich zu machen, alle Attraktionen und Dienstleistungen in Anspruch zu nehmen, ohne irgendeinen Widerstand zu empfinden. Auch jeder Rollstuhlfahrer muss die Möglichkeit haben, ein Boot zu besteigen oder Achterbahn zu fahren.

Vor jeder Attraktion ist es möglich, etwas zu essen oder zu trinken zu bekommen. Und nach jeder Attraktion führt der Weg hinaus ins Freie immer durch den passenden Themenshop der Attraktion, weil die Kauflust in diesem Moment am größten ist.

Wie perfekt alles aufeinander abgestimmt ist und wie viele Gedanken man sich auch bei den unscheinbarsten Accessoires gemacht hat, verblüffte mich. Ähnlich beeindruckend war der Besuch im Warenlager des Parks. Es hat eine größere Fläche als der Park selbst! Alles ist dort mindestens doppelt vorhanden: Pflanzen, Palmen, Bäume, Parkbänke, Rasenstücke, Felsen, Tiere, einfach alles.

Wenn nachts ein Sturm über den Park fegt, der die Hälfte aller Palmen entwurzelt, dann steht der Park am nächsten Morgen genau so da, als wäre nichts passiert. Von den Millionen Glühbirnen auf dem Areal wird man nie auch nur eine einzige kaputte entdecken. Warum? Weil nicht, wie bei mir zu Hause, die Glühbirne gewechselt wird, wenn sie kaputt ist. Sondern – proaktiv – *bevor* sie kaputtgeht.

Nach dem Seminar fragte ich den Seminarleiter, was er denn glaube, wer der wichtigste Mitarbeiter für den Kunden sei. Er gab eine überraschende Antwort: Wir glauben das nicht, wir wissen es – das sind unsere Straßenkehrer.

Die *Straßenkehrer*? Warum das denn? Die Antwort ist einfach: Straßenkehrer sind dort, wo viel sauber gemacht werden muss. Wo viel sauber gemacht werden muss, sind viele Menschen, denn sonst wäre es nicht nötig. Wo viele Menschen sind, gibt es viele Fragen: Wo geht's zum Space-Center? Wo sind die Toiletten? Wo gibt es Fish & Chips? Wird es morgen regnen? Und so weiter.

Weil die Straßenkehrer durch ihre Kleidung als Personal identifizierbar sind, werden sie angesprochen. Ihre Kleidung wirkt aber nicht so respekteinflößend wie eine klassische Uniform. Die Hemmschwelle, einen Straßenkehrer anzusprechen, ist so niedrig, dass es sich jeder traut, egal welchen Alters, egal welchen Aussehens und gleichgültig, wie gut der Gast Englisch zu sprechen glaubt.

Deshalb gibt es in Disney World viele Straßenkehrer. Und sie werden genauso wie Touristenführer ausgebildet. Sie müssen genauso viel wissen über den Park wie die Leute an den offiziellen Infoschaltern.

Bei Disney sind also die Straßenkehrer die wichtigsten Bindeglieder zu den Kunden. Es gehört zur Strategie und zum Erfolgsgeheimnis dieser Parks, genau das verstanden zu haben und dieses Potenzial zu nutzen.

Straßenkehrer bei Disney? Kein schlechter Job! Bei jeder Frage, die ein Gast stellt, fühlt er sich nicht etwa bei der Arbeit unterbrochen, sondern er weiß in diesem Moment ganz genau, dass er gerade jetzt seine eigentliche Arbeit tut, das wirklich Wichtige. Keiner dieser Straßenkehrer hat das Gefühl, einer niederen, peinlichen, fremdbestimmten Tätigkeit ausgeliefert zu sein. Sie sind tragende Säulen des »Magic Kingdom«.

Und Sie glauben immer noch, Leben und Arbeiten miteinander zu versöhnen wäre nur etwas für Alphatiere?

ESSENZEN

✔ Die meisten Menschen glauben, Arbeit sei eine lästige Pflicht oder eine unvermeidbare Notwendigkeit.

✔ Arbeit ist nicht an Geldverdienst gekoppelt.

✔ Der Begriff »Arbeit« ist negativ aufgeladen. Er verliert an Bedeutung.

✔ Wenn der Begriff »Arbeit« an Bedeutung verliert, dann auch der Begriff »Freizeit«.

✔ In der Schule üben Schüler täglich, Leben und Arbeiten voneinander zu trennen.

✔ Work-Life-Balance ist ein sinnloser Begriff.

✔ Es gibt keine »niederen Arbeiten«,
nur ein niedriges Selbstwertgefühl.

✔ Es geht nicht darum, zu machen, was man will,
sondern zu wollen, was man macht.

✔ Die innere Einstellung entscheidet über das
Freiheitsempfinden im Job. Und das Freiheitsempfinden im Job entscheidet über den Erfolg.

✔ Wer sich finanzielle Freiheit erarbeitet hat,
macht meistens weiterhin genau dasselbe wie
zuvor, obwohl er es nicht mehr müsste.

✔ Freiheit folgt nicht dem Geld, sondern Geld
folgt der Freiheit.

✔ Das Bedingungslose Grundeinkommen
würde Menschen unfrei machen.

✔ Leben ist Arbeit und Arbeit ist Leben.
Diese Einstellung erhöht das Selbstwertgefühl
der Menschen und die Wertschätzung der
Menschen untereinander.

Warum stehen oder sitzen die einen vorne, auf der Bühne, auf dem Chefsessel, in der Verantwortung, während die Anderen in der Menge stehen oder sitzen und applaudieren oder Buh rufen?

Warum ist es eine der größten Ängste vieler Menschen, frei vor Publikum zu sprechen? Dabei gibt es doch auch Menschen, die ihren großen Auftritt genießen. Was macht den Unterschied? Haben wir Einfluss darauf, ob wir in Führung gehen oder geführt werden? Und wenn ja, wie?

Alphatiere

Mitte der 50er-Jahre wurde in einer amerikanischen Kleinstadt im Bundesstaat Mississippi ein Mädchen geboren. Auch wenn sich die Schwarzen der USA nur kurze Zeit später die Aufhebung der Rassentrennungsgesetze erkämpften: In weiten Teilen der Südstaaten hatte damals nach wie vor der Ku-Klux-Klan mehr zu sagen als die Polizei. Und das Mädchen war schwarz.

Nicht nur das. Sie wurde außerdem als uneheliche Tochter geboren – und das in den 50ern, die in den USA noch erheblich prüder waren als in Europa. Sex vor der Ehe? Um Gottes willen!

Nicht nur das. Ihre Eltern waren minderjährig. Ein Pfuhl der Sünde im Pfuhl der Sünde sozusagen.

Nicht nur das. Dieses unehelich geborene schwarze Kind minderjähriger Eltern wurde von einem 19-jährigen Cousin vergewaltigt, als es neun Jahre alt war.

Nicht nur das. Dieses Mädchen wurde mit 15 ungewollt schwanger.

Nicht nur das. Das Baby starb unmittelbar nach der Geburt.

Nicht nur das. Als Teenager nahm sie Drogen. Sie wurde esssüchtig, war kurz davor, in die Obdachlosigkeit abzurutschen.

Es war eigentlich mehr, als ein Mensch ertragen kann. Das Kind hatte keine Chance. Wer würde auf dieses Mädchen auch nur einen Cent setzen? Wer würde glauben, dass bei diesen Voraussetzungen und dieser Sozialisation mehr herauskommen könnte als eine alkoholkranke Hamburgerbraterin in prekärer Lage mit zig Kindern unterschiedlicher Väter?

Für mich ist sie das Beispiel eines Alphatiers schlechthin: Oprah Winfrey

Szenenwechsel. Eine ganz andere Bevölkerungsschicht, eine andere Zeit: Am 25. Mai 2011 wurde die letzte Sendung der *Oprah Winfrey Show* ausgestrahlt, eine der erfolgreichsten Fernsehproduktionen aller Zeiten – Oprah Winfrey war 25 Jahre lang die Talk-Queen. »Die Show war mein Leben, und ich liebe sie so sehr, dass ich weiß, wann ich aufhören muss.«

Zuletzt sahen jede Woche über 20 Millionen Zuschauer in 105 Ländern diese Sendung. Oprah gibt zwei Zeitschriften heraus, besitzt ihren eigenen Fernsehsender und ihre eigene Produktionsfirma. Sie ist eine Vollblutunternehmerin. Ihre große Popularität ermöglichte ihr ein Jahreseinkommen von geschätzten 300 Millionen US-Dollar, ihr Vermögen beläuft sich heute auf ungefähr 3 Milliarden US-Dollar. Damit ist sie eine der reichsten Frauen der Welt und die erste afroamerikanische Milliardärin überhaupt. Sie gilt außerdem als die spendabelste Amerikanerin, denn sie spendet jedes Jahr dreistellige Millionenbeträge für wohltätige Zwecke.

Ihre Show machte sie nicht nur reich, sondern auch unglaublich einflussreich. Mit wenigen Sätzen machte sie regelmäßig einzelne Bücher zu Bestsellern. Was sie sagt, hat ein so großes Gewicht, dass die meisten Medien in den USA von ihr beeinflusst werden. 2008 unterstützte sie den Wahlkampf von Barack Obama und trug zu seinem Wahlsieg bei. Kein Wunder, dass sie 2009 vom *Forbes Magazine* zur einflussreichsten Prominenten der Welt gewählt wurde. In der Rangliste der weltweit einflussreichsten Frauen rangiert sie noch vor Angela Merkel und Hillary Clinton auf dem dritten Rang.

Was für eine Wahnsinnskarriere! Eine absolute Führungspersönlichkeit, ein weltweites Vorbild allererstens Ranges. Für mich ist sie das Beispiel eines Alphatiers schlechthin: vorne stehen, vorangehen, Pionier sein, mutig sein, Einfluss nehmen, sich engagieren, den Kopf hinhalten, Gutes tun für Andere. Wie gut, dass es solche Menschen gibt!

Können Sie sich vorstellen, dass das Mädchen aus Mississippi und die Talk-Queen ein und dieselbe Person sind?

Was Alphatiere so alpha macht

Es ist aber so. Oprah hatte als junge Frau keine Chance. Und sie hat sie genutzt. Es ist verblüffend und zwingend zugleich: Wer kann sich angesichts dieser Biografie noch erlauben zu jammern oder sich als Opfer zu fühlen? Wenn ein Mensch so etwas schaffen konnte, und zwar durch Leistung und Beharrlichkeit, nicht durch Glück und Zufall, dann kann jeder von uns gigantisch viel mehr leisten, als wir gegenwärtig schaffen. Keine Ausreden: Es gibt keine schlechten Ausgangslagen!

Die Frage ist nur: *Wie*? Was macht Führungspersönlichkeiten zu Führungspersönlichkeiten? Denken Sie an die Beispiele für *Souveränität*, die ohne Stress und Burnout Großes leisten – es sind dieselben Menschen, die auch als Führungspersönlichkeit etwas bewirken. Stresskompetenz und Führungskompetenz scheinen irgendwie miteinander gekoppelt zu sein.

Also: Gibt es ein »Leader-Gen«, so wie es unter Münchner Fußballern ein Sieger-Gen geben soll? Ich glaube beides nicht. Ich glaube, dass man zur stressresistenten Führungspersönlichkeit nicht geboren wird, sondern dass man dazu werden kann. Dass man es üben kann. Wenn man will.

Das beginnt zum Beispiel schon bei der Fähigkeit, sich alleine vor einer Gruppe zu exponieren. Verschiedenen Umfragen zufolge gibt es kaum eine weiter verbreitete Angst als jene, vor großen Gruppen frei zu sprechen.

Neulich erzählte mir jemand von einer Kommunion in einer größeren Kirche. Die Kommunionskinder hatten mit ihren Katechetinnen einen Text erarbeitet. Teil der Messe war nun, dass jedes Kind nacheinander das Mikrofon gereicht bekam und zwei, drei Sätze laut und deutlich, frei und auswendig gelernt zur Gemeinde sprach. Alle Beiträge zusammen genommen hätten dann einen hübschen Vortrag ergeben. Das Gute daran: Keines der Kinder stand völlig alleine vor dem »Publikum«, das aus 200, 300 Men-

> *Acht von zehn Kindern waren der Aufgabe nicht gewachsen.*

283

schen bestand, sondern konnte aus dem Schutz der Gruppe heraus sprechen. Jedes Kind hatte viele Wochen Zeit gehabt, seine zwei, drei Sätze so felsenfest einzuüben, dass es sie auch um Mitternacht am Nordpol, frisch geweckt, hungrig und an den Füßen kopfüber aufgehängt hätte hersagen können.

Acht von zehn Kindern waren der Aufgabe nicht gewachsen. Sie nuschelten, versteckten sich hinter ihren Haaren, krächzten, stammelten, zappelten, verhaspelten sich. Es war ein Jammer.

Als ich das hörte, erinnerte ich mich daran, dass ich selbst als Kind so gerne Messdiener war. Vor der versammelten Gemeinde zu stehen, fand ich erhebend. Ich wollte unbedingt Chefmessdiener werden. Es ging mir eben nicht nur um die Privilegien, die ich als Messdiener genießen durfte. Denn bloß deswegen hätte es keinen Grund gegeben, der Alpha-Messdiener zu werden. Als solcher konnte ich ja nicht noch mehr Messwein klauen, noch mehr ungeweihte Hostien essen und noch später zum Unterricht

erscheinen, als ich es als einfacher Messdiener ohnehin schon konnte. Das war nicht mein Motiv. Was mich reizte, war, dass der Chefmessdiener die Lesung während der Messe hielt!

Der Pfarrer las das Evangelium und hielt die Predigt, doch es war die Aufgabe des Chefmessdieners, die Lesung zu halten. Die ganze Inszenierung gefiel mir ausnehmend: Man ging nach vorne zum Lesepult und schlug dramatisch das riesige Buch auf. Dann legte man das rote, seidene Lesezeichen langsam nach oben und blickte gelassen auf die Gemeinde. An Sonntagen und Feiertagen war die Kirche voll besetzt. Alle waren still. Alle schauten zu mir hoch. Jetzt hatte buchstäblich ich das Sagen! Alle hörten mir zu.

> *Das sind ja alles Fertigkeiten, die wir unseren Kindern auf der Schule vorzugsweise nicht beibringen.*

Es war fast so wie später, als ich Vorträge vor größerem Publikum zu halten begann: ein belebendes, erfüllendes Gefühl. Ich fühlte mich wie eine Saite, die einen Klangkörper durch Resonanz zum Schwingen brachte.

Auf der einen Seite also 80 Prozent nuschelnde Kinder, die am liebsten im Boden der Kirche versunken wären, auf der anderen Seite ich, der nichts mehr genoss als die exponierte Stellung vor einer Menschenmenge. Was für ein Kontrast! Was bewirkte das Eine und was das Andere?

Vorne zu stehen ist für mich mit einer starken positiven Emotion verbunden. »Prominent« zu sein im besten Sinne des lateinischen Worts »prominere« – »hervorragen«, »herausragen« – entspricht meinem Wertesystem, und ich habe offenbar schon früh in meinem Leben gute Erfahrungen damit verknüpft. Wie genau diese positive Prägung bei mir lief, weiß ich auch nicht (mehr), aber ich bin überzeugt, dass man Kindern von Anfang an so eine positive Erfahrung mitgeben kann und beispielsweise das *Reden vor Menschen trainieren* kann.

In den Grundschulen der USA wird von der ersten Klasse an regelmäßig eine kleine Übung gemacht, die »Show and tell« heißt.

Die Übung ist so einfach wie logisch: Die Kinder dürfen etwas von zu Hause mitbringen und präsentieren es dann vor der ganzen Klasse. Sie lernen, wie das geht: beschreiben, wozu das Ding gut ist, erklären, wie man es benutzt, schildern, was daran das Tollste ist. Dabei üben die Kinder so zu sprechen, dass es jeder versteht, sowohl akustisch als auch inhaltlich. Didaktisch ist das ein kluges Konzept: Wer etwas mitbringt, der tut das, weil er stolz darauf ist. Ein Kind, das stolz auf etwas ist, tut sich viel leichter, vor allen Anderen etwas zu präsentieren und zu erzählen. Das ist der Einstieg. Später lernen sie, die Präsentation dramaturgisch aufzubauen, Storytelling und Humor einzusetzen, Dinge auf den Punkt zu bringen.

Präsentieren ist eines der besten Handwerkszeuge, die man später für das Berufsleben brauchen kann, eigentlich eine Grundfertigkeit wie Zehnfingerschreiben, Kalkulieren oder Teamwork. Aber na gut: Das sind ja alles Fertigkeiten, die wir unseren Kindern auf der Schule vorzugsweise *nicht* beibringen. Erstaunlich!

Dass die amerikanische Präsentationsgrundübung tatsächlich volksbildend funktioniert, kann ich jedes Mal erleben, wenn ich in den USA bei einem Seminar oder einem Vortrag bin. Immer wenn ein Redner jemanden aus dem Publikum bittet, zu Demonstrationszwecken nach vorne auf die Bühne zu kommen, bin ich überrascht und erfreut, wie gut die Amerikaner das machen, welch gute Figur sie bei solchen Spontanauftritten abgeben. In Deutschland habe ich jedes Mal fast ein schlechtes Gewissen, wenn ich das jemandem aus dem Publikum zumute. In den USA können sich Redner vor »Volunteers«, die auf die Bühne kommen wollen, kaum retten – während sich bei uns selten bis nie ein Freiwilliger findet.

Jeder kann es lernen, vorne zu stehen. Offensichtlich lernen wir es in Deutschland von Kindesbeinen an relativ schlecht. Trotzdem: Es bleibt die Frage, warum die Führungsposition auf manche so eine Anziehungskraft ausübt, während sich die meisten Menschen davor fürchten.

Iss den Marshmallow nicht!

Die *Angst vor der Führungsposition* ist die Angst davor, alleine zu sein, hilflos ausgeliefert zu sein. Auch die Angst vor der Verantwortung, die diese Position mit sich bringt: Bin ich stark genug, sie zu tragen? Natürlich hat das etwas mit Selbstvertrauen und Selbstwertgefühl zu tun. Aber noch interessanter finde ich, dass ein Mensch, der eine exponierte Stellung anstrebt, vor allem das Gute sieht, das diese Stellung bewirken kann. Das hilft ihm, die Schwierigkeiten und Unbequemlichkeiten, vielleicht auch die Gefahren, die mit der her-

Alphatiere sind immer stark hin-zu-orientiert!

ausgehobenen Position verbunden sind, zu akzeptieren und zu tragen. Die positive Auswirkung ist das, wo er hinwill. Demgegenüber sieht derjenige, der Führungspositionen vermeidet, vor allem das Schlechte, das diese Stellung mit sich bringt. All die Gefahren, Befürchtungen und Sorgen, die die Verantwortung begleiten, sehen so groß aus, dass dahinter die positive Wirkung fast ganz verschwindet. Diesen negativen Implikationen will er sich nicht aussetzen, er will davon weg.

Diese grundsätzliche Hin-zu-Orientierung im Gegensatz zur grundsätzlichen Von-weg-Orientierung unterscheidet die Einen von den Anderen. Alphatiere sind immer stark hin-zu-orientiert! Die Anziehungskraft dessen, was man von der Führungsposition aus bewirken kann, ist so groß, dass die Begleitkosten im Vergleich dazu tragbar erscheinen. Und dann sind diese Leute in der Lage, Unglaubliches zu erdulden und zu schultern, weil sie stets der Meinung sind, dass es sich lohnt!

Wenn Richard Branson beispielsweise anstrebt, mit Virgin Galactic die erste private Weltall-Fluggesellschaft aufzubauen, dann könnten die Hindernisse, Schwierigkeiten und Risiken größer nicht sein. Das Ziel dieser Pioniertat ist für ihn aber so attraktiv, dass er bereit ist, alle Hindernisse zu überwinden, und wenn es sein Vermögen oder sein Leben kostet – denn beim ersten Flug 2012 wird er selbst dabei sein.

Negatives vermeiden oder Positives anstreben – wir haben immer beides in uns. Aber welche von beiden Ausrichtungen überwiegt, das scheint schon früh im Leben vorläufig festgelegt zu werden.

Mein Freund und Kollege Joachim de Posada stieß bei den Recherchen für sein neues Buch (es wurde übrigens ein Weltbestseller) auf eine Studie der Universität Stanford in Palo Alto in Kalifornien aus dem Jahr 1972, die der Psychologe Walter Mischel durchgeführt hatte.

Der ließ dabei 4- bis 6-jährige Kinder mit einem Marshmallow auf dem Tisch für 15 Minuten alleine in einem Raum. Einzige Regel: Wenn er nach Ablauf der Frist wieder in den Raum ging, würde er neben das Marshmallow ein weiteres legen, das Kind könnte dann zwei davon mampfen. Hatte das Kind das Marshmallow aber bereits vor Ablauf der Frist gegessen, würde es keine Belohnung geben. Die Regel wurde vorher ausführlich erklärt, die Kinder wussten also genau, welche Konsequenzen ihre Entscheidung für oder gegen das sofortige Aufessen haben würde.

Die Anderen erlagen ihrer kurzfristigen Gier und gingen anschließend leer aus.

Es gibt bei Youtube wunderbare, lustige Videos, wie die Kinder sich quälten, um der Versuchung zu widerstehen: Sie hielten sich die Augen zu oder drehten sich um und schauten in die andere Richtung oder sie schlugen nach dem Marshmallow oder rauften sich die Haare oder versuchten, das Marshmallow zu hypnotisieren oder durch intensives Schnüffeln am Objekt der Begierde ihren übermächtigen Appetit zu stillen. Manche waren besonders schlau und höhlten das Marshmallow heimlich von unten aus, so dass nur noch eine Hülle übrig war, in der Hoffnung, trotzdem die volle Belohnung zu bekommen.

Auf diese Weise konnte Mischel die Kinder in zwei Gruppen unterteilen. Die eine Gruppe, ungefähr ein Drittel der Kinder, war in der Lage, ihre Gelüste so unter Kontrolle zu behalten, dass sie sich

15 Minuten lang zurückhielten und die Belohnung kassierten. Die Anderen erlagen ihrer kurzfristigen Gier und gingen anschließend leer aus.

Die Fähigkeit, die den erfolgreichen Kindern ermöglichte, ihr Ziel zu erreichen, nannten die Psychologen Triebverzicht. Man könnte auch sagen, dass diese Kinder schon früh im Leben eine Hin-zu-Orientierung besitzen, die stärker ist als ihre Von-weg-Orientierung. Das Hin-zu-Ziel ist das zweite Marshmallow. Es ist so anziehend, dass das Erdulden und Erleiden eines unbefriedigenden Zustands erträglich ist. Überwiegt aber die Von-weg-Orientierung, dann ist der Drang, vom Leiden wegzukommen, so groß, dass das Ziel aus den Augen verschwindet.

Noch interessanter als das ursprüngliche Experiment ist aber die Nachfolgestudie, die Mischel 18 Jahre später durchführte. Darin fand er heraus, dass die meisten Kinder, die im erfolgreichen Drittel der Studie gelandet waren, auch später zu denjenigen gehörten, die gute Schulnoten, ein erfolgreiches Studium oder bereits einen guten Arbeitsplatz und damit die Chance auf ein relativ hohes Einkommen und Führungspositionen in Wirtschaft und Gesellschaft hatten.

Dann kam die Zeit der Bewährung.

Die Fähigkeit zum Triebverzicht beziehungsweise eine ausgeprägte Hin-zu-Orientierung war also schon in frühen Jahren relativ solide geprägt worden.

Wodurch allerdings diese Eigenschaft von den Eltern an die Kinder weitergegeben oder nicht weitergegeben wird, darin sind sich die Wissenschaftler uneinig. Fest steht, dass es zwar eine Korrelation, einen Zusammenhang zwischen der frühkindlich angelegten Fähigkeit zur Impulskontrolle und dem späteren Erfolg im Leben gibt, aber keine zwingende Kausalität. Es gibt also im Leben auch später immer die Möglichkeit, eine Hin-zu-Orientierung auszubilden. Wenn das Ziel attraktiv genug ist, lassen sich auch jahrelange Übung und beständiges Training erdulden – und das ist die Voraussetzung für echte Meisterschaft.

Die Quelle der Führungskraft

Es muss also ein starkes Ziel geben, damit sich eine Hin-zu-Orientierung ausbilden kann, die den Menschen komplett durchdringt, sein Denken prägt und damit sein Verhalten bestimmt.

Genau dieses kongruente, stimmige, zielgerichtete Verhalten ist es, was das Umfeld beeindruckt. So entstehen *Charisma und Autorität*, eben Führungsqualitäten.

Dazu fällt mir sofort eine weitere Fußballgeschichte ein. Da dieser Sport so ein wunderbares Spiegelbild unseres Lebens ist, lassen sich dort immer treffende Geschichten entdecken, um einen Gedanken zu illustrieren. Besonders interessant finde ich im Zusammenhang mit dem Thema Autorität die Entwicklung von jungen Fußballern, die den Schritt machen von der noch unreifen, bisweilen ungelenken Persönlichkeit zur Führungsfigur auf dem Platz – und manchmal auch neben dem Platz. Diesen Schritt machen sie meistens nicht einfach so und ganz automatisch. Häufig ist vielmehr eine Krise im Spiel, ein Problem, eine Herausforderung, an der der Spieler reift und wächst.

Da ist beispielsweise dieser junge, noch unfertige Torwart Sven Ulreich vom Bundesligisten VfB Stuttgart. Er stand als junger Kerl komfortabel im Schatten eines der weltbesten Torhüter, dem Nationaltorwart der Weltmeisterschaft 2006, Jens Lehmann. Von ihm konnte sich der »Rookie« Ulreich zwei Jahre lang einiges abschauen, und in vielen Gesprächen förderte der erfahrene Mentor vorbildlich den jungen Nachwuchsmann.

Dann kam die Zeit der Bewährung. Jens Lehman beendete seine Karriere, und plötzlich stand der Junge Sven Ulreich im Rampenlicht. Und in der vollen Verantwortung. Ein guter Torhüter ist eine Autorität auf dem Platz, er lebt nicht nur von seinen schnellen Reflexen, gutem Stellungsspiel und Sprungkraft, sondern vor allem auch von seiner Ausstrahlung und Körpersprache. Er muss präzise, laut und deutlich seine Vorderleute dirigieren, denn von seiner Perspektive aus hat er den besten Überblick über die Spielsituation in der Defensive, wenn der Gegner den Ball hält.

Es sind also nicht nur die »Hard Skills«, sondern insbesondere die »Soft Skills«, die einen Torwart zum Führungsspieler machen, ganz ähnlich wie bei Führungskräften in Organisationen. Als nun Sven Ulreich 2010 in seiner ersten Saison als Nummer 1 zwischen den Pfosten stand, stimmten die Körpersprache und die Ausstrahlung noch nicht. Er hielt rein statistisch gar nicht so schlecht, bei den »abgewehrten Torschüssen« zum Beispiel hatte er die beste Quote aller Bundesligatorhüter. Aber er verbreitete durch eine inkongruente, merkwürdig ungelenke Körpersprache große Unsicherheit in der Abwehr seiner Mannschaft: Keine Bundesligamannschaft ließ in der ersten Saisonhälfte mehr Torschüsse zu. Im Stuttgarter Strafraum brannte ständig die Luft, die Spieler schwammen, es war eine permanente Krise im Team. Und Ulreich konnte seine Mannschaft durch seine Persönlichkeit nicht stabilisieren. Genau das wäre aber seine Aufgabe gewesen.

Keine leichte Position – aber genau dann zeigt sich eben, wer eine Führungspersönlichkeit ist!

Hinterher kam ans Licht, dass der Trainer von seinem Torwart nicht überzeugt war. Eigentlich wollte er einen erfahreneren Keeper holen, um die Lücke nach dem Karriereende von Lehmann zu schließen. Er wollte nicht auf den jungen Mann setzen. Der Verein entschied, trotzdem mit Ulreich in die Saison zu gehen, aber das Misstrauen des Trainers hatte ihn bereits verunsichert und lastete spürbar auf seinen Schultern.

Das war also die schwierige Situation: seine geringe Erfahrung, ein Trainer, der nicht hinter ihm stand, die riesigen Fußstapfen des Vorgängers und ein verunsicherter Hühnerhaufen vor ihm auf dem Platz. Dazu der Druck des miserablen Tabellenplatzes, denn seine Mannschaft stand zur Winterpause auf einem Abstiegsplatz. Keine leichte Position – aber genau dann zeigt sich eben, wer eine Führungspersönlichkeit ist!

Es kam für Sven Ulreich aber erst noch schlimmer: Der Trainer wurde wegen Erfolglosigkeit entlassen. Kurz zuvor hatte er seinem Torwart vorgeworfen, »wenig Autorität« zu besitzen. Ulreich war in der Sündenbock-Rolle. Und die bekannt aggressiven Stuttgarter Lokalmedien hackten auf ihn ein. Der neue Trainer stand ebenfalls nicht voll hinter ihm. Kurz vor dem Europapokalspiel gegen Benfica Lissabon im Februar 2011 erfuhr Ulreich dann, dass er degradiert worden war: Der Ersatztorhüter, der erfahrene Marc Ziegler, sollte ihn in diesem wichtigen Spiel ersetzen. Damit schien Ulreich endgültig gescheitert.

Später erzählte er, wie wütend er über diese Entscheidung des Trainers war: »Ich habe es nicht verstanden. Im Kreise meiner Familie habe ich dann auch mal auf den Tisch gehauen. Da sind sicher auch ein paar deftige Worte gefallen.«

Im Kreise der Familie – aber eben nicht in der Öffentlichkeit. Da blieb Ulreich wie bisher auch still und brav und rückte ins zweite Glied. Aber in ihm gärte es ...

Das Schicksal gab ihm dann noch eine klitzekleine Chance: Gleich im ersten Spiel als neue Nummer 1 verletzte sich der Routinier Marc Ziegler schwer. In der 50. Minute traf ihn das Knie eines Gegenspielers am Kopf, er blieb benommen liegen, wurde vom Platz getragen und konnte nicht mehr weiterspielen. Zum Glück entpuppte sich die Verletzung später »nur« als schwere Gehirnerschütterung. Aber für Ulreich war das Unglück seines Kontrahenten ein Glücksfall. Denn plötzlich stand er wieder im Tor!

Als ob es ihm plötzlich egal wäre, was alle von ihm dachten.

Allerdings: Diesmal stand er da völlig anders als jemals zuvor. Er hatte eine solche Wut im Bauch, dass er eine ganz neue Ausstrahlung zeigte. Er wirkte wie verwandelt, legte seine Hemmungen ab und schrie seine Vorderleute an. Er war voller Energie und wütete im Strafraum wie Oliver Kahn in seinen besten Zeiten, er war so fokussiert, dass er eine Glanzleistung ablieferte und der beste Spieler seiner Mannschaft war. Zwar vermochte er die Niederlage gegen die übermächtigen Portugiesen nicht zu verhindern, aber er hatte allen gezeigt, dass er auch anders konnte!

In den restlichen Spielen der Saison war er wieder die unumstrittene Nummer 1. Nach der Bewertung aller Fußballexperten war er der beste Stuttgarter Spieler der Rückrunde – und er hatte endlich diese Ausstrahlung ... er war lauter, direktiver, ernster, kantiger als zuvor. Als ob es ihm plötzlich egal wäre, was alle von ihm dachten. Er wirkte, als ob er nun ganz natürlich und von innen heraus spielte, nicht mehr so, wie er dachte, dass man spielen müsste. Er machte sein Ding. Und seine Abwehr stabilisierte sich prompt. Seine Mannschaft holte fast dreimal so viele Punkte wie in der ersten Saisonhälfte und rettete sich auf einen sicheren Mittelfeldplatz.

Starke Emotionen sorgen dafür, dass ein Wunsch oder ein Ziel die Persönlichkeit vollständig durchdringt.

Was mich fasziniert: Woher nahm dieser junge Sportler die Stärke, im entscheidenden Moment seine Fesseln abzustreifen und sich durchzusetzen? Andere hätten in so einem Moment der Niederlage vielleicht den Kopf in den Sand gesteckt. Ich bin fest davon überzeugt: Alle Menschen, die zu so einem Durchbruch zur Führungspersönlichkeit in der Lage sind, haben eine ganz *persönliche Kraftquelle*. In einem Interview des Journalisten Marco Seliger für die ***Stuttgarter Nachrichten*** fand ich Sven Ulreichs Kraftquelle. Auf die Frage, woher sein Antrieb käme, sagte er:

>»Er kommt vom letzten Gespräch mit meinem Vater. (...) Am Sterbebett hat er mir gesagt, dass ich alles dafür tun solle, einmal beim VfB im Bundesligator zu stehen, und dass ich (...) meine Träume verwirklichen soll. Das ist fest in meinem Kopf verankert. (...) Jedes Mal kurz vor dem Spiel küsse ich auf dem Platz meine rechte Faust und recke sie in Richtung Himmel. Das ist mein Gruß an ihn.«

Das also ist Sven Ulreichs Kraftquelle. Andere Menschen haben andere Kraftquellen. Alle starken Emotionen sind dafür geeignet.

Ob Wut, Trauer, Liebe, Rache oder Angst, starke Emotionen sorgen dafür, dass ein Wunsch oder ein Ziel die Persönlichkeit vollständig durchdringt und alle Hemmungen und Widerstände früher oder später überwindet. Dann wirken diese Menschen auch von außen wie Führungspersönlichkeiten. Und wenn sie dann noch durchhalten, was sie angefangen haben ...

Rolling Stones

Wenn in Ihnen also der Keim zur Führungsrolle bereits in der Kindheit gelegt worden ist, wenn Sie eine Hin-zu-Orientierung besitzen und eine Bewährungsprobe bestanden haben, weil Sie aus einer inneren Kraftquelle schöpfen konnten – sind Sie damit bereits automatisch ein Alphatier? Wohl kaum. Welche Zutaten fehlen noch?

Ein Junge, der vor über 2300 Jahren alleine am Strand umherstreifte, wurde als Erwachsener eine bis heute berühmte Führungsfigur. Er tat, was man tun muss, um nach oben zu kommen ...

Chi fweichnt ochoch hihon öwchich hoonn ackach ...!

Seit Tagen hatte er den Strand abgesucht. Es war gar nicht so einfach, die Richtigen zu finden. Sie durften nicht kleiner sein als eine vollreife Weinbeere. Aber keinesfalls größer als ein Taubenei. Außerdem mussten sie völlig glatt sein, damit er sich nicht verletzte. Denn das wäre eine Katastrophe und würde genau das Gegenteil dessen bewirken, wofür er sie so mühsam einsammelte. Jeden Tag mit nassen Sandalen, jeden Tag in gebückter Haltung. Doch es machte ihm nichts aus.

Halt! Da war wieder einer. Der war perfekt: gerade mal so groß wie seine Daumenkuppe. Das Meer hatte ihn über Jahrhunderte glattpoliert, so dass er beinahe vollständig rund war.

Der perfekte Kieselstein!

Er hob ihn auf und legte ihn in den Beutel aus weichem Ziegenleder, den seine Mutter für ihn genäht hatte. Darin lagen bereits acht andere glatte, runde Kiesel.

Es würde noch eine ganze Weile dauern, bis die warme Abend-sonne im Meer versank. Es war noch Zeit genug, einen ersten Ver-such zu wagen. Die Gelegenheit war günstig – keine Menschen-seele war zu sehen. Niemand würde ihn auslachen können bei dem, was er vorhatte.

Etwas weiter vorne am Strand ragte ein kleiner Felsen aus dem Wasser, der hoch genug war, um nicht von der Flut überspült zu werden. Der aber nicht so hoch war, dass ihm darauf schwindelig werden würde.

Die Flut kam. Umso besser, dachte er. Das Zischen der Wellen und der aufkommende Wind verstärkten die Geräuschkulisse.

Aus dem Beutel nahm er den größten der Steine und legte ihn auf seine Zunge. Salzig. Dann schob er die vier kleinsten seitlich in den Mund, zwei links, zwei rechts. Er platzierte die Beine etwas breiter, um einen festen Stand gegen den Wind zu haben. Dann füllte er die Lungen voller Luft, hob den Kopf, breitete die Arme aus und begann:

»Chi fweichnt ochoch hihon öwchich hoonn ackach ...!«

Der Würgereiz kam überraschend. Verdammt! Jetzt bloß nicht die Kiesel verschlucken. Er hustete, und die Steine flogen durch die Gischt ins Meer.

Na ja, dachte sich *Demosthenes*, fürs Erste war das gar nicht so schlecht. Er hatte beinahe einen ganzen Satz herausbekommen und dennoch die Luft gehabt, die Kiesel noch auszuhusten. Er musste einfach noch weitermachen, üben, reden, laut reden – bis seine Stimme kräftig genug war, damit ihm alle zuhören mussten. Er würde schon noch ein großer Redner werden. Keiner würde ihn mehr »Schwächling« nennen dürfen.

Demosthenes würde Recht behalten. Seine Mutter Kleobule hatte dafür gesorgt, dass der 7-jährige Demosthenes nach dem Tod seines Vaters die bestmögliche Ausbildung erhielt. Er lernte von Cicero, Quintilian, Platon, Aristoteles, Theophrast, Plutarch und Isaios. Im Alter von 20 Jahren begann sich sein Sprechtraining mit den Kieseln auszuzahlen. Er zerrte 364 v. Chr. die Verwalter seines nicht unbeträchtlichen Erbes vor Gericht. Sein Vater, ein reicher und erfolgreicher Schwert- und Möbelfabrikant, hatte in seinem Testament drei Verwandte zur Vormundschaft für Demosthenes bestellt, bis der volljährig wurde. Nun war der Tag gekommen: Demosthenes klagte die drei Vormunde wegen Veruntreuung an und erreichte durch seine beeindruckende Rede tatsächlich eine Verurteilung.

Und auch heute noch gilt er als der größte Redner der griechischen Antike.

Von nun an ging es nur noch aufwärts. Demosthenes wurde als Redner immer bekannter und erfolgreicher. Später ging er in die Politik, wurde zum führenden Staatsmann Athens. Bis zu seinem Tod 322 v. Chr. hatte es Demosthenes von einem Jungen, der beinahe die Kiesel verschluckt hätte, zum bedeutendsten Redner Griechenlands gebracht. Und auch heute noch gilt er als der größte Redner der griechischen Antike.

Warum? Weil er das Motiv und den Antrieb hatte, und weil er sich ganz souverän darauf konzentrierte, genau das zu tun, was er erreichen wollte. *Fokus!* Er hatte schon in frühester Jugend hart daran gearbeitet, sich zu dem zu machen, der er später sein wollte. Das Ziel war stark genug, er hielt durch. *Durchhalten!* Der Lohn folgte später ...

Fokus – durchhalten – der Lohn folgte später ... Die Frage ist: Der Lohn für wen? Wer hatte etwas davon, dass Demosthenes zum Top-Speaker seiner Zeit wurde? Nur er selbst? Oder auch die vielen Anderen, die er vor Gericht vertrat, und später das ganze Volk Athens, dem er als Staatsmann vorstand?

Alphawolf

Die Frage ist, wer etwas davon hat, dass einer die Führung übernimmt. Das ist ja manchmal durchaus lästig. Nicht selten gibt es in Unternehmen Stimmen, denen es am liebsten wäre, der Chef würde sich in sein Büro verziehen und die Klappe halten, damit man endlich in Ruhe seine Arbeit machen kann. Wozu braucht es bei kompetenten Leuten einen, der ihnen sagt, was sie zu tun und zu lassen haben?

Die heutzutage insbesondere in Managementkreisen viel beschworene »Schwarmintelligenz« wäre vielleicht eine Lösung. *Schwarmintelligenz* bezeichnet die Weisheit der Vielen. Es ist ein Begriff, der der Biologie entlehnt wurde. Forscher untersuchten, wie Fisch- oder Vogel- oder Bienenschwärme es schaffen, sich koordiniert und fürs Kollektiv sinnvoll zu verhalten, ohne miteinander zu kollidieren oder sich gegenseitig zu blockieren. Sardinenschwärme können beispielsweise angreifenden Haien blitzschnell geordnet ausweichen. Schwärme von Staren bilden erstaunliche geometrische

Bleibe in unmittelbarer Nähe zu deinem Schwarmnachbar, aber rücke ihm nie näher als zehn Zentimeter auf die Schuppen.

und fließend ineinander übergehende Muster am Himmel. Und bei einem Bienenschwarm auf Nestsuche schaffen es bis zu 10.000 Exemplare, sich rasch und ohne Querelen auf einen geeigneten Platz festzulegen. Erstaunlich! Wie funktioniert das?

Die Wissenschaftler haben herausgefunden, dass die einzelnen Tiere jeweils einem Set von recht einfachen Regeln folgen, die dafür sorgen, dass sich eine kleine Bewegung eines einzelnen Individuums in der Gruppe fortpflanzt und zu einer großen Bewegung des Schwarms wird. Die Koordination der Gruppe folgt also Regeln. Beispielsweise: Bleibe in unmittelbarer Nähe zu deinem Schwarmnachbar, aber rücke ihm nie näher als zehn Zentimeter auf die Schuppen.

Wenn Tiere mit relativ bescheidenen kognitiven Fähigkeiten wie Fische und Insekten das schaffen, dann müssten wir Menschen das doch auch hinbekommen, so die bestechende Folgerung der Adepten der Schwarmintelligenz. Und tatsächlich: Stellt man beispielsweise bei einer Veranstaltung vor einer großen Gruppe von Menschen, also ein paar 100 oder 1.000 Individuen, ein großes Glasgefäß auf und füllt es mit einer großen Zahl eines Gegenstands, zum Beispiel Bällen, dann gibt es nur einen Weg, eine präzise Schätzung der Anzahl der Bälle zu bekommen: den Schwarm fragen. – Wir haben dieses Experiment bei einer GSA-Convention durchgeführt. Der Mittelwert der von allen Teilnehmern abgegebenen Schätzungen stimmte verblüffend genau mit der tatsächlichen Zahl überein.

Bei einer anderen Veranstaltung ließen wir das Kollektiv der Teilnehmer durch die Lautstärke ihrer Stimmen ein Flugzeug in einem Flugsimulator steuern. Den Blick aus dem Cockpit durch die Frontscheibe projizierten wir auf die große Leinwand auf der Bühne.

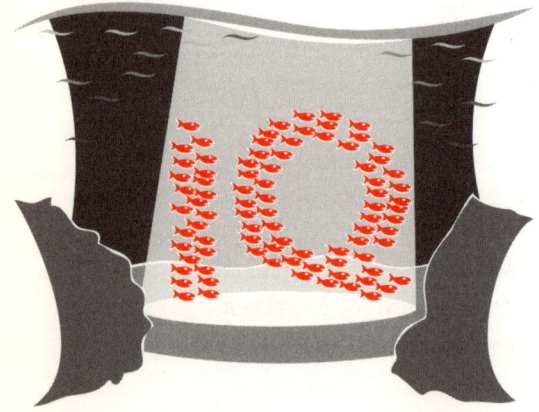

Immer wenn die linke Seite des Saales lauter war als die rechte, steuerte der Computer das Flugzeug nach links und umgekehrt. Das Flugzeug konnte so verblüffend gut um Hindernisse gelenkt werden.

Es gibt auch Firmen, die mit großem Erfolg die Schwarmintelligenz ihrer Mitarbeiter anzapfen, um zum Beispiel möglichst genaue Voraussagen über die Absatzentwicklung zu gewinnen.

Können Menschen also im Kollektiv, sozusagen als Schwarm, mehr und Besseres leisten, als wenn sie durch ein Alphatier geführt werden?

Leider, leider hat die Sache einen Haken: Kollektive Schätzungen sind immer nur dann gut, wenn das Individuum bei seiner Schätzung, bei der Abgabe seiner Stimme oder bei seiner Einzelentscheidung nichts vom Verhalten der Anderen weiß. Solange die Menschen auf ihre eigene Einschätzung vertrauen, ist das Kollektiv insgesamt mit dem Mittelwert der Einschätzungen gut beraten. Sobald aber Transparenz geschaffen wird und die einzelnen Individuen von den Einschätzungen der Anderen erfahren, stimmen sie anders ab beziehungsweise treffen andere Entscheidungen. Der Mensch neigt dazu, sich nach der Mehrheit zu richten. Aber wenn alle sich nach der Mehrheit richten, ergibt sich durch die sich gegenseitig beeinflussenden Individuen insgesamt eine unvorhersagbare Bewegung, die wegführt vom besten Ergebnis.

Ein Kollektiv kann einfach nicht führen, höchstens in die Irre.

Der Soziologieprofessor Dirk Helbing von der Eidgenössischen Technischen Hochschule Zürich hat mit seinem Team ein aufschlussreiches Experiment durchgeführt: Er stellte einem Kollektiv von über 100 Studenten einige Schätzfragen, beispielsweise wie lang die Grenze zwischen der Schweiz und Italien ist. Dann wurde der Mittelwert der Antworten errechnet. Wie erwartet, war das Ergebnis sehr nahe an der Realität. Doch dann veränderte das Wissenschaftlerteam das Setting: Den Probanden wurden die Ergebnisse der Schätzungen der Anderen vorgelegt, sie konnten daraufhin ein weiteres Mal eine Schätzung abgeben. Dieses Einspeisen von Transparenz in die Entscheidungsfindung wurde fünfmal hintereinander durchgeführt. Was passierte? Die

Ausschläge der Schätzungen nach oben und unten, also deutlich zu niedrige und deutlich zu hohe Schätzungen, nahmen ab. Alle abgegebenen Werte näherten sich nach und nach immer weiter an. Und trieben immer weiter vom korrekten Ergebnis und der ersten, untransparenten Einschätzung weg! Je mehr Kenntnis die Einzelnen von den Entscheidungen der Anderen hatten, desto »dümmer« war das Kollektiv, weil sich alle gegenseitig aneinander orientierten. Man kann dieses Phänomen mit einem einzigen treffenden Wort umschreiben: Herdentrieb.

Nebenbei lassen sich zwei interessante Schlussfolgerungen aus diesem Experiment für unsere Gesellschaft ziehen:

- Erstens sind Menschen offenbar wie gemacht für die Demokratie: Wenn viele abstimmen, ist das Ergebnis meistens gut.

- Zweitens sind die Menschen offenbar denkbar schlecht geeignet für die Form von Meinungsdemokratie, in die wir derzeit abdriften: Durch den Einfluss der Massenmedien Fernsehen und Internet werden wir vor einer Wahl permanent mit Umfrageergebnissen konfrontiert. Wenn wir im Wahllokal abstimmen, kennen wir schon die Hochrechnungen und Prognosen der Meinungsforscher. Nach allem, was die ETH-Forscher herausgefunden haben, wird unsere kollektive Entscheidung dadurch dümmer und dümmer. Das Einzige, was da helfen würde: Nachrichtensperre!

Nun wird auch klar, warum es keine cheflose, basisdemokratisch selbstverwaltete Organisation gibt, die auf Dauer erfolgreich ist. Jedenfalls kenne ich keine. Ein Kollektiv kann einfach nicht führen, höchstens in die Irre. Basisdemokratische, antihierarchische Entscheidungskollektive können alles wunderbar zerreden, und dabei entstehen nicht nur mutlose Minimalkonsense, sondern zum Teil völlig verirrte Lemming-Bewegungen weg vom Ziel.

Nein, in den meisten Organisationen braucht es den einen, der die Verantwortung übernimmt. Es braucht eine Identifikationsfigur, die der Gruppe Orientierung gibt und vorausläuft, während die Gruppe folgt. Und dabei kann es meistens nur einen geben: Es kann nur einer im Tor stehen. Es kann nur einer Präsident eines Clubs oder eines Verbands sein. Und es kann nur einer zum Staatsoberhaupt gewählt werden. Diese Person ist dann nicht nur kraft ihrer Persönlichkeit Alphatier, sondern hat dann auch noch das dazupassende Alpha-Amt inne.

> *Sobald ein Streit mit Knurren und Zähnefletschen unter Rudelmitgliedern ausbricht, wird der Alpha aufmerksam.*

Wir Menschen sind eher wie Wölfe als wie Fischschwärme. Wir brauchen unseren Alpha, sonst agieren wir kopflos. Die Frage ist: Wer ist der Eine, der das Amt bekommt? Wer wird Alpha und wer nicht? Sollten Sie glauben, das sei immer jeweils der Stärkste, Mächtigste, Größte, Tollste, dann wissen Sie vermutlich nicht, wie ein Wolfsrudel funktioniert.

Ein *Alphawolf*, der Anführer des Rudels, wird dann zum Alphawolf, wenn erstens er selbst das Amt übernehmen will und wenn zweitens alle Anderen ihm folgen wollen. Ersteres ist eine persönliche Entscheidung, bei der die beschriebene Hin-zu-Orientierung und ein angemessenes Pflichtgefühl helfen, die Lasten der Führungsposition zu tragen. Zweiteres ist eine kollektive Entscheidung der Gruppe: Es führt nur der, dem Andere folgen. Aber wovon hängt es ab, ob Einer Gefolgschaft hat und ein Anderer nicht?

Wölfe akzeptieren ihren Alpha genau dann, wenn sie in ausreichend vielen Situationen die Erfahrung gemacht haben, dass die Eigenschaften des Alphawolfs am besten geeignet ist, um das Rudel zu erhalten. *Es geht um den Nutzen!* Nicht der stärkste Wolf wird als Alpha akzeptiert, sondern derjenige, der durch die Summe seines Verhaltens das Rudel zusammenhält, für ausreichend Nahrung sorgt und bei Bedrohungen am meisten zum Schutz des Rudels beitragen kann. Dazu gehören eine Menge Eigenschaften.

Beispielsweise sollte ein Alpha in der Lage sein, die Jagd clever zu organisieren, so dass nicht zu viel Energie für zu wenig Beute verschwendet wird oder zu große Risiken eingegangen werden. Geschwächte und verletzte Wölfe gefährden den Bestand des ganzen Rudels, denn sie müssen durchgefüttert werden, können aber selbst nichts zum Nahrungserwerb beitragen – das schadet doppelt.

Alphawölfe müssen auch geschickt darin sein, Konflikte innerhalb des Rudels zu klären. Erfolgreiche Alphawölfe unterdrücken beispielsweise keine Konflikte, sorgen aber dafür, dass sie so ausgetragen werden, dass sich niemand ernsthaft verletzt. Sobald ein Streit mit Knurren und Zähnefletschen unter Rudelmitgliedern ausbricht, wird der Alpha aufmerksam. Er beobachtet, greift aber nicht ein. Denn die Lösung des Konflikts, geklärte Verhältnisse, das ist wertvoll für das Rudel, und nicht die Unterdrückung des Konflikts. Will keiner der Kontrahenten nachgeben, eskaliert der Streit, das Zwicken und Schnappen wird zum Beißen, und die Aggressionen drohen außer Kontrolle zu geraten. In diesem Moment geht der Alpha entschlossen dazwischen, auch wenn er

möglicherweise gar nicht stärker ist als die Kämpfer. Interessanterweise würde keiner der Wütenden den Alpha angreifen. Denn hinter ihm steht das schützende Kollektiv des Rudels, dessen Interessen der Alpha durch sein Eingreifen vertritt.

Alphatier wird in funktionierenden Gesellschaften und Organisationen also der, der für alle in Summe den **größten Nutzen stiften** kann. Und dabei ist es für die Gruppe unerheblich, ob das Alphatier seine Position als Pflicht oder Lust empfindet. Aber für das Alphatier ist es entscheidend, ob ihm die Machtposition Freude bereitet oder als Last erscheint. Ist es für einen Chef beispielsweise eine große nervliche Belastung, jeden Monat für genügend Umsatz zu sorgen, damit die Fixkosten und die Gehälter gedeckt sind, dann ist die Führungsposition für diesen Chef mit großem Stress verbunden, der ihn auf Dauer die Gesundheit kosten wird. Pflicht und Freude müssen aber gar kein Gegensatz sein.

Die Gabe des Gebens

Auch wenn es mir selbst großen Spaß macht, vor Publikum zu stehen – auch wenn ich es sehr genieße, wenn mir die Menschen zuhören und ich dabei im ursprünglichen Wortsinn »das Sagen« habe. Oder wenn ich an den Honorarabrechnungen der Verlage oder an der Positionierung auf der Bestsellerliste ablesen kann, dass gelesen wird, was ich geschrieben habe. Richtig Freude macht das erst, wenn die Menschen im Publikum etwas davon haben. Wenn ich Resonanz bekomme, zum Beispiel

Stattdessen tun Gremien das, was jeder Organismus tut: Sie arbeiten an ihrer Selbsterhaltung.

durch Beifall, durch individuelles Feedback, durch Rezensionen oder durch Auszeichnungen. Reden und schreiben alleine ist unfruchtbar, es muss schon etwas bewirken!

Umso schwerer fällt es mir, mich auf eine Arbeit in einem Gremium oder einem Verband einzulassen.

Jedes Gremium, das aus mehr als zwei oder drei Leuten besteht, neigt dazu, den Prozess der Meinungsfindung über das Ziel zu stellen. Wenn alle gleich viel zu sagen haben, wird normalerweise mehr geredet als entschieden. Je mehr geredet wird, desto größer ist die Chance, dass am Ende der Sitzung nicht entschieden wurde. Man hat das Ziel aus den Augen verloren, das Ergebnis der Sitzung ist die Einberufung eines weiteren Gremiums, eines Unterausschusses, eine Vertagung.

Basisdemokratie erzeugt keinen neuen Gestaltungsspielraum, sondern nur noch mehr Basis. Das Konsensprinzip soll Hierarchie ersetzen, es ersetzt aber allzu oft gleich die ganze Entscheidung.

Ich habe genügend Konferenzen miterlebt, um zu wissen, dass Gremien nicht die Initiative ergreifen, sondern das genaue Gegenteil: Sie löschen oft genug den Funken, der zur Erhellung des Problems führt. Stattdessen tun Gremien das, was jeder Organismus tut: Sie arbeiten an ihrer Selbsterhaltung.

Wenn ich nichts zurückgeben konnte, war diese Präsidentschaft für mich reine Zeitverschwendung und damit sinnlos.

Nur so ist es zu erklären, dass PISA-Studie um PISA-Studie verrinnt, ohne dass im Bildungssystem eine signifikante Verbesserung eintritt. Könnte man mit all der Energie, die die unzähligen Diskussionen in den Gremien, Ausschüssen und Kommissionen befeuert, Wasser erhitzen, dann müssten wir uns über die Sicherheit von Kernkraftwerken keine Sorgen machen – wir bräuchten sie nicht mehr, weil wir genügend Diskussionsstrom hätten: umweltfreundlich, ressourcenschonend, erneuerbar.

Die Chance, etwas Neues zu gestalten, entsteht nie durch das weiße Rauschen von Millionen gleich lauter Stimmen. »Rauschen« ist ein Begriff aus der Physik und bezeichnet eine zufällige Schwankungserscheinung, zum Beispiel von Wellenlängen und -amplituden. Wie sich ein akustisches Rauschen anhört, wissen wir. Aber es gibt auch ein optisches Rauschen, beispielsweise die gleichmäßig zufällige Verteilung der Lichtwellenlängen, die beim weißen Licht ungefähr alle dieselben Helligkeiten haben. Weißes Licht und weißes akustisches Rauschen nehmen wir als undifferenziert, beliebig wahr. Nichts ragt heraus. So ist es auch bei Innovationen: Neuerungen können nur dann als Neuerungen erkannt werden, wenn die Initiative eines Einzelnen hörbar wird, aus dem Stimmengewirr herausragt.

Gehört werden, das muss für mich möglich sein, sonst fühle ich mich am falschen Ort: Ich war einmal in zwei Aufsichtsräte berufen worden. Das war zunächst spannend, dann aber zunehmend bürokratisch. Ich fühlte mich sehr eingeengt, und die Haftung für die Fehler Anderer, die ich sehr ernst nahm, schmeckte mir gar nicht. Also ließ ich es wieder sein.

Dass ich dann doch die Präsidentschaft der German Speakers Association (GSA) übernahm, hatte ich mir gut überlegt. Als das Amt an mich herangetragen wurde, wollte ich zuerst reflexartig ablehnen. Doch dann dachte ich nach, fand zwei gute Gründe, die für das Amt sprachen, und sagte zu.

Zum einen hatte ich im Leben viel bekommen, und mittlerweile hatte ich ein Alter erreicht, in dem es mir wichtig geworden war, auch wieder etwas zurückzugeben. Zum anderen schenkte mir das Amt tatsächlich die Chance, etwas zu bewegen. Aber nur, wenn ich die 2-jährige Amtszeit gut nutzen würde. Deshalb hatte ich mich vor der Wahl gut vorbereitet. Alles, was ich an strategischen Zielen und Plänen ausgearbeitet hatte, brachte ich auch schriftlich in meine erste und entscheidende Vorstandssitzung mit. Ich hatte alles dabei – bis hin zu unterschriftsreifen Verträgen, einfach alles. All diese Pläne wollte ich zur Bedingung meiner Präsidentschaft machen. Das hieß, dass ich vor meinem Amtsantritt auch schon meinen Rücktritt als Plan B vorbereitet hatte. Falls ich also Plan A nicht durchbringen würde, war es nicht möglich, etwas zu bewegen. Wenn ich nichts bewegen konnte, konnte ich nichts zurückgeben. Wenn ich nichts zurückgeben konnte, war diese Präsidentschaft für mich reine Zeitverschwendung und damit sinnlos.

Viele sagten mir in dieser Zeit: »Bist du verrückt? So ein Stress! Ich würde das niemals machen ... Was hast du denn davon?«

 **305**

Aber darum geht es nicht. Es geht nicht darum, was ich selbst davon habe, sondern ich will sehen, dass viele Andere etwas davon haben. Die tiefe Befriedigung, etwas bewegen zu können, ist viel stärker als der persönliche Vorteil. Und auf diese Weise ist ein anstrengendes Führungsamt übrigens auch überhaupt kein Stress!

Ich glaube, dass der Antrieb, der Menschen dazu bringt, mit Hin-zu-Orientierung in Führung zu gehen und Alphatier zu werden, in fast allen Fällen nur dann nachhaltig sein kann, wenn damit der Nutzen für Viele verbunden ist. Ein echtes Alphatier gibt nicht, um zu bekommen, sondern bekommt, weil er um des Gebens willen gibt.

> »Wer das tut, was er liebt, wird sich nicht so leicht von anderen vorschreiben lassen, was er zu tun und zu lassen hat.«
>
> *Lothar Seiwert*

Die derzeit anerkannteste Autorität in Deutschland, Helmut Schmidt, bringt es immer wieder auf den Punkt: »Die Macht als solche hat mich nie gereizt.« Aber der Dienst am Gemeinwohl habe ihn schon gelockt, sagt er, die paradoxe Lust an der Pflicht.

ESSENZEN

306

- ✔ Es gibt keine schlechten Ausgangslagen.

- ✔ Stresskompetenz und Führungskompetenz korrelieren.

- ✔ Frei reden kann man üben.

- ✔ Alphatiere sind stark hin-zu-orientiert.

- ✔ Die Fähigkeit zum Triebverzicht wird in der frühen Kindheit angelegt.

- ✔ Diese Fähigkeit, auch Impulskontrolle genannt, macht erfolgreich.

- ✔ Bewährungsproben übersteht, wer über eine innere Kraftquelle verfügt.

- ✔ Der Fokus auf ein klares Ziel fördert Disziplin und Durchhaltevermögen.

- ✔ Basisdemokratien treffen keine intelligenten Entscheidungen.

- ✔ Alphatier wird, wer Nutzen stiftet.

- ✔ Echte Alphatiere wollen geben, nicht nehmen.

*Meine Zeit ist begrenzt. Das Leben ist kurz.
Jede Stunde ist zu wertvoll, als dass ich tun
könnte, was andere wollen. Ich kann mein
eigenes Leben nicht einfach verschieben –
jeder von uns sollte sich seine eigene Sterblich-
keit bewusst machen und aufhören so zu leben,
als ob wir ewig leben würden. Schauen wir in
den Spiegel und blicken der Vergänglichkeit
ins Gesicht!*

*Ich muss immer wieder eine Vorstellung
davon entwickeln, wie ich meine Zeit auf Erden
nutzen will. Wie will ich denken und handeln,
um ein selbstbestimmtes, souveränes,
flexibles, arbeitsreiches und erfolgreiches
Leben zu führen? Wer lebt so? Und wer nicht?
Wie kann ich dann auch noch im Alter statt
einem engen, egoistischen Leben ein groß-
zügiges, erfülltes Leben führen?
Wo genau liegt der Schlüssel für Glück und
Freude bis zum letzten Atemzug?*

Das Dao des selbstbestimmten Lebens

Kohle, Stahl, Ruhrpott. Es waren die 1970er-Jahre, Borussia Mönchengladbach dominierte die Bundesliga, aber ich war für Fortuna Düsseldorf. Als ich das Stahlwerk betrat, musste ich vorsichtig sein, was ich sagte, denn hier war man für den MSV Duisburg oder für Schalke 04. Wäre ich für Rot-Weiß Essen gewesen oder für den VfL Bochum oder die Borussia aus Dortmund, hätte man mich auch noch leben lassen, aber Düsseldorf?

Fußball war hier wichtig, hier schlug das Herz des alten deutschen Fußballs, wo Maloche auf dem Platz angesagt war, kämpfen bis zum Umfallen. Fast die halbe Bundesliga bestand damals aus zähen Ruhrpott-Mannschaften. Bernhard Dietz, Klaus Fichtel, Manni Burgsmüller oder Hermann Gerland hießen die Helden, die im Fußball noch ehrlich arbeiteten.

Hier schlug auch das Herz der alten deutschen Industrie. Die Menschen, die nach Kohle schürften oder sich in der Gießerei rösten ließen, wussten, wofür sie schufteten. Sie waren stolz.

Ich war von der Düsseldorfer Mannesmann-Zentrale geschickt worden, um dem Werksleiter der altehrwürdigen Mannesmann-Hüttenwerke in Duisburg etwas über moderne Führungskonzepte beizubringen. Hier wurden gut 10 Prozent des deutschen Rohstahls hergestellt. Berühmtestes Produkt war der Rundstahl zur Herstellung nahtloser Rohre für die ganze Welt. Das war, was Mannesmann am besten konnte: Die Brüder Max und Reinhard Mannesmann hatten 1885 das raffinierte Schrägwalz-Pilgerschrittverfahren (das sogenannte Mannesmann-Verfahren) ausgetüftelt, mit dem man aus einem massiven runden Rohling (dem Knüppel) ein Stahlrohr walzen konnte. So wie »Tempo« das Synonym für Papiertaschentücher

»Hömma, Jung, ich muss hier Rohre machen.«

und »Tesa« das Synonym für Klebestreifen ist, so ist »Mannes-mannrohr« seit vielen Jahrzehnten das Synonym für das nahtlose Stahlrohr. Auf der ganzen Welt werden diese Rohre für Wasserver-sorgungsanlagen, Pipelines, Leitungen und Straßenbeleuch-tungsmasten und in der Konstruktion aller möglichen Gebäude eingesetzt. Da gibt es in der Tat einigen Grund für eine gehörige Portion Stolz!

Und dann kam ich. Ich war frisch von der Uni und bis Oberkante Unterlippe angefüllt mit dem neuesten Managementwissen aus aller Welt. Ich wusste, wie man ein Industrieunternehmen führt. Theoretisch jedenfalls.

Der Werksleiter empfing mich rau aber herzlich. Als wir dann in seinem Büro saßen und ich anfing zu erklären, was mein Auftrag war, zogen sich seine Augenbrauen zusammen. Er lehnte sich zu-rück und fixierte mich. Das machte mich ganz schön nervös.

Dann unterbrach er mich: »Komma mit, Jung. Ich zeich dich ma watt.«

Er stand auf und deutete mit dem Kinn in Richtung Tür: »Komma mit!« Ich folgte ihm, etwas konsterniert, aber neugierig. Der alte Haudegen gab mir einen gelben Helm und führte mich in die gi-gantische Abstichhalle.

Es war laut, es zischte. Ich stand vor einem der riesigen Hoch-öfen. Arbeiter in Schutzkleidung hantierten. In einer Rinne im Boden floss rot glühend die Eisenschmelze. Daraus wurden im Stahlwerk die Rohlinge gegossen, die dann im Walzwerk zu Roh-ren gewalzt wurden. Ich wusste das alles. So beeindruckend der Fertigungsprozess ist – was wollte mir der Werksleiter damit sa-gen? Ich schaute ihn fragend an.

»Datt is wichtig«, sagte er und deutete mit dem Kinn auf die Öfen. Ich folgte seinem Blick.

»Hömma, Jung, ich muss hier Rohre machen. Watt willze mit mich quatschen. Ich hab keen Zick für sonne Schmu. Ich muss Rohre machen!«

Ich wusste nicht, was ich sagen sollte.

»Weisste watt?« Er reichte mir die Hand. »Ich sach tschüss.«

Das war das Ende des Dialogs, er ließ mich stehen. Ich fuhr wieder nach Düsseldorf.

»Ich habe Sie gestern angerufen!«

Hart zu arbeiten, viel zu arbeiten, heißt nicht, fremdbestimmt zu arbeiten. Wer das tut, was er liebt, wer seine Pflicht mit Stolz erfüllt, der wird sich so leicht nicht von anderen vorschreiben lassen, was er zu tun und zu lassen hat. *Selbstbewusstsein* folgt aus der Gewissheit, der richtige Mensch am richtigen Ort zur richtigen Zeit zu sein.

In der modernen Büroumgebung der Mannesmann-Zentrale in Düsseldorf war das anders als im Stahlwerk in Duisburg. Stolz und Selbstsicherheit waren da nicht das kulturbestimmende Merkmal: In allen Führungsetagen pfiff ein extrem autoritärer Wind.

> »Selbstbewusstsein folgt aus der Gewissheit, der richtige Mensch am richtigen Ort zur richtigen Zeit zu sein.«
>
> *Lothar Seiwert*

Der Führungsstil war eher militärisch als kooperativ, keine Spur von kumpelhafter Herzlichkeit wie in der Duisburger Hütte. Kein Wunder, hatten doch viele Manager ihre Ausbildung in »Menschenführung« noch bei der Wehrmacht bekommen. Der Vorstandsvorsitzende Dr. Egon Overbeck, ehemals Major im Generalstab der Wehrmacht, soll angeblich, trotz Leibwächter und gepanzerter Dienstlimousine, immer eine geladene Pistole bei sich getragen haben. Er wolle sich damit lieber selbst erschießen, als in die Hände der RAF zu fallen. Die Angst war nicht unbegründet. Damals soll es eine Todesliste der Terroristen gegeben haben, auf der ganz oben auch Overbeck stand. Gleich nach Arbeitgeberpräsident Hanns-Martin Schleyer und Dresdner-Bank-Chef Jürgen Ponto, die beide 1977 im Deutschen Herbst ermordet wurden.

Klingeltöne gab es noch nicht. Oder, genauer gesagt: Es gab genau einen – dieses hysterische Klingeln eben.

In dieser fernen Zeit gab es noch keine Handys. Vodafone, die britische Telekommunikationsfirma, von der Mannesmann später übernommen worden ist, war noch nicht einmal gegründet worden. Dafür gab es Telefone mit Wählscheiben. Man steckte den Finger in das entsprechende Loch für die Zahl und drehte bis zum Anschlag. Dann ließ man die Wählscheibe los und wartete, bis sie wieder in ihre Ausgangsposition zurückgeschnarrt war; das Geräusch, das die Scheibe dabei machte, klang, als ob man mit einem Bleistift langsam über die Zinken eines Kammes streichen würde. Dann kam der Finger in das Loch mit der nächsten Zahl – bis die Nummer abgearbeitet war und im Hörer ein hohles, entspanntes »Tuuut - tuuut« zu hören war. Wenn man selbst angerufen wurde, meldete sich der Apparat mit dem Geräusch einer Fahrradklingel mit Nervenzusammenbruch. Klingeltöne gab es noch nicht. Oder, genauer gesagt: Es gab genau einen – dieses hysterische Klingeln eben.

Auf meinem Schreibtisch bei Mannesmann standen zwei Telefone. Eines mit Wählscheibe – eines ohne. Wenn der Apparat mit Wählscheibe klingelte, ging man ran. Wenn der andere Apparat ohne Wählscheibe ertönte, bemerkte man das sofort. Er hatte einen eigenen Klingelton: eine Art gequältes, unheilvolles, langgezogenes Quäken. Auf wessen Tisch das Quäken losging, der zog den Kopf ein und schlug innerlich die Hacken zusammen. Am anderen Ende, das wusste jeder, konnte nur »Doktor M« sein. Und von Doktor M war nie Gutes zu erwarten. Er war Hauptabteilungsleiter und hatte auf seinem Schreibtisch ein riesiges Trumm von Telefonanlage stehen mit Knöpfen für jeden einzelnen Mitarbeiter. Drückte Doktor M auf einen der Knöpfe, ging irgendwo im Haus auf dem Schreibtisch eines Unglücklichen das Quäken los.

Als Untergebener konnte man Doktor M selbstverständlich nicht anrufen. Er liebte es, seine Untergebenen abends zu sich zu rufen, so dass alle peinlich genau darauf achteten, erst dann in den Feierabend zu gehen, wenn man den Doktor auf dem Parkplatz ins Auto steigen sah. Schon vormittags einen Anruf auf der M-Leitung zu bekommen, flößte am allermeisten Angst ein: »Ich habe Sie gestern angerufen – aber Sie waren ja nicht mehr da ...«

Das hier war die maximale Fremdbestimmung.

Man kann sich gut vorstellen, was in den Köpfen der Mitarbeiter vorging. Jeder hangelte sich von Wochenende zu Wochenende. Von Jahresurlaub zu Jahresurlaub, bis endlich die Pensionierung in Sicht kam. Währenddessen hoffte man darauf, dass Doktor M zu einer Dienstreise aufbrach. Kaum war er aus dem Haus, wurden aus allen möglichen Geheimverstecken die Cognacflaschen herausgezogen. Nach Feierabend marschierte man flugs in die nächste Altbierkneipe, wo der Korn in Strömen floss.

Ich hatte noch nie zuvor und auch noch nie danach so viele resignierte und im Grunde verzweifelte Angestellte gesehen. Das hier war die maximale Fremdbestimmung. Das hier war auch die extremste Form der Wunschtraumgesellschaft: *Dann*, wenn das Wochenende kommt, kann ich endlich anfangen zu leben. *Dann*, im Urlaub, kann ich endlich tun, was MIR gefällt. *Dann*, nach der Pensionierung, kann ich endlich alles hinter mir lassen und ich darf endlich barfuß in ausgefransten Jeans am Sylter Strand laufen, wie mir mein direkter Vorgesetzter als seinen größten Wunschtraum einmal verriet ...

Dann ... wenn ...

Ich glaube nicht dass es ein universelles Kriterium für ein sinnvolles, erfülltes Leben gibt. Aber ich erkenne ein Leben, das nicht erfüllt ist. Damals bei Mannesmann war es erschreckend, wie unglücklich die Menschen im Durchschnitt waren. Die Art zu arbeiten und mithin die Art zu leben schien dem dauerhaften Lebensglück nicht eben zuträglich zu sein. Demgegenüber hatte ich bei den wenigen Momenten, die ich in der Stahlhütte erlebte, durchaus das Gefühl, dass es dort ein Klima gab, in dem Glück und Erfüllung möglich waren. Ich weiß nicht, woran ich es festmachen soll. An der Ausstrahlung der Menschen? An dem Glanz oder der Stumpfheit in den Augen? An der Ruhe und Gelassenheit und Souveränität, die die einen ausstrahlten, und dem hektischen, servilen, sich unterordnenden Verhalten der anderen?

Sharma war zu dieser Zeit ein bis auf die Knochen gestresster Jurist mit einer 80-Stunden-Woche.

Repräsentative Befragungen im Zusammenhang mit Glück und Zufriedenheit finde ich seltsam. Es gibt ja einige davon, und merkwürdigerweise landen wir Deutschen da immer auf den hintersten Rängen, obwohl wir in puncto Wohlstand natürlich ganz vorne rangieren. Aber da jeder seinen inneren Wertekompass anders geeicht hat, jeder in der Kombination seiner Wertesysteme verschieden ist und jeder unter Glück und Zufriedenheit etwas anderes versteht, finde ich, dass solche Umfragen Quatsch sind.

Der Frage, was ein glückliches und erfülltes Leben ermöglicht, war auch Robin S. Sharma auf der Spur, als er seinen Weltbestseller *Der Mönch, der seinen Ferrari verkaufte* schrieb, um sich selbst »am Schopf zu packen und sich aus dem Sumpf der Probleme zu ziehen«. Sharma war zu dieser Zeit ein bis auf die Knochen gestresster Jurist mit einer 80-Stunden-Woche. Der autobiografisch gezeichnete Protagonist seines Buches kehrt nach einer überstandenen Herzattacke aus der Kur zurück und macht einen Schnitt. Anstatt den Lebensstil fortzuführen, der ihn fast ums Leben gebracht hatte, reist er in den Himalaya und geht in ein Kloster. Dort lehren ihn die Mönche das Geheimnis des Glücks: durch Selbstdisziplin den Geist zu kultivieren, seine Träume in die Tat umzusetzen und jeden Tag die Fülle des Lebens auszukosten.

Auf der Jagd nach dem Tageslicht

Glück und Erfüllung: Keine Frage, ein Bürojob ist für dieses Ziel keinen Deut besser geeignet als ein Knochenjob am Hochofen. Und wenn es ums Glücklichsein geht, hilft ein Top-Gehalt auch nicht mehr als ein Hungerlohn. Mit dem Materiellen hat das nichts zu tun. Aber die Verdammung des Materiellen hilft genauso wenig. Der heutige Mainstream-Standpunkt beinhaltet reichlich oft eine pauschale Konsumkritik. Reiche Menschen, die sich Luxus leisten können, werden von vielen von vornherein als schlechte Menschen angesehen, die zu Recht nur unglücklich enden können,

> *Der Dalai Lama schläft nicht auf einer Strohmatte.*

weil sie ja nur zu Reichtum gekommen sind, indem sie anderen etwas weggenommen haben. Leute, die sich gerne schöne Kleider kaufen, werden als Markenfetischisten verunglimpft. Leute, die Spaß daran haben, einen Porsche zu fahren, werden belächelt, verspottet oder beschimpft. In dieses allzu simple Weltbild passt dann so gar nicht, dass der auch bei diesen Leuten anerkannte Meister des glücklichen Lebens, der Dalai Lama, es genießt, in Luxushotels eine Suite zu mieten, wenn er auf Reisen ist. Der Dalai Lama schläft nicht auf einer Strohmatte. Das Leben ist laut dem von der deutschen Weinwirtschaft aufgegriffenen Goethe-Zitat »viel zu kurz, um schlechten Wein zu trinken«. Und ist es nicht wahr? Warum sollte Askese automatisch zu Erfüllung und Wohlstand automatisch ins Unglück führen?

Auf die Spur des entscheidenden Merkmals eines erfüllten Lebens kam ich, als ich sah, dass Julie Morgenstern, eine meiner amerikanischen Kolleginnen und die Autorin des Bestsellers *Never Check E-mail in the Morning*, ein weiteres Buch geschrieben hatte: *Organizing from the Inside Out: The Foolproof System for Organizing Your Home, Your Office and Your Life* (sinngemäß: »Organisieren von innen nach außen: Das narrensichere System, um Ihr Zuhause, Ihr Büro und Ihr Leben zu organisieren«).

From the inside out: Das ist der Schlüssel! Wer von innen nach außen lebt, der kann kein fremdbestimmtes Leben führen. Wer von innen heraus lebt, für den sind die Menschen um ihn herum viel, viel, viel wichtiger als alle Dinge. Es kommt nicht darauf an, wenige Dinge zu haben, und auch nicht darauf, viele Dinge zu haben. Hauptsache, die Beziehungen zu den Menschen, die einem wichtig sind, stimmen.

Wer den Tod vor Augen hat, lässt sich von niemandem mehr etwas diktieren.

Unterschreiben würde das sicher auch Eugene O'Kelly – wenn er noch unterschreiben könnte. Er war Chef des Wirtschaftsprüfungskonzerns KPMG. Ein absoluter Erfolgsmensch. Er war beliebt bei seinen Angestellten, führte eine glückliche Ehe, hatte zwei Töchter und ein Haus auf der repräsentativen New Yorker Upper East Side. Er war einer der 50 handverlesenen CEOs, die ins Weiße Haus zu einer Diskussionsrunde mit Präsident Bush eingeladen wurden.

Als er 53 Jahre alt war, ging er zu einem Routine-Gesundheitscheck. Bei der Routine blieb es nicht. Die Untersuchungen dehnten sich aus und wurden immer intensiver. Sein Arzt teilte ihm schließlich mit, dass ein inoperabler bösartiger Hirntumor in seinem Kopf wucherte. Er habe noch drei, allerhöchstens sechs Monate zu leben.

O'Kelly fühlte sich, als wäre er mitten im Spiel aufgrund einer Fehlentscheidung des Schiedsrichters plötzlich vom Platz gestellt und anschließend lebenslänglich gesperrt worden.

Was tut man, wenn man den Tod schlagartig so nah vor Augen hat? Beginnt man mit dem Schicksal zu hadern, mit Gott und der Welt? Begleicht man alte Rechnungen? Versucht man auf den letzten Metern früher begangene Fehler auszubügeln? Genießt man das Leben in vollen Zügen und trinkt die teuersten Weine, die für Geld zu haben sind?

Nichts dergleichen tat O'Kelly. Stattdessen protokollierte er die letzten 100 Tage seines Lebens, die er so intensiv wie nur möglich erleben wollte. Nach drei Tagen brach er die Chemotherapie ab, weil die Nebenwirkungen ihm den Kopf vernebelten. Schon bald war er nicht mehr in der Lage, klar und artikuliert zu sprechen, sein Körper verfiel zusehends, schließlich erblindete er. Knapp drei Monate nach der Diagnose war Eugene O'Kelly tot. Seine Frau Corinne hatte ihm versprechen müssen, die Aufzeichnungen seines Sterbens zu vollenden.

Einige Monate später erschien sein Buch: ***Auf der Jagd nach dem Tageslicht. Wie mit meinem bevorstehenden Tod ein neues Leben begann.***

Darin nahm er beinahe systematisch Abschied von jedem einzelnen Menschen, von dem er sich verabschieden wollte: über 1000 Namen. Er beschrieb sein Leben auf der Überholspur und danach den krassen Einschnitt, der ihn zwang, seine Perspektive zu ändern und das Leben vom Tod her zu denken.

Wer den Tod vor Augen hat, lässt sich von niemandem mehr etwas diktieren. Der entscheidet selbst. Der weiß plötzlich, was er will, und richtet sein äußeres Leben nach dem inneren Kompass aus. Wer kein Morgen mehr hat, der lebt heute so, wie er es eigentlich will.

 **317**

Der Weg, die Kunst, *das »Dao« des selbstbestimmten Lebens* besteht einfach darin, heute zu leben, den Moment maximal auszukosten, das Leben und sich selbst jetzt im Augenblick zu spüren, als ob es der letzte Augenblick des Lebens wäre. Wenn wir so leben, können wir unmöglich gestresst sein. Wer von innen nach außen lebt, wer das Leben vom Lebensende her denkt, kann unmöglich einen Burnout bekommen.

Indem wir aber den Tod aus unserem Leben verbannen und so leben, als würden wir ewig leben, indem wir nicht heute leben, sondern immer schon die Aufgaben, Verpflichtungen und Termine von morgen im Kopf haben, indem wir uns von außen diktieren lassen, was wir tun und wie wir leben, machen wir uns krank.

Warum muss man erst einen Herzinfarkt oder die Diagnose einer unheilbaren, lebensbeendenden Krankheit bekommen, um endlich ein erfülltes Leben zu führen? Geht das nicht auch ohne Todesdrohung?

Das glücklichste Volk der Welt

Auf der Suche nach dem erfüllten Leben war auch Daniel Everett. Ihn lockte das Abenteuer in Kombination mit einer sinnvollen Aufgabe. 1977 reiste er als 26 Jahre junger christlich-evangelikaler Missionar zum ersten Mal in den Amazonas-Regenwald, um das Volk der Pirahã aufzusuchen. Sein Auftrag: diese widerspenstigen Ureinwohner bekehren, an denen sich zuvor bereits einige Missionare die Zähne ausgebissen hatten und die sich seit 200 Jahren beharrlich weigerten, Portugiesisch zu lernen.

Die bewährte Methode, um ein Volk von Ureinwohnern zu bekehren, war die Übersetzung des Neuen Testaments in die indigene Sprache. Dazu muss der Missionar die Sprache erlernen. Schon vor Everett hatten zwei seiner Kollegen den Versuch unternommen, die Sprache der Pirahã zu erlernen, aber Everett war der Erste, der das systematisch und mit langem Atem anging und seine Erkenntnisse auch schriftlich niederlegte.

Everett war auf ein grimmiges Volk eingestellt. Umso mehr war er überrascht, auf fröhliche, lachende und überaus freundliche Menschen zu treffen, die ihn herzlich willkommen hießen. Von seinem ersten Tag im Regenwald bis heute verbrachte Everett ein Drittel seiner Lebenszeit bei den Pirahã. Er erlernte ihre Sprache, dadurch lernte er, wie sie denken und wie sie die Welt sehen. Und was er herausfand, war verblüffend.

Wenn er einen Angelhaken vor einen der Dorfbewohner auf den Boden legte und fragte, wie viele Haken das seien, bekam er zur Antwort: »Wenige.« Legte er drei oder vier Angelhaken hin, sagte der Pirahã: »Ein paar.« Und legte er acht oder neun Angelhaken hin, lautete die Antwort: »Viele.« Die Überraschung: »wenig«, »ein paar« und »viele« waren die einzigen Wörter in dieser Sprache, mit denen die Menschen Mengen bezeichnen konnten. Zahlen waren ihnen gänzlich unbekannt. Sie hatten keine Wörter für eins, zwei oder drei. Everett fand heraus, dass die Pirahã schlicht keine Verwendung für Zahlen hatten. Sie boten ihnen in ihrer Welt keinen Nutzen, also sah ihre Sprache dafür keine Lösung vor. Da sie aber keine Zahlen ausdrücken konnten, konnten sie auch keine denken. Es war Everett unmöglich, sie vom Konzept der einfa-

319

chen Mengenlehre zu überzeugen. Sie lachten ihn aus über das dumme Zeug, von dem er redete.

Als Everett seine überraschenden Erkenntnisse veröffentlichte, traf ihn ein Sturm der Entrüstung: Er sei ein Rassist, wurde er beschimpft! Zu behaupten, die Amazonas-Ureinwohner seien zu dumm zum Rechnen, sei menschenverachtend. Dabei behauptete Everett das gar nicht. Ganz im Gegenteil. Ihm war der Fall eines Pirahã-Mädchens bekannt, das entführt worden war und deshalb bei einer brasilianischen Familie aufwuchs.

Zahlen waren ihnen gänzlich unbekannt. Sie hatten keine Wörter für eins, zwei oder drei.

Dort lernte sie alles, was ein brasilianisches Kind lernte, beispielsweise Portugiesisch. Als junge Erwachsene führte sie ein eigenes Ladengeschäft – und dafür muss man selbstverständlich rechnen, lesen und schreiben können. Dieses Pirahã-Mädchen konnte rechnen, lesen und schreiben. Die Pirahã sind nicht dumm. Aber es mache genauso wenig Sinn, im Urwald Zahlen zu lernen, wie Pfeil und Bogen mit nach Berlin zu nehmen, sagte Everett.

Eine Pirahã-Frau weiß wirklich nicht, wie viele Kinder sie hat. Aber sie kennt all ihre Namen. Und sie würde niemals irgendwo hingehen, ohne dass sie alle ihre Kinder beisammen hätte. Sie würde ein fehlendes Kind vermissen, aber dazu braucht sie ihre Kinderschar nicht abzuzählen.

Dieses merkwürdige Völkchen kann in seinem Sprechen und Denken noch auf mehr verzichten, was uns ganz selbstverständlich vorkommt. Beispielsweise kennen die Pirahã keine Relativsätze. Sie reihen einfach Hauptsatz an Hauptsatz. Sie kennen auch keine selbstbezüglichen Konstruktionen in ihrer Sprache, deshalb können sie keine Vergleiche bilden. Dieser Haufen ist größer als der andere – das ergibt für einen Pirahã keinen Sinn. Er würde sagen: »Dieser Haufen ist groß. Und dieser Haufen ist klein.« Auch links und rechts ist für sie kein praktikables Konzept, »am Ufer« und »am Hügel« passt da schon besser. Singular und Plural? Wozu das denn?!

Die Pirahã haben in ihrer Sprache auch keine Zeitformen. »Als du kamst, hatte ich schon gegessen« ist ein Satz, den ein Pirahã weder sprechen noch denken könnte. »Du bist gekommen. Ich bin satt«, so würde das ein Pirahã sagen. Generell zählt für diese Menschen nur das, was jetzt ist und was sie mit ihren eigenen Augen sehen und überprüfen können. Evidenz ist das wichtigste Konzept in ihrer Sprache. Und das zu erkennen ist die für ihn bedeutendste Entdeckung, die Everett am Amazonas machte.

Jedes Verb wird bei den Pirahã mit der Quelle der Erfahrung verbunden, indem ihm ein Laut vorangestellt wird. Der Zuhörer kann dann anhand der Verbform erfahren, ob der Erzähler den Mann, der einen Fisch gefangen hat, selbst gesehen hat oder ob er es erzählt bekommen hat von einem, der es selbst gesehen hat, oder ob er es aus dem momentanen Zusammenhang geschlossen hat, dass der Mann den Fisch gefangen hat. Eine andere als diese drei Möglichkeiten existiert für sie nicht, denn es wäre sozusagen nicht beweisbar.

Generell zählt für diese Menschen nur das, was jetzt ist.

Wie weit reichend dieses Evidenzkonzept ist, erfuhr Everett, als er mit den Pirahã über Jesus sprach. Die Dorfbewohner interessierten sich zunächst durchaus für diesen Jesus. Aber sie konnten an den Verben, die Everett benutzte, die Evidenz nicht erkennen.

Sie fragten: »Dan, hat Jesus dunkle Haut wie wir oder hat er helle Haut wie du?«

Everett antwortete wahrheitsgemäß: »Ich weiß es nicht, ich habe ihn nicht gesehen.«

»Ah, okay«, sagten die Pirahã. »Was hat denn dann dein Vater gesagt? Der hat Jesus bestimmt gesehen.«

»Nein, er hat ihn nicht gesehen.«

»Ah, okay, was sagen deine Freunde, die ihn gesehen haben?«

»Ich kenne niemanden, der ihn gesehen hat«, musste Everett zugeben.

Die Pirahã lachten ihn aus: »Warum erzählst du dann von ihm, wenn es ihn nicht gibt?«

Seine Mission war in diesem Moment gescheitert. Denn die Pirahã verlangten fortan von ihm, dass er aufhörte, sie mit Irrelevantem zu belästigen. Sie machten ihm klar, dass Jesus nicht da war, also keine Rolle spielte. Sie akzeptierten auch keine Schöpfungsgeschichte. Sie denken: Ich bin. Sie fragen nicht: Woher komme ich?

Weil die Pirahã nur denken können, was evident ist, haben sie keinen Begriff von der Vergangenheit und kein Interesse an der Zukunft. Abstammung und Herkunft sind für sie uninteressant, ihre Genealogie beschränkt sich auf eine Generation. Was weiter weg ist vom Ich als die eigenen Kinder oder Vater und Mutter, für die sie ein und dasselbe Wort benutzen, existiert für sie nicht. Sie machen sich auch niemals Sorgen über Dinge, die in der Zukunft liegen, sie kennen keinen Blick zurück im Zorn. Ehrgeiz und Neid sind für sie sinnlos. Unerwartetes und Fiktionales sind bedeutungslos. Die Welt ist für sie so, wie sie ist, sie sind das zufriedenste, glücklichste und entspannteste Volk auf Erden.

Sie denken: Ich bin. Sie fragen nicht: Woher komme ich?

Dabei führen sie ein hartes, arbeitsreiches Leben als Jäger und Sammler. Sie werden oft krank und sterben früh. Als sie bemerkten, dass Everett noch immer fit und gesund war, als er sie mit ungefähr Ende 50 mal wieder besuchte, fragten sie ihn, ob die Amerikaner überhaupt sterben würden.

Sie nehmen das Leben, wie es ist. Zwar wollen sie nicht sterben, aber wenn sie es kommen sehen, haben sie keine Angst. Sie trauern um gestorbene Freunde und Verwandte, sogar um ihre Hunde, und zwar heftig, aber es dauert nie lange, sie kommen schnell darüber hinweg. Es ist eben so, wie es ist.

Everett fragte sich irgendwann, wozu er sie überhaupt missionieren wollte. Um sie glücklich zu machen? Das war lächerlich. Sie konnten ja gar nicht glücklicher sein. Sie fühlten sich überhaupt nicht verloren. Darum wollten sie auch nicht gerettet werden. Die Pirahã waren sozusagen missionsresistent.

Wenn die Pirahã auch eine Sprache haben, die um Vieles abge- speckt erscheint, was wir für ziemlich grundlegend halten würden, so können sie mit ihrer Sprache doch Dinge, die wir nicht im ent- ferntesten können. Weil sie nur wenige Laute kennen – drei Vokale, »i«, »o« und »a«, und sieben Konsonanten für die Frauen und ein weiterer Konsonant, nämlich »s«, für die Män- ner –, bilden sie ihre Wörter aus langen Laut- folgen. Sie verwenden auch viele Lautfolgen für unterschiedliche Dinge. Eine Lautfolge kann durchaus sieben oder acht Bedeutungen

Es ist eben so, wie es ist.

haben. Sie sind trotzdem eindeutig zuzuordnen, denn die Pirahã setzen sehr genau die Betonungen und die Wortmelodie. Es ist eine überaus musikalische Sprache. Die Pirahã können das, was sie sagen wollen, auch genauso gut pfeifen oder singen oder summen – ohne Bedeutungsverlust! Gehen sie auf Jagd, unter- halten sie sich meistens pfeifend, und die Mütter unterhalten sich mit ihren Kindern am liebsten summend.

Everett wurde von der Würde dieser Kultur, der schlichten Welt- sicht und dem puren, sorgenlosen Glück dieser Amazonas-Indianer so eingenommen, dass er begann, ihrem Konzept der Evidenz zu folgen. Er glaubte nur noch, was er sah. Was zur Folge hatte, dass er seinen christlichen Glauben verlor. Darüber zerbrach seine Familie.

Aber heute ist er ein glücklicher Mensch, der die Unmittelbar- keit der Amazonas-Indianer mit dem westlichen Streben nach Höherem verbindet. Er wurde Linguist und Dekan an der Bentley- Universität in der Nähe von Boston. Er ist zum zweiten Mal ver- heiratet und fährt immer noch regelmäßig zu wissenschaftlichen Zwecken zu den Pirahã am Amazonas. Auf die Frage, wohin ihn sein weiterer Weg führen würde, antwortete er: »Ich weiß es nicht. Und deshalb will ich ihn mit voller Geschwindigkeit entlanglau- fen, um zu sehen, wo er verläuft.«

Sein Leben hat eine Balance gefunden aus dem »Momenteglück« der Pirahã und dem langfristigen »Werteglück« eines Lebens für seine Überzeugungen, eine Balance von innen und außen.

Der Weg nach innen

Langsam öffne ich die Augen. Es ist still. Ich blicke auf die Armbanduhr: 4:38 Uhr. In zwei Minuten wird die Glocke läuten – das Signal zum Wecken. Ich stehe auf. In dem winzigen Zimmer gibt es ein schmales Bett, einen kleinen Hocker, eine Toilettenschüssel und eine Dusche. Das Waschbecken ist platzsparend auf einem Schwenkarm zwischen Toilette und Dusche montiert. Auf dem Hocker liegt mein ausgeschaltetes iPhone. Gestern war Samstag: Klitschko hatte geboxt, und wir sind mitten in der Bundesliga-Saison. Ganz gegen meine Gewohnheit war ich früh ins Bett gegangen, schon um 21 Uhr. Den Kampf hatte ich nicht gesehen, die Fußballergebnisse hatte ich auch nicht mitbekommen. Für eine Sekunde meldete sich der starke Impuls, das Ding einzuschalten, und wenigstens ein bisschen von dem nachzuholen, was ich gestern verpasst hatte. Nur ganz kurz.

Aber heute ist er ein glücklicher Mensch, der die Unmittelbarkeit der Amazonas-Indianer mit dem westlichen Streben nach Höherem verbindet.

Einen Wimpernschlag später war der Impuls weg. Ich hatte mich auf dieses Seminar eingelassen, also würde ich auch nach den Regeln spielen. Die Regeln besagten: kein Telefon, kein Fernseher, kein Radio, keine Zeitung, keine Bücher und Zeitschriften. Und am allerwichtigsten: nichts reden. Schweigen. Stille. Den ganzen Tag.

Das Seminar heißt »Einführung in die Kontemplation«. Es findet in der Abtei Münsterschwarzach statt. Mein Seminarleiter ist der Benediktinermönch Bruder Jakobus. Und ich bin einer der 24 Kursteilnehmer an diesem Wochenende. Die Männer und Frauen kommen aus allen Bildungs-, Einkommens- und Altersschichten. Drei Tage leben wir im Kloster und lernen dort einen strengen Ablauf des Lebens kennen, der unseren Gewohnheiten diametral entgegengesetzt ist.

Der Tag der Mönche beginnt um 4:40 Uhr mit dem Wecken. Um 5:05 Uhr ist das erste Gebet des neuen Tages, die »Morgenhore«. Dann folgt um 5:45 Uhr die erste Meditation. Die erste Messe, das

»Konventamt«, wird um 6:15 Uhr gelesen. Der Rest des Tages folgt einer minutengenauen Struktur von Beten und Arbeiten – »*ora et labora*«.

An diesem Tag war ich so früh aufgestanden wie die gut 100 Mönche des Klosters, um wenigstens für einen Tag das Mönchsleben nachfühlen zu können. Denn für die Seminarteilnehmer gilt ein kürzerer Tagesablauf: er beginnt um 7 Uhr mit Meditationsübungen bis zum Frühstück um 7:45 Uhr. Die Übungen setzen sich von 9 Uhr bis zum Mittagsgebet um 12 Uhr fort. Nach dem Mittagessen haben

Und am allerwichtigsten: nichts reden.

wir Pause bis 15 Uhr, wo erneut die Meditationsübungen beginnen. Um 18 Uhr findet das Abendgebet statt, nach dem Abendessen ist wieder Übungszeit bis 21 Uhr. Dann ist Bettruhe.

Für die Mönche allerdings dauert der Tag noch eine Stunde länger: Zwischen dem Nachtgebet um 19:35 Uhr und dem Schlafensgebet um 22 Uhr findet sich die einzige Gelegenheit des Tages, bei der geredet werden darf. Auch für uns Gäste war das die einzige Möglichkeit, Fragen zu stellen.

Es ist schon ein seltsames und interessantes Gefühl, wenn jemand wie ich, für den Reden so wichtig ist, den ganzen Tag schweigt. Meinen Alltag versuche ich stets so zu gestalten, dass er mit minimaler Fremdbestimmung funktioniert – und hier unterwerfe ich mich dem strengen und unverrückbaren Tagesplan dieser Benediktinermönche. Fremdbestimmung pur. Warum tue ich mir das an? Wozu soll das gut sein?

Zunächst einmal war ich einfach neugierig: Ich war gespannt, wie ich mit dieser Art Lebensentwurf und der Alltagsgestaltung zurecht kommen würde. Zum anderen gibt es in der Abtei Münsterschwarzach einen Menschen, der in deutschen Management- und Businesskreisen so bekannt ist wie in Politikerkreisen der Bundestagspräsident. Er interessierte mich ganz besonders.

Die Rede ist von Pater Dr. Anselm Grün OSB (Ordo Sancti Benedicti). Der Benediktinermönch hatte nicht nur Theologie studiert,

325

Das Leben der Benediktinermönche ist geprägt von der Regel des Heiligen Benedikt, der vor etwa 1500 Jahren lebte:

Ora et labora –
Bete und arbeite!

4:40 Uhr:	Wecken durch die Hausglocke
5:05 Uhr:	Morgengebet in der Kirche (Hore)
5:45 Uhr:	Meditation vor einer Christusikone
6:10 Uhr:	Ankleiden für die Heilige Messe
6:15 Uhr:	Konventamt
7:00 Uhr:	Frühstück
7:10 Uhr:	Lesen in der Zelle
7:40 Uhr:	zur Arbeit in die Verwaltung
7:45 bis 11:45 Uhr: Arbeit	
12:00 Uhr:	Mittagsgebet in der Kirche (Hore)
12:20 Uhr:	Mittagessen
13:20 Uhr:	zurück zur Arbeit
13:30 bis 17:00 Uhr: Arbeit	
18:00 Uhr:	Abendgebet in der Kirche (Hore)
18:40 Uhr:	Abendessen, Tischlesung; anschließend Rekreation
19:35 Uhr:	Nachtgebet (Komplet), danach Gespräche mit Gästen
22:00 Uhr:	kurzes Gebet, Schlafen

»Wer sich auf diese Ordnung einlässt, erfährt ihre heilende und zentrierende Wirkung.«

Anselm Grün

Tagesordnung eines Benediktiners im Kloster Münsterschwarzach sondern auch Philosophie und Betriebswirtschaft und ist »Cellerar« im Kloster Münsterschwarzach. Der Cellerar eines Benediktinerklosters kümmert sich um alle wirtschaftlichen Angelegenheiten. Er ist quasi Finanzchef, Verwaltungschef und Personalchef des Klosters in einer Person. Anselm Grün hatte in den letzten Jahrzehnten über seine Arbeit im Kloster hinaus auch noch Zeit gefunden, unzählige Bücher zu schreiben, und steht momentan für 300 Buchtitel mit einer weltweiten Auflage von über 14 Millionen Exemplaren. Im Kloster ist er zuständig für die 300 Mitarbeiter, die in den über 20 verschiedenen Betrieben des Klosters tätig sind.

> *Warum tue ich mir das an? Wozu soll das gut sein?*

Alleine schon als Wirtschaftsunternehmen fand ich die Abtei spannend und wollte sie einmal von innen erleben: Das Kloster bietet Exerzitien und Kurse an. Es betreibt mehrere klösterliche Seminar- und Tagungshäuser und ein Gymnasium. Zum Kloster gehören ein eigener Verlag, eine Druckerei, Werkstätten für Klosterprodukte, Handwerks-Lehrbetriebe, Buch- und Kunsthandlung, Bäckerei, Metzgerei und so weiter. Das Kloster versorgt sich selbst mit eigener Energie, sodass die Abtei CO_2-neutral bleibt.

Pater Anselm, den ich erst später bei der ehrenvollen Verleihung eines Platzes in der »German Speakers Hall of Fame« persönlich kennenlernen durfte, habe ich in diesen drei Tagen leider nicht getroffen. Aber schon nach dem ersten Tag war mir klar geworden, dass dieses Treffen ohnehin nicht der größte Nutzen meines Aufenthalts gewesen wäre.

Es war vor allem die *Perspektivenänderung* vom »normalen« Leben zum kontemplativen Klosterleben, die mich am meisten beeindruckt hat. Es war ein völlig neues Körpergefühl, auch nur 20 Minuten lang auf dem Meditationshocker zu knien und sich an die Schmerzen durch die ungewohnte Haltung zu gewöhnen. Schon am ersten Tag empfand ich es als äußerst wohltuend, nichts mehr sagen zu müssen und auch niemandem zuhören zu müssen.

Es kam mir sogar entgegen, mich der strengen Ordnung und Disziplin eines Bruder Jakobus anzupassen: Da gab es kein Zuspätkommen. Keine Ablenkung. Es war selbstverständlich, nach der Meditation den Raum so ordentlich und aufgeräumt wieder zu verlassen, wie man ihn vorgefunden hatte. Diese klaren Strukturen im Außen halfen mir, den Kopf aufzuräumen.

Am liebsten hätte ich die Flucht ergriffen.

Auch die Mahlzeiten wurden in Stille eingenommen, so dass jeder Teilnehmer sehr schnell lernte, achtsam für seine Nachbarn zu sein: Die Bitte »Könnten Sie mir bitte den Kartoffelbrei reichen?« wurde bei Tisch mit einem Blickkontakt und einer kleinen Handbewegung signalisiert.

Ich erlebte ein Gefühl, *alles Überflüssige losgeworden* zu sein. Kein Zeitdruck, keine von äußeren Umständen gesetzten Termine,

stattdessen der eindeutige, unveränderliche Tagesablauf. Keine überflüssige Energie mehr vergeuden für Reden, Zuhören, Verstehen. Die Wörter »sofort« und »dringend« und »wichtig« hatten ihren Sinn eingebüßt. Auch »morgen« und »gestern« hatten keine große Bedeutung mehr.

Je stiller es um mich herum wurde, desto lauter wurden meine Stimmen im Inneren. Je weniger mich die Geräusche draußen ablenken konnten, desto besser und deutlicher konnte ich innen drin etwas hören. Alles, was draußen war, was mich vor sich her trieb, versickerte in der Stille und wurde unwichtig. Klitschko und die Bundesliga-Ergebnisse konnten warten bis nächste Woche.

Und noch etwas Anderes wurde mir klar. Das hier war nicht die totale Fremdbestimmung, sondern das genaue Gegenteil: *die totale innere Freiheit*! Frei von Nebengeräuschen, frei von alltäglichen Prioritäten, frei von anderen Meinungen, Fragen, Diskursen, Bildern, Nachrichten, Eilmeldungen.

Nur noch die Stille und ich.

Aber es ging nicht allen Teilnehmern wie mir. Die Einen empfanden es als extreme Belastung, nicht reden zu dürfen. Andere hatten Schwierigkeiten, sich dem starren Zeitplan anzupassen. Und wieder Andere stöhnten unter der körperlichen Anstrengung, die Meditationshaltung zu ertragen.

Beim Abschlussessen durften die Teilnehmer zum ersten Mal wieder sprechen. Ich war nicht darauf gefasst gewesen, dass einige von ihnen es sofort auch lautstark taten: Da wurde über Rückenschmerzen lamentiert, Fußballergebnisse, Kartoffelbrei, Suppe und so weiter. Kurz: Der Geräuschpegel stieg aus dem Stand von 0 auf 100. Wie furchtbar, denn ich hätte gerne noch eine Weile der Stille nachlauschen wollen. Am liebsten hätte ich die Flucht ergriffen.

Nach den drei Tagen fuhr ich nach Hause mit dem wehmütigen Gefühl eines tiefen, friedvollen Behütetseins. Angenehm entspannt und langsamer als auf dem Hinweg fuhr ich heim. Hätte ich gewusst, wie sehr mich diese Erfahrung berühren würde,

hätte ich vorher niemals zugestimmt, an diesem Abend noch ein Treffen mit einem Kollegen zu vereinbaren. Gerade jetzt hatte ich überhaupt keine Lust dazu.

Zuvor hätte ich auch nie geglaubt, in so kurzer Zeit einen so tiefen Meditationszustand erreichen zu können. Wohl verstanden: Diese Art der Meditation, die uns Bruder Jakobus gezeigt hat, war völlig konfessionsneutral. Für die einen Teilnehmer war das ein Weg, um zu Gott zu finden. Für die Anderen war es der Weg zu sich selbst. Für wieder Andere der Weg zu einem höheren Selbst. Bei mir hat diese Erfahrung meinen seelischen Speicher gewaltig aufgeladen. Sie hat mein Ich geerdet. Sie hat meine Wahrnehmung für das Wesentliche und auch für meine Umwelt sensibilisiert und geschärft. Es war fast so, als hätte ich in diesen drei Tagen meinen inneren Computer für kurze Zeit in den Ausgangszustand zurückversetzen können. Den Zustand, der noch kein Antivirenprogramm braucht, dessen E-Mail-Eingangsfach noch nicht konfiguriert ist. Dessen Textverarbeitung noch keine Formatvorlagen kennt und der noch nie eine Fehlermeldung angezeigt hat. Das pure jungfräuliche Betriebssystem.

Innen ist Stille.

ESSENZEN

✔ Wer tut, was er liebt, lässt sich nicht vorschreiben, was er zu tun und zu lassen hat.

✔ Eine durch Fremdbestimmung geprägte Arbeitsumgebung macht unglücklich.

✔ Geld und Dinge helfen nicht, Glück und Erfüllung zu finden. Geld und Dinge zu verdammen, hilft aber auch nicht. Glück hat nichts mit dem Materiellen zu tun.

✔ Wer von innen nach außen lebt, kann kein fremdbestimmtes Leben führen.

✔ Das Wichtigste im Leben sind die Beziehungen zu anderen Menschen.

✔ Wer den Tod vor Augen hat und ihn nicht verdrängt, kann so leben, wie er es von innen heraus will.

✔ Wer die Welt so nimmt, wie sie ist, kann entspannen.

✔ Die unmittelbare Wahrnehmung im Hier und Jetzt ist die Quelle der Zufriedenheit.

✔ Strenge Struktur und Einfachheit im Außen helfen, die innere Ruhe zu finden, den Kern der Persönlichkeit.

» *Om* ... «

Kein Tier hat für mich eine stärkere Symbol-kraft für Selbstbestimmung und Souveränität als der Eisbär. Und doch: Seine Umwelt ändert sich derzeit so schnell und so dramatisch, dass alle Flexibilität und individuelle Stärke wohl nicht ausreichen werden, um den Eisbär in freier Wildbahn vor dem kollektiven Stresstod zu bewahren. – Ein Leben in Selbstbestimmung mit allen Konsequenzen ist kein Patentrezept.

Möglicherweise ist es trotzdem die derzeit beste Art und Weise, mit dem modernen Leben zurechtzukommen. Aber das heißt dann, dass wir nicht so weitermachen können wie im letzten Jahrhundert.

Eisbären und Stress

Zwei Drittel ihres Lebens verbringen Eisbären schlafend oder lauernd. Sie warten vor dem Atemloch einer Robbe und dösen und faulenzen dort Stunden über Stunden, bis eine unglückliche Robbe auftaucht, um Luft zu holen. Dann ist es schlagartig vorbei mit der Ruhe. Und mit der Robbe. Der Eisbär katapultiert seine halbe Tonne Lebendgewicht nach vorne, packt die Robbe mit Zähnen und Klauen und zieht sie aus dem Wasser.

Ein Drittel ihrer Zeit streifen Eisbären umher und schnüffeln. Ihr Revier misst über 100 Kilometer im Durchmesser. Sie sind in der Lage, mit ihrem Geruchssinn eine Robbe aufzuspüren, die in einem Kilometer Entfernung auf dem Eis liegt und sich sonnt. Sie können das Nest einer Robbenhöhle im Schnee riechen, auch wenn die Schicht aus Schnee und Eis meterdick ist. Hat er eine Höhle gefunden, wirft sich der Eisbär mit seinem ganzen Gewicht auf die Höhle und bricht mit dem Kopf voran durch das Eis, packt die Beute und zerrt sie heraus. Eine brutale Art zu jagen, aber so ruhig und gemütlich Nanook, wie der Eisbär bei den Inuit heißt, sein kann, so explosiv und gewaltig kann er von einem Moment zum anderen werden: Ein Eisbär, der sich auf einer Eisscholle sonnt, ist für mich der Inbegriff der genießerischen Faulenzerei und des Müßiggangs.

Herrlich! Ich liebe dieses Bild, wie man es in Tierfilmen sehen kann. Da wälzen sie sich herum und strecken wohlig die große, schwarze Nase in die Sonne, die Augen vor Wonne geschlossen. Und dann der Kontrast: Sie sind Kraftpakete und unglaublich agil. Sie können über kurze Strecken mit einer Geschwindigkeit von über 30 Stundenkilometern rennen.

Außerdem sind sie enorm ausdauernd: Im Herbst 2008 beobachteten Forscher die Wanderungen einer Eisbärendame in der Beaufortsee, einem Teil des Nordpolarmeers nördlich von Alaska und Kanada. Sie hatten sie im August gefangen und einen Sender an ihr befestigt. Die Forscher konnten kaum glauben, was sie sahen, als sie das Signal auswerteten. Die Eisbärin schwamm ununterbrochen neun Tage am Stück, ohne zu schlafen, dabei legte sie fast 700 Kilometer zurück, das ist Luftlinie mehr als die Strecke von Heidelberg nach Berlin. Schwimmend, im Meer! Dann kam sie ans Ufer, stieg an Land und ruhte sich nicht etwa aus, sondern marschierte schnurstracks, ohne eine Pause einzulegen, weitere 1800 Kilometer, eine Strecke, so lang wie die Distanz zwischen Heidelberg und Sankt Petersburg! Dann fingen die Wissenschaftler die Bärin erneut und wogen sie: Sie hatte mehr als ein Fünftel ihres Gewichts verloren!

Weitere Untersuchungen legten nahe, dass dieses Eisbären-Exemplar eine solche strapaziöse Wanderung nicht freiwillig oder routinemäßig unternahm, sondern alleine aus Überlebenstrieb, nämlich um nicht zu verhungern. Eisbären jagen normalerweise auf dem Eis, weil sie schwimmend im Meer ihre Hauptbeute, die Robben, niemals erwischen würden. Aber wenn kein Eis mehr da ist ...

Eisbären sind unwahrscheinlich widerstandsfähig. Sie sind extrem gut an ihre Umwelt angepasst. Ihre Haut ist schwarz, und das gelblich-weiße Fell besteht aus Haaren, die hohl und durchsichtig sind. Die Haare leiten jeden Sonnenstrahl auf die dunkle Oberfläche, die die Wärme optimal absorbiert. Was für eine clevere Erfindung der Natur! Andererseits dringt die Wärme von innen nicht nach außen, weil der Pelz und die zehn Zentimeter dicke Fettschicht des Eisbären so gut isolieren, dass der Bär auf dem Monitor einer Wärmebildkamera nicht zu sehen wäre.

Bären können sich in guten Zeiten bis zu 150 Kilogramm Speck anfressen, ein Vorrat, mit dem sie zur Not ein ganzes Jahr auskommen können. In solchen Fastenzeiten fressen sie nur Seetang, damit ihr Verdauungsapparat in Gang bleibt.

So scheu und vorsichtig sie sind – wenn ihnen die menschliche Zivilisation zu nahe kommt, holen sie sich ihre Nahrung eben auch von dort. Dennoch sind sie keine Kulturfolger wie Füchse und Waschbären. Nur wenn sie der Hunger treibt, holen sie sich, was sie brauchen: Essensreste aus Mülleimern oder hie und da mal den Hofhund einer menschlichen Ansiedlung.

Alles in allem sind die Anpassungsleistungen des Eisbären verblüffend. Er ist das größte Landraubtier der Erde, er steht an der Spitze der kompletten arktischen Nahrungskette. Außer dem Menschen hat der Eisbär keine natürlichen Feinde. Als die Population in den 1950er- und 1960er-Jahren durch hemmungslose Bejagung – vor allem zur Trophäenjagd zum Vergnügen – auf wenige tausend Exemplare dezimiert wurde, gaben manche Wissenschaftler schon keinen Pfifferling mehr auf *Ursus maritimus*. Aber nachdem die fünf Staaten, in denen er lebt, die Vereinigten Staaten, Kanada, Dänemark (beziehungsweise Grönland), Norwegen und die Sowjetunion sich in den 1970er-Jahren auf ein Schutzprogramm einigen konnten, erholte sich der Bestand wieder einigermaßen. Heute gibt es ungefähr 20.000 bis 25.000 Tiere.

Was für ein starkes, mächtiges, flexibles, widerstandsfähiges Tier! Es ist jammerschade, dass der Eisbär in freier Wildbahn keine Überlebenschance hat. Wir haben sie ihm bereits genommen, es ist nur noch eine Frage der Zeit.

Die von Eis bedeckte Fläche im Polarmeer schrumpft. Sie schrumpft nicht nur stetig, sondern mit zunehmender Geschwindigkeit. Sie schrumpft wegen des durch uns Menschen verursachten Klimawandels. Auch die Dicke des Eises nimmt immer schneller ab. Mittlerweile können in den Sommermonaten Schiffe sowohl die Nordwest- als auch die Nordostpassage durchfahren, also am nördlichen Rand von Europa und Sibirien entlang vom Atlantik in den Pazifik fahren. Das ist gut für global agierende Logistikunternehmen.

Aber es ist nicht gut für die Eisbären. Durch Hunger gestresste Eisbären werden bis zum Kannibalismus getrieben. Im Jahr 2004 entdeckten Forscher den Kadaver eines Weibchens, das in seiner Höhle von einem Männchen getötet wurde, indem der Bär das Eisdach der Höhle eindrückte, wie sonst eine Robbenhöhle. Er zerrte das Weibchen heraus, tötete es und fraß es teilweise auf. Die beiden Jungtiere, die bei dem Weibchen in der Höhle waren, wurden vom Schnee begraben und erstickten.

Eisbären können nicht lernen, so zu leben wie Grizzlybären.

Drei Monate später fanden die Forscher den nächsten weiblichen Eisbärenkadaver, der teilweise aufgefressen war, wieder von einem männlichen Eisbären. An den Fußspuren konnten die fassungslosen Biologen ablesen, dass ein Jungtier beim Weibchen gewesen sein musste, das bei dem Angriff des Männchens geflüchtet war. Das kannibalische Männchen hatte sich aber satt gefressen und folgte dem kleinen Eisbären nicht. Daraus schlossen die Forscher, dass es nur einen einzigen Grund gegeben haben konnte, warum der Eisbär seine Artgenossen angegriffen hatte. Nicht, um den Nachwuchs fremder Männchen zu töten, wie das zum Beispiel manchmal bei Löwen vorkommt. Der Grund war: Hunger.

Der nächste Schritt

Wenn die Umwelt sich ändert, leiden Menschen wie Tiere unter Stress. Je mehr und je schneller sie sich ändert, desto größer wird der Stress. Wenn uns die Strategien ausgehen, um mit der Welt klarzukommen, weil eben die alten Strategien nicht zur neuen Welt passen, dann kann der Stress so groß werden, dass wir zusammenbrechen oder ausbrennen oder einfach kaputtgehen.

Eisbären, so anpassungsfähig und widerstandsfähig sie sind, haben nicht das Repertoire, um sich auf eine Welt ohne geschlossene Eisdecke einzustellen. Und viele von uns Menschen haben offensichtlich nicht das Repertoire, um sich auf die moderne Arbeitswelt, eine Welt ohne Sicherheit und Stetigkeit einzustellen. Das Eis der Arbeitsverträge, Tarifverträge und Rentenversicherungen wird immer dünner, und stellenweise müssen wir bereits auf dem offenen Meer schwimmen.

Aber wir sind keine Eisbären.

Wir sind in der Lage, uns weiterzuentwickeln. Wir können nicht nur unsere Verhaltensweisen umstellen und lernen, besser mit Terminen, Aufgaben und Anforderungen umzugehen, sondern wir können auch unsere Weltsichten, Einstellungen und Grundannahmen verändern. Wir können beispielsweise analysieren, wie manche Menschen viel besser mit komplexen Anforderungen oder sich dynamisch verändernden Bedingungen fertig werden. Wir können deren Strategien übernehmen, wir können lernen, die Welt so zu sehen wie sie.

Eisbären können nicht lernen, so zu leben wie Grizzlybären. Aber wir Menschen können erkennen und lernen:

- **Wenn wir erkennen**, dass wir in der Lage sind, einer Welt, die ganz offensichtlich die nächste Stufe erklommen hat, mit einer neuen Weltsicht, mit einem neuen Wertesystem und einem neuen Verhaltensrepertoire auf einer ganz neuen Stufe unserer persönlichen und gesellschaftlichen Entwicklung zu begegnen, dann sind wir der Komplexität und der Dynamik unserer modernen Zeit nicht machtlos ausgeliefert.

> »Wir sind keine Eisbären, denn wir Menschen können unsere Weltsichten, Einstellungen und Grundannahmen verändern, wenn wir wollen.«
>
> *Lothar Seiwert*

● **Wenn wir lernen**, selbstbestimmter zu leben, uns zu fokussieren, proaktiv zu handeln, selbstverantwortlich für uns zu sorgen, an uns und unsere Selbstwirksamkeit zu glauben, unserem Tun einen Sinn zu geben, die Opferrolle zu verlassen, unsere Erwartungen und Ansprüche zu verändern, Nein zu sagen, Prioritäten zu setzen, unserem inneren Kompass zu folgen, nach Unabhängigkeit zu streben, unser Bild der Welt zu vereinfachen, die richtige Arbeit zu wählen, flexibel zu sein, Rhythmus im Leben zu finden, souverän zu sein, Leben und Arbeiten zu vereinen, diszipliniert zu sein, von innen nach außen zu leben und schließlich innere Ruhe zu finden, dann sind wir gewappnet.

Genau das sind die Themen dieses Buches. Wir können das lernen. Ich kann das und Sie können das.

Eine solche innere geistige Transformation – die Amerikaner sprechen hier von »Mind Shift« – gelingt aber nur, wenn wir nicht auf alten, überholten und eben nicht mehr funktionierenden Strategien beharren. Wir dürfen nicht darauf bestehen, **dass wir eben so ticken, wie wir ticken**, und dass gefälligst die Welt so zu bleiben hat, wie sie immer war.

Wenn wir unser Denken und Handeln nicht weiterentwickeln – **dann haben wir ausgetickt**.

> *Wir können das lernen.*
> *Ich kann das und Sie*
> *können das.*

Literatur

Altmann, Petra und Lechner, Odilo: *Leben nach Maß. Die Regel des heiligen Benedikt für Menschen von heute.* Freiburg: Herder, 2009

Auch-Schwelk, Annette: *Erfolgreich mit Selbstbewusstein. Das »Ich bin Ich«-Prinzip.* Freiburg: Haufe, 2011

Babauta, Leo: *Weniger bringt mehr. Die Kunst, sich auf das Wesentliche zu beschränken.* München: Riemann, 2009

Babauta, Leo: *The Power of Less. The Fine Art of Limiting Yourself to the Essential ... in Business and in Life.* New York: Hyperion, 2009

Bach, Richard: *Die Möwe Jonathan.* Berlin: Ullstein, 24. Aufl. 2008

Beck, Don Edward und Cowan, Christopher C.: *Spiral Dynamics – Leadership, Werte und Wandel. Eine Landkarte für Business und Gesellschaft im 21. Jahrhundert.* Bielefeld: Kamphausen, 2007

Beckmann, Dirk: *Was würde Apple tun? Wie man von Apple lernen kann, in der digitalen Welt Geld zu verdienen.* Berlin: Econ, 2011

Birkenbihl, Vera F.: *Stroh im Kopf? Vom Gehirn-Besitzer zum Gehirn-Benutzer.* München: mvg, 50. Aufl. 2010

Blanchard, Kenneth und Johnson, Spencer: *Der Minuten-Manager.* Reinbek b. Hamburg: Rowohlt, 13. Aufl. 2002

Bock, Petra: *100 Fragen Ihr Leben betreffend.* München: Knaur, 2009

Branson, Richard: *Geht nicht gibt's nicht! So wurde Richard Branson zum Überflieger. Seine Erfolgstipps für Ihr (Berufs-)Leben.* Kulmbach: Börsenmedien, 2009

Byrne, Rhonda: *The Secret – Das Geheimnis.* München: Goldmann-Arkana, 18. Aufl. 2011

Canfield, Jack und Switzer, Janet: *Kompass für die Seele. So bringen Sie Erfolg in Ihr Leben. 60 zeitlose Lebensgesetze.* München: Mosaik bei Goldmann, 3. Aufl. 2009

Covey, Stephen R.: *Die 7 Wege zur Effektivität. Prinzipien für persönlichen und beruflichen Erfolg.* Neuausgabe. Offenbach: Gabal, 21. Aufl. 2011

Eker, T. Harv: *So denken Millionäre. Die Beziehung zwischen Ihrem Kopf und Ihrem Kontostand.* München: Heyne, 4. Aufl. 2011

Elliot, Jay und Simon, William L.: *Steve Jobs – iLeadership. Mit Charisma und Coolness an die Spitze.* München: Ariston, 2. Aufl. 2011

Enkelmann, Nikolaus B.: *Die Säulen des Erfolgs. Wie man aus sich und seinem Leben das Beste macht.* Offenbach: Gabal, 2011

Everett, Daniel: *Das glücklichste Volk. Sieben Jahre bei den Pirahã-Indianern am Amazonas.* München: Deutsche Verlags-Anstalt, 7. Aufl. 2010

Ferriss, Timothy: *Die 4-Stunden-Woche. Mehr Zeit, mehr Geld, mehr Leben.* Berlin: Ullstein, 2011

Ferriss, Timothy: *Der 4-Stunden-Körper. Fitter – gesünder – attraktiver. Mit minimalem Aufwand ein Maximum erreichen.* München: Riemann, 2011

Frank, Gunter und Storch, Maja: *Die Mañana-Kompetenz. Entspannung als Schlüssel zum Erfolg.* München: Piper, 2010

Frankl, Viktor E.: *... trotzdem Ja zum Leben sagen. Ein Psychologe erlebt das Konzentrationslager.* München: Kösel, Neuausgabe 2009

Gamma, Anna: *Ruhig im Sturm. Zen-Weisheiten für Menschen, die Verantwortung tragen.* München: Kösel, 2008

Gerstner, Ansgar: *Das Tao im Management. Fernöstliche Weisheiten für das Geschäftsleben.* Weinheim: Wiley-VCH, 2010

Gladwell, Malcolm: *Überflieger. Warum manche Menschen erfolgreich sind – und andere nicht.* München: Piper, 2. Aufl. 2010

Gorus, Oliver: *Erfolgreich als Sachbuchautor. Von der Buchidee bis zur Vermarktung.* Offenbach: Gabal, 2. Aufl. 2011

Grün, Anselm: *Das große Buch vom wahren Glück.* Freiburg/Basel/Wien: Herder, 2010

Grün, Anselm: Einfach leben. *Das große Buch der Spiritualität und Lebenskunst.* Freiburg/Basel/Wien: Herder, 2011

Guber, Peter: *Tell to Win: Storytelling statt Fakten. Wie Sie mit Geschichten überzeugen und gewinnen.* Bonn: mitp, 2011

Han Shan, Master: *Wer loslässt, hat zwei Hände frei. Mein Weg vom Manager zum Mönch.* Köln: Bastei Lübbe, 2011

Hirschhausen, Eckart von: *Glück kommt selten allein ...* Reinbek b. Hamburg: Rowohlt, 2011

Kawasaki, Guy: *Enchantment. The Art of Changing Hearts, Minds, and Actions.* London: Portfolio / Penguin, 2011

Kawasaki, Guy: *Selling the Dream. Die Kunst, aus Kunden Missionare zu machen.* München: mvg, 1999

Kerkeling, Hape: *Ich bin dann mal weg. Meine Reise auf dem Jakobsweg.* München: Piper, 16. Aufl. 2009

Kiyosaki, Robert T. und Lechter, Sharon L.: *Rich Dad, Poor Dad: Was die Reichen ihren Kindern über Geld beibringen.* München: Goldmann-Arkana, 7. Aufl. 2010

Kromm, Walter und Frank, Gunter (Hrsg.): *Unternehmensressource Gesundheit: Weshalb die Folgen schlechter Führung kein Arzt heilen kann.* Düsseldorf: Symposion Publishing, 2009

Küstenmacher, Marion; Haberer, Tilmann und Küstenmacher, Werner Tiki: *Gott 9.0. Wohin unsere Gesellschaft spirituell wachsen wird.* Gütersloh: Gütersloher Verlagshaus, 3. Aufl. 2011

Lauterbach, Ute: *Wie viel weniger ist mehr? Lebenslust auf den Punkt gebracht.* Freiburg/Basel/Wien: Herder, 2011

Limbeck, Martin: *Nicht gekauft hat er schon. So denken Top-Verkäufer.* München: Redline, 2011

Lukas, Elisabeth: *Der Schlüssel zu einem sinnvollen Leben. Die Höhenpsychologie Viktor E. Frankls.* München: Kösel, 2011

Maeder, Markus: *Vom Herzchirurgen zum Fernfahrer. Der Spurwechsel des Dr. med. Markus Studer.* München: Goldmann, 2. Aufl. 2010

Meckel, Miriam: *Brief an mein Leben. Erfahrungen mit einem Burnout.* Reinbek b. Hamburg: Rowohlt, 2011

Moestl, Bernhard: *Shaolin. Du musst nicht kämpfen, um zu siegen! Mit der Kraft des Denkens zu Ruhe, Klarheit und innerer Stärke.* München: Knaur, 2010

Mohr, Bärbel: *Bestellungen beim Universum. Ein Handbuch zur Wunscherfüllung.* Aachen: Omega, 35. Aufl. 2008

Morgenstern, Julie: *Never Check E-Mail In the Morning. And Other Unexpected Strategies for Making Your Work Life Work.* New York: Fireside, 2005

Morgenstern, Julie: *Organizing from the Inside Out. The Foolproof System for Organizing Your Home, Your Office and Your Life.* New York: Holt, 2. Aufl. 2004

Murphy, Joseph: *Die Macht Ihres Unterbewusstseins.* Neuausgabe. München: Ariston, 6. Aufl. 2011

Niederberger, Lukas: *Die Kunst engagierter Gelassenheit. Wie man brennt, ohne auszubrennen.* München: Kösel, 2011

O'Kelly, Eugene: *Auf der Jagd nach dem Tageslicht. Wie mit meinem bevorstehenden Tod ein neues Leben begann.* München: FinanzBuch, 2. Aufl. 2007

Posada, Joachim de und Singer, Ellen: *Don't Eat the Marshmallow ... Yet! Das süße Geheimnis von Erfolg.* Offenbach: Gabal, 2010

Posada, Joachim de und Singer, Ellen: *Don´t Gobble the Marshmallow ... Ever! The Secret to Sweet Success in Times of Change.* New York: Berkley, 2007

Quinn, Feargal: *Crowning the Customer: How to Become Customer-Driven.* Dublin: O'Brien, 4. Aufl. 2005

Reiss, Steven: *Wer bin ich und was will ich wirklich? Mit dem Reiss-Profile die 16 Lebensmotive erkennen und nutzen.* München: Redline, 2009

Richter, Horst Eberhard: *Flüchten oder Standhalten.* Gießen: Psychosozial, 4. Aufl. 2007

Robbins, Anthony: *Das Robbins Power Prinzip. Wie Sie Ihre wahren inneren Kräfte sofort einsetzen.* Berlin: Ullstein, 2004

Rock, David: *Brain at Work. Intelligenter arbeiten, mehr erreichen.* Frankfurt a. M. / New York: Campus, 2011

Schlenz, Kester: *Alter Sack, was nun? Das Überlebensbuch für Männer.* München: Mosaik bei Goldmann, 7. Aufl. 2010

Schmitt, Ralf und Voller, Torsten: *Ich bin total spontan – wenn man mir rechtzeitig Bescheid gibt. Von der Kunst, aus dem Bauch heraus zu handeln.* München: Ariston, 2010

Schwanfelder, Werner: *Der glückliche Manager. Warum Glück Ihren Erfolg potenziert.* München: Ariston, 2011

Sharma, Robin S.: *Der Mönch, der seinen Ferrari verkaufte. Eine Parabel vom Glück.* München: Knaur, 2008

Seidel, Christian: G*ewinnen ohne zu kämpfen. Taekwondo oder Die Entdeckung der Werte.* München: Ludwig, 2011

Sheehy, Gail: *New Passages. Mapping your Life across Time.* New York: Ballantine, 1996

Stack, Laura: *Super Competent. The Six Keys to Perform at Your Productive Best.* Hoboken, NJ: Wiley, 2010

Wolf, Abtprimas Notker: *Gönn dir Zeit. Es ist dein Leben.* Freiburg/Basel/Wien: Herder, 2010

Bücher von Lothar Seiwert

Küstenmacher, Werner Tiki und Seiwert, Lothar: *Simplify Your Life. Einfacher und glücklicher leben.* Frankfurt a.M. / New York: Campus, 16. Aufl. 2008

Seiwert, Lothar: *Das Bumerang-Prinzip: Mehr Zeit fürs Glück. Life-Balance: Gesünder, erfolgreicher und zufriedener leben.* München: dtv, 3. Aufl. 2008

Seiwert, Lothar: *Die Bären-Strategie: In der Ruhe liegt die Kraft.* München: Ariston, 7. Aufl. 2011

Seiwert, Lothar: *Noch mehr Zeit für das Wesentliche. Zeitmanagement neu entdecken.* München: Goldmann, 3. Aufl. 2011

Seiwert, Lothar: *Simplify Your Time. Einfach Zeit haben.* Frankfurt a.M. / New York: Campus, 2010

Seiwert, Lothar: *Wenn du es eilig hast, gehe langsam. Mehr Zeit in einer beschleunigten Welt.* Frankfurt a.M. / New York: Campus, 15. Aufl. 2011

Social Media

Follow me on **twitter:** *www.twitter.com/Seiwert*
und *www.twitter.com/TimeTip*

Become a friend on **Facebook:**
www.facebook.com/Lothar.Seiwert

E-Newsletter: SEIWERT-TIPP

Der wöchentliche Life-Balance-Tipp (nur EINE Seite!) vom führenden Zeit-Experten Lothar Seiwert:

jeweils ein konkreter Tipp zu den vier Lebensbereichen Job, Kontakt, Body und Mind.

Zu abonnieren unter:
www.Lothar-Seiwert.de

Kostenlos!

Zitate von Lothar Seiwert

Kapitel 1:
»Fremdbestimmung macht Stress – Selbstbestimmung ist ein entscheidender Meilenstein auf dem Weg zum Erfolg.«

Kapitel 2:
»Entscheidungen muss man schon selbst treffen. Wer das Entscheiden Anderen überlässt, wird seinen persönlichen Sinn nicht finden.«

Kapitel 3:
»Die große Stress-Krise unserer Gesellschaft lösen wir nicht mit Zeitmanagement.«

Kapitel 4:
»Ab sofort ist derjenige im Vorteil, der Informationen gekonnt nicht aufnimmt, Termine clever reduziert und Verpflichtungen elegant vermeidet. Mut zur Lücke!«

Kapitel 5:
»Es geht nur darum, ob man am richtigen Platz ist oder am falschen. Stress rührt nicht von zu hoher Belastung her, sondern vom Auflehnen gegen die unpassende Situation, vom Kampf gegen die Fremdbestimmung.«

Kapitel 6:
»Anstatt zu überlegen, was alles Schlimmes passieren könnte, wenn man seine Sicherheit gegen Freiheit tauscht, sollte man sich überlegen, auf was man alles verzichten würde, wenn man diesen Tausch nicht macht.«

Kapitel 7:

»Je spontaner und flexibler ich im beruflichen Umfeld bin, desto organisierter muss mein Zuhause sein. Das ist die große Herausforderung: Die Kunst des Sowohl-als-Auch.«

Kapitel 8:

»Wer versucht, nicht anzuecken, macht sich zum Sklaven der Launen Anderer.«

Kapitel 9:

»Arbeit ist Leben und Leben ist Arbeit. Zu behaupten, dass man nicht lebt, während man arbeitet, und auf keinen Fall arbeitet, wenn man lebt, führt werktags zu nichts anderem als zu innerer Kündigung oder Unzufriedenheit.«

Kapitel 10:

»Wer das tut, was er liebt, wird sich nicht so leicht von Anderen vorschreiben lassen, was er zu tun und zu lassen hat.«

Kapitel 11:

»Selbstbewusstsein folgt aus der Gewissheit, der richtige Mensch am richtigen Ort zur richtigen Zeit zu sein.«

Kapitel 12:

»Wir sind keine Eisbären, denn wir Menschen können unsere Weltsichten, Einstellungen und Grundannahmen verändern, wenn wir wollen.«